業界の現在（いま）を知る４つの視点

視点❶　半導体の基盤技術が支えるデジタル基盤

産業や社会構造において、今後はデジタル化やDX（デジタルトランスフォーメーション）が加速度的に進展していくと考えられています。根幹を支えるのは、デジタル産業基盤やデジタル社会実装基盤、デジタル人材基盤などの、いわゆる「デジタル基盤」で、その根底を支えるのが半導体の基板技術とされています。

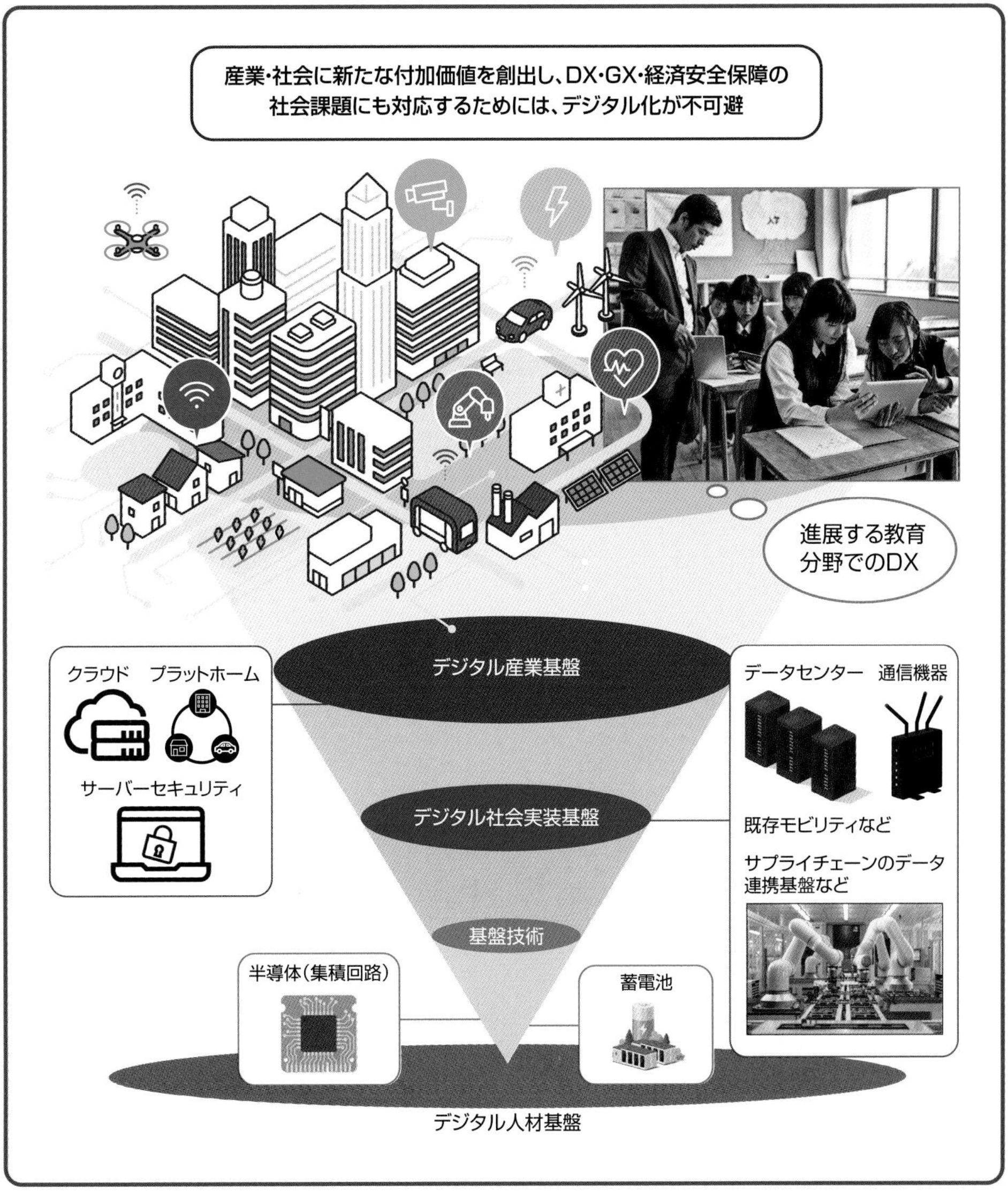

視点❷　日の丸半導体産業復活の基本戦略

2025年から2030年に向け、❶IoT用半導体細線基板の強化、❷アメリカとの連携による次世代半導体技術基盤、❸グローバル連携による将来技術基盤の3ステップによる復活構想が策定されています。

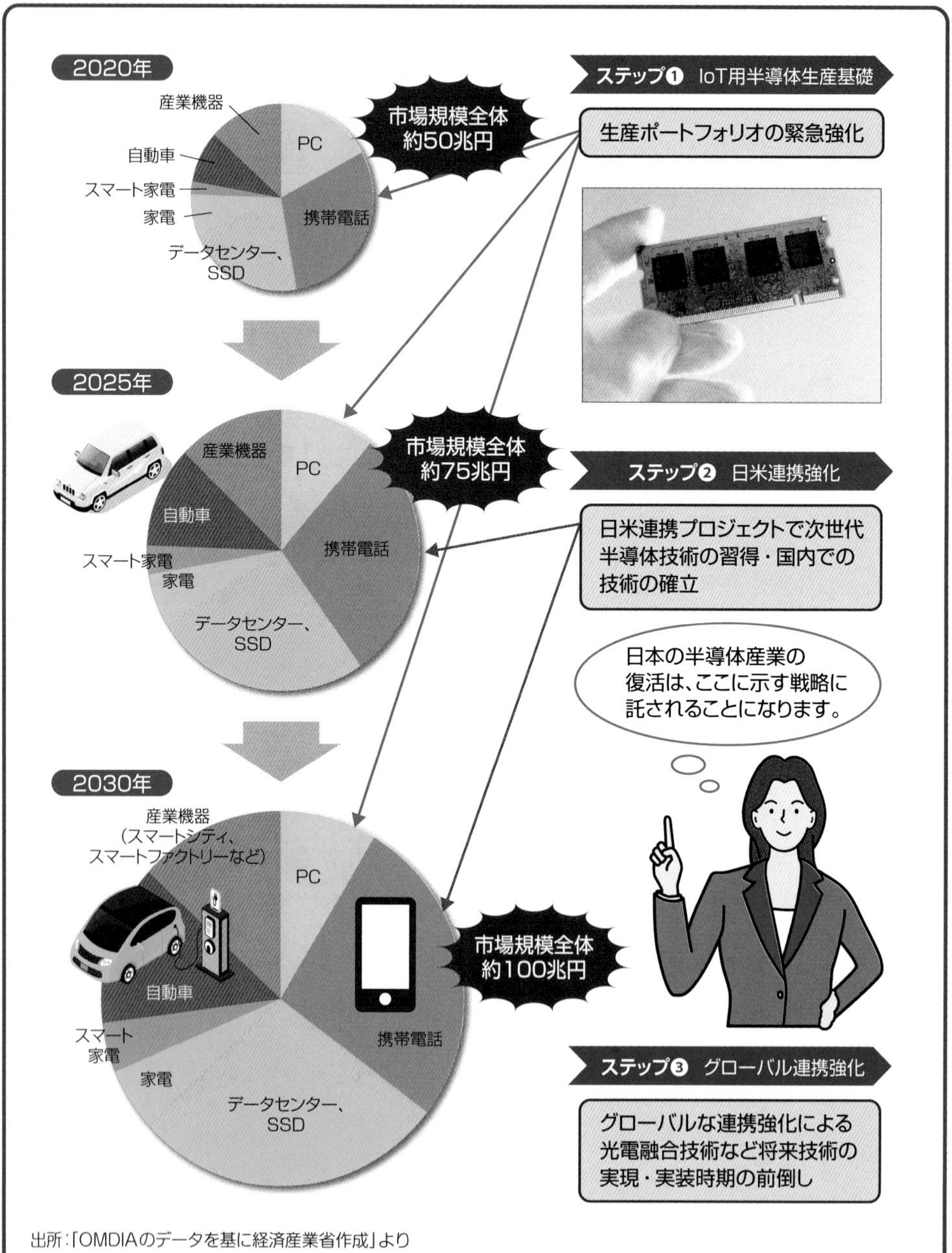

出所：「OMDIAのデータを基に経済産業省作成」より

視点❸　先端メモリ半導体戦略

ロジック半導体の進化に加え、データを効率的に処理するためには、メモリ半導体の高性能化・大容量化・低電力化が求められます。国内半導体としては、DRAM、NANDなどの製造基盤をベースに、3ステップで2nm世代以降の新たな混載メモリ開発を目指すとしています。

ステップ❶　足下の製造基盤の確保

・日米連携により信頼できるメモリ設計・製造拠点を実現し、常に最先端のメモリを有志国・地域に供給

ステップ❷　次世代技術の確立

・DRAM、NANDの継続的な高性能化
・メモリセントリックコンピューティング*に向けた革新メモリの開発

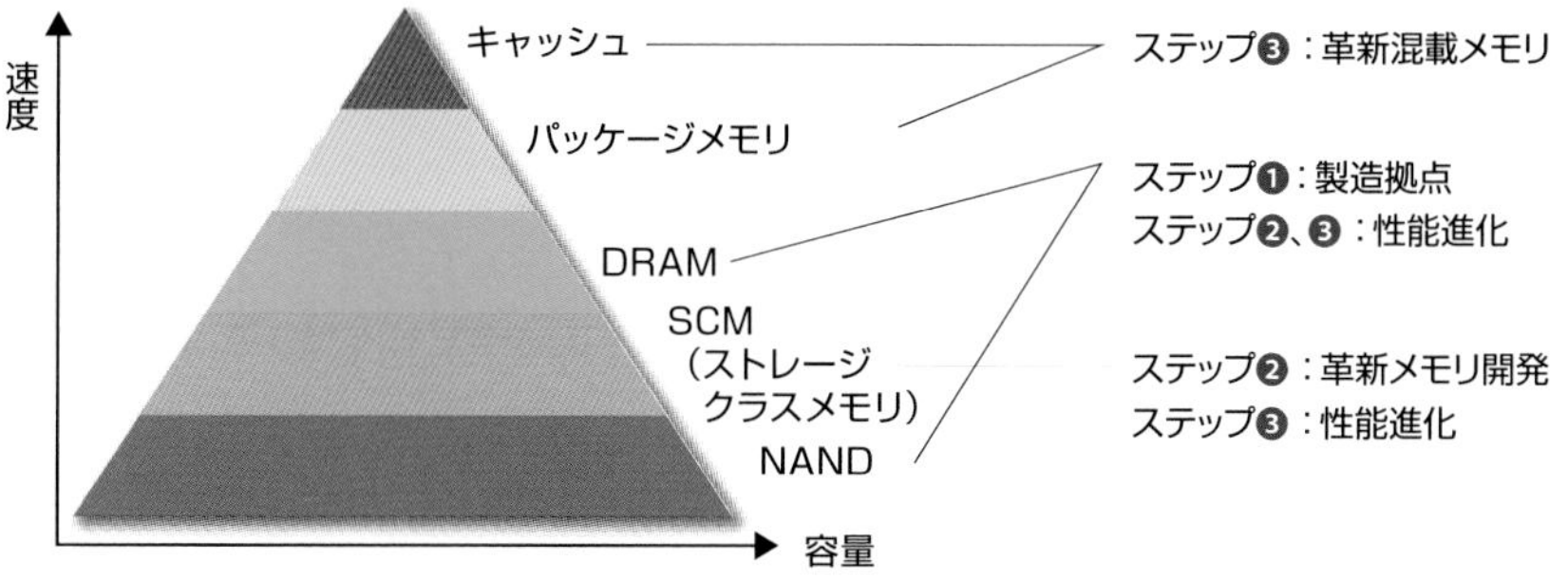

ステップ❸　将来技術の研究開発

・最先端ロジック半導体に必須となる混載メモリ技術の開発
・アカデミアの中核となる拠点における先端技術開発（スピントロニクス技術、強誘電体技術など）

DRAM、NANDの高性能化・省電力化

❶メモリセルの高密度化
❷CMOSロジックの高性能化
❸メモリセルとCMOSロジックの積層化

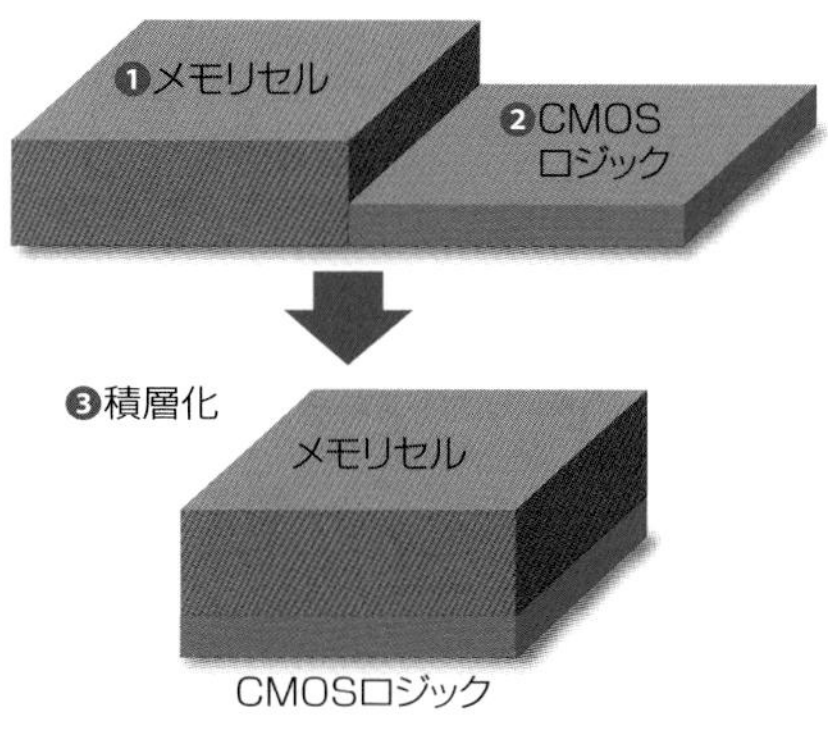

▲CMOSセンサー

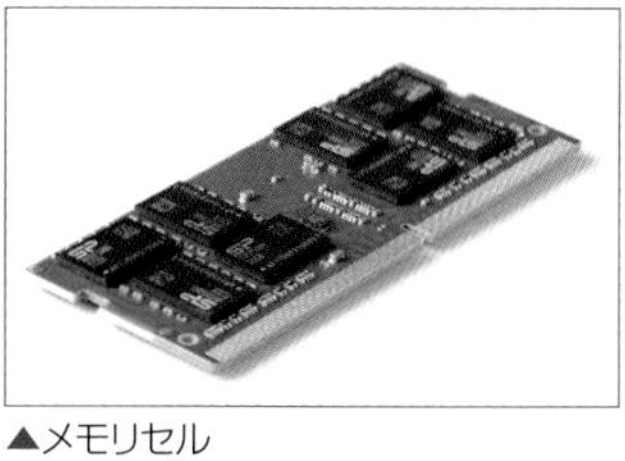

▲メモリセル

＊**メモリセントリックコンピューティング**　処理を従来のCPU起点とするのではなくメモリを中心とする構造。

視点❹　IOWN構想に向けた光電変換技術

NTT R&Dが提唱するIOWN*構想。それを支える、電子と光子の相互作用を利用して光を電気に変換する「オールフォトニクス・ネットワーク」実現に向けた光電融合技術の開発で、新たなコンピューティング・アーキテクチャを構築するとしています。

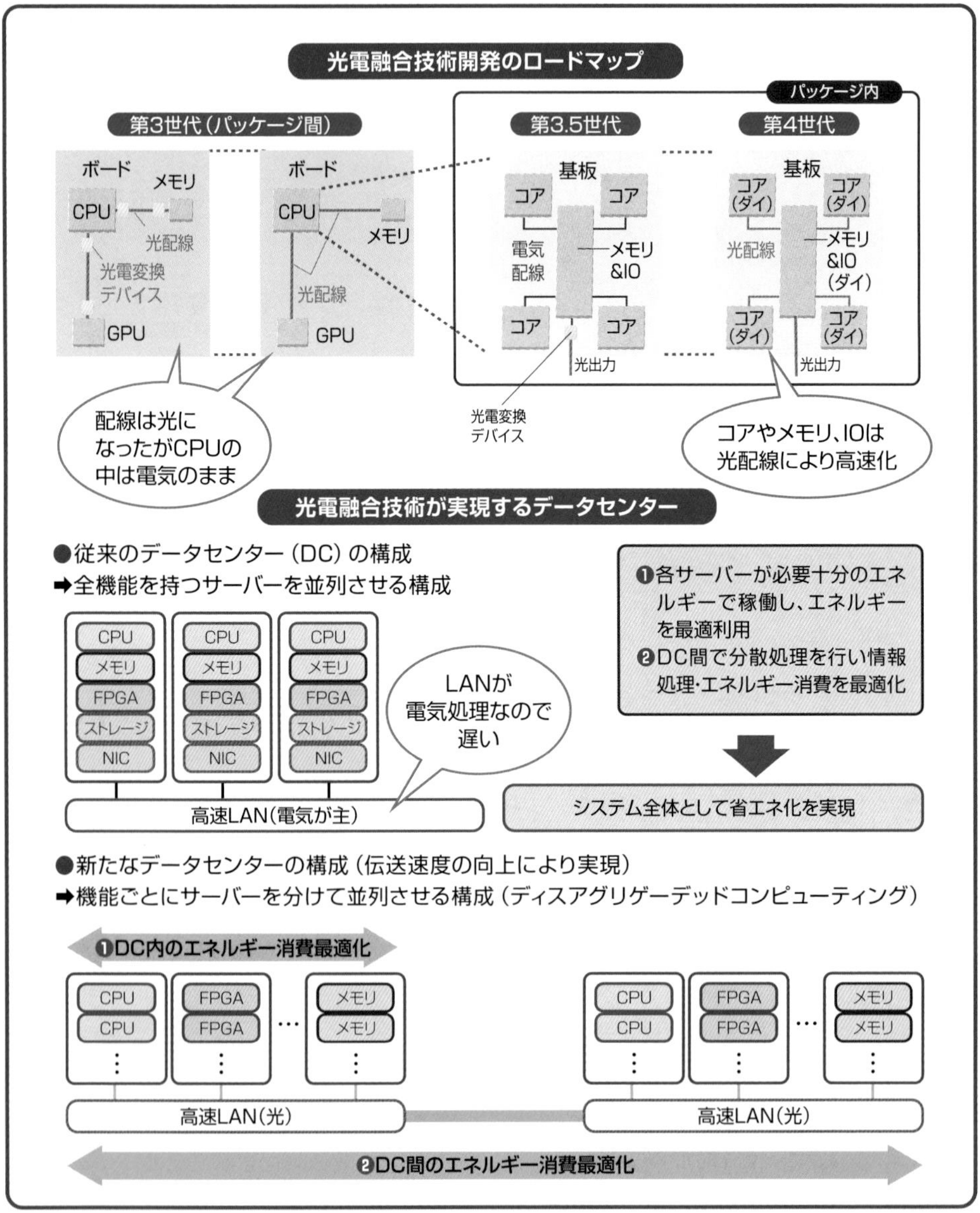

出所：経済産業省「半導体・デジタル産業戦略の現状と今後」2023年11月29日より

＊IOWN（アイオン）　Innovative Optical and Wireless Networkの略。最先端光技術を使って、豊かな社会を創るための構想。

How-nual Shuwasystem Industry Trend Guide Book

図解入門 業界研究

最新

半導体業界の動向とカラクリがよ〜くわかる本

業界人、就職、転職に役立つ情報満載!

[第4版]

センス・アンド・フォース 著

秀和システム

はじめに

日本は、資源はないものの、技術立国として信頼性の高い優秀な製品を作り出し、広く世界に輸出しているナンバーワンの国だ――などと、いま本気で考えている人はまずいないでしょう。

確かに数十年前には、そう考えても間違いではない時期もありました。しかし、現在の日本の各産業の実情は惨憺《さんたん》たるもので、かつては製造を委託していた国にまで、そのシェアを奪われる有様です。

その象徴的な産業が、本書で取り上げる「半導体産業」です。世界を席巻《せっけん》していた日の丸半導体も、日本とアメリカの半導体協定やバブル崩壊による〝失われた10年〟で、競争力を大きく落としてしまうことになりました。

しかし、日本の半導体産業は、製造装置産業や材料産業などのような得意分野で世界と比肩できるまでに成長しているだけでなく、お家芸のデジタル家電でもその実力を発揮しようとしており、将来に対する光明が見えています。

そこには、大手企業や政府の強力なバックアップを受けた半導体製造の新会社設立や、海外ファウンドリメーカーの国内への工場誘致など、業界にとっての追い風と捉えられる動きも活発です。

また、基礎技術においても、世界をリードするダイヤモンド半導体で、新たなパワー半導体誕生も夢ではなくなってきたという明るい材料もあります。

本書では、半導体業界の置かれている現状を認識するために、まず、業界全体の仕組みやグローバル経済における業界のあり方を解説しています。そのうえで、代表的な企業や技術的なバックボーンの概要と動向を説明し、将来的な展望や私たちの生活に及ぼす影響と恩恵などについても話題を展開しています。

半導体は、これからも様々な産業にとって必要不可欠の電子部品として、さらなる発展が期待されています。少しでも多くの方に本書を手にしていただき、半導体産業の現実と将来性を理解していただければと願っております。

2023年12月　筆者記す

最新半導体業界の動向とカラクリがよ～くわかる本［第4版］

第3章 半導体業界の主要メーカー

第4章 半導体製造の技術を知る

第5章 半導体を使ったアプリケーション

業界の仕組みやグローバル
経済における産業のあり方
を解説します。

第1章

半導体業界の基本と仕組み

20世紀最大の発明品である「半導体」は、誕生から75年ほどの間に、トランジスタから超LSIへと急激な進歩を遂げました。現代社会になくてはならない存在となった半導体の有用性と、業界の置かれている立場やその仕組み、そして問題点について、概略を解説していきます。

Section

1-1 半導体産業の成長の歴史

20世紀最大の発明といわれるトランジスタの誕生から、75年以上が経ちました。その間に、電子部品はICから超LSIへと進化しており、半導体産業はめざましい急成長を遂げてきました。

●トランジスタからICへ

20世紀半ばの1947年、アメリカのベル研究所で、代表的な半導体素子である**トランジスタ**が誕生します。

電子回路において、それまで信号を増幅またはスイッチングしていた**真空管**に代わってエレクトロニクスの主役となった大発明品は、電子・電気産業だけではなく、私たちの生活シーンにまで及ぶ様々な分野に多大な影響と恩恵をもたらしました。

その後、電子部品は**IC**と呼ばれる**集積回路**になりますが、その多くは微細なトランジスタの集合体という形になります。ICに内蔵されているトランジスタの数は増え続け、半導体産業は極めて異例のスピードで急成長を果たしています。

成長度合を数値で表しても、誕生から数十年もの間、年平均2桁の成長を示していたほどで、国民総生産の1%に相当する市場規模にまでのぼり詰めました。

これだけの急成長は過去にも例がありません。結果としてICは、コンピュータはもとより、通信機器や家庭電化製品、自動車、ロボットにいたるまで、世の中のあらゆる電気製品に使われるまでに活躍の場を拡大していきます。

この現象を捉え、**半導体**は「**産業のコメ**」と称されるようになりました。

IC以降、さらに集積度は向上し、**LSI**＊から**超LSI**へと進化を積み重ね、電子産業の発展に大きく貢献しています。

IT革命や**デジタル革命**を根底から支えていたのも半導体技術であり、その功績は極めて大きく、現在も電気・電子機器をはじめとする様々な産業がさらなる発展を続けるための土台となっています。

LSI Large Scale Integrationの略で、素子の集積度が1000〜10万個程度の大規模集積回路のこと。当初はICに比べて飛躍的に集積度が高まった製品を区別するために使用されていたが、現在ではICの同義語として使われている場合が多い。

■半導体が日本のイメージを一変

半導体の発展は、戦後の日本産業界にとっても大きな効果をもたらしています。

トランジスタの発明が終戦直後の出来事であり、日本の復興時期と重なったことも幸いしたと考えられます。

当時の日本は、労働者の低賃金をベースに、低価格路線で世界に打って出ていました。そのため、輸出先国の消費者からは「安かろう、悪かろう」といったイメージで捉えられていたことは否めません。

しかし、新しく誕生したトランジスタに日本の産業界がいち早く目を向け、製品開発をしたことで、このイメージが大きく変わりました。初期のトランジスタラジオからテレビ、オーディオ機器、VTR、電子玩具までが次々と輸出されたことで、日本製品の品質の高さが評価され、「**日本製品＝高品質**」のイメージができあがっていったのです。

日本の戦後復興は「奇跡の復興」といわれますが、この成長に半導体産業が果たした功績には絶大なものがあります。その後もしばらくはこの傾向が続いたことを考えると、苦戦を強いられている現在の日本半導体が近々復興するのも夢ではないのかもしれません。

世界の半導体市場規模の推移

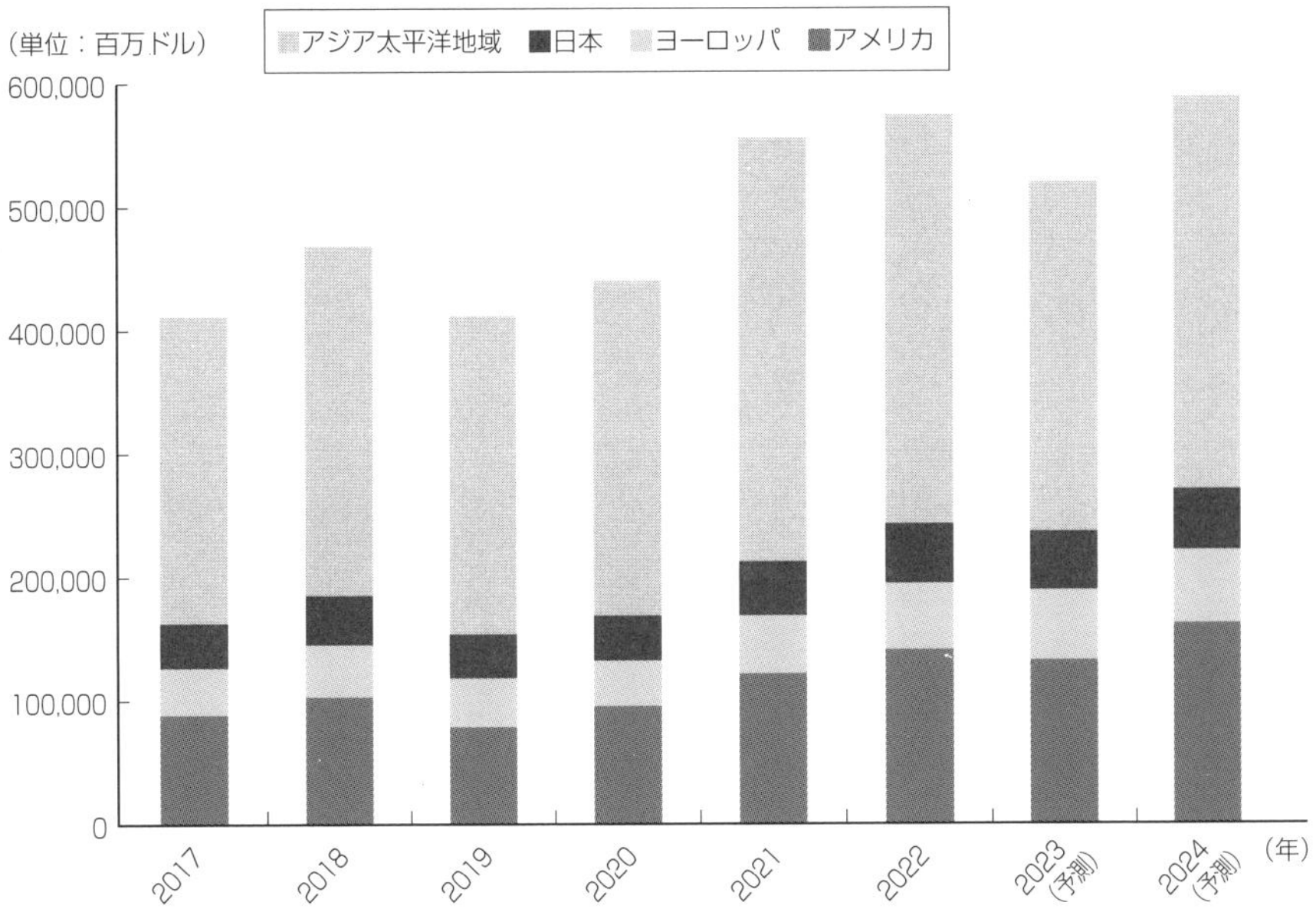

出所：WSTS2022

Section

1-2 半導体産業と経済景気

急成長した半導体産業ですが、日本国内ではバブル崩壊後、一気に国際競争力を失っていきました。その後、低迷していたものの、デジタル家電の成長で息を吹き返した歴史があります。

■バブル崩壊後の〝失われた10年〟

1980年代後半に発生したバブル景気は、実質経済とかけ離れて膨張するだけだったため、中身のない風船にたとえられました。

実質がないため当然ながら長続きせず、1990年代に入るとそのバブルがはじけ、日本経済は**長期間のデフレ状態**に陥りました。

日本経済が経験したバブル崩壊後の低迷期を〝**失われた10年**〟と呼びますが、それと時期を同じくして日本の半導体産業は凋落《ちょうらく》し、衰退し始め、回復の兆しが見えないまま現在にいたっています。

一国の経済悪化によるものとはいえ、これほどまでに短期間で国際競争力を失った産業というのは過去に例がありません。

この時期、アメリカではその後の半導体産業の行く末を左右することになる、ＩＴ産業などの「**ニューエコノミー***」が台頭し始めます。

しかも、1986年に結ばれた日本とアメリカ間の「半導体協定」は、市場経済の常識とはおよそかけ離れた協定内容で、その後の日本半導体産業を苦しめる元凶になります。

今にして思えば、このような理不尽ともいえる協定を日本政府が了承した理由については、疑問の残るところですが、その後の政府の政策や対応を見ると、当時の日本政府の半導体産業に対する認識や関心が決して高いとはいえなかったことがうかがえます。

■デジタル機器の成長による経済効果

国としての対策や対応が見えない中、日本の産業界は独自に再生の道を探ります。

Term **ニューエコノミー**　1990年代にアメリカで生まれたとされる経済理論。情報技術（IT）の進歩や経済の国際化によって景気循環が消滅し、インフレーションを起こすことなく経済成長が続くといわれる。

そのとき、1つの光明だったのがお家芸である家庭電化製品でした。

半導体の卓越した技術と、戦後の日本を支え続けてきた家電分野の技術が融合したことで、**独自のデジタル家電製品**が誕生します。

デジタルカメラや薄型テレビ、DVDレコーダ、ブルーレイレコーダなど、現在、私たちの身の回りにあるほとんどのデジタル家電製品が生み出されました。

この当時、デジタル家電は、製造コストの約半分が半導体の価格といわれるほど搭載数が多く、半導体産業を潤していくことになります。

さらに、コントロール用の組み込みソフトなどを含めると、製造コストに占める半導体の比率は7割程度まで上がり、日本国内ではデジタル家電が**半導体産業の救世主**のような存在になっていきました。

また、このデジタル家電の躍進は、日本の半導体産業にとってその後の方向性を示すことになるシステムLSIを誕生させるきっかけにもなります。

ほかにも、小型化や高性能化、高機能化の技術あるいはコスト競争力なども、この躍進の中で育まれることになります。

ニューエコノミーのパラダイムシフト

特徴	旧来の経営形態	ニューエコノミー
組織	ピラミッド型	ウェブ型またはネットワーク型
経営視点	社内	社外
スタイル	厳格な指揮系統	柔軟かつフラット
パワーの源泉	安定	変化
構造	自給自足	相互依存
リソース（資源）	物理的（有形）資産	ナレッジ（無形）資産
運営形態	垂直型統合	バーチャル統合
製品	大量生産	マスカスタマイゼーション
地理的エリア	国内	国際
財務データ	四半期ごと	リアルタイム
在庫	数か月	数時間
意思決定	トップダウン	ボトムアップ
リーダーシップ	独裁者的	啓発的
労働者	社員	社員とフリーエージェント
職に対する期待	セキュリティ	自己成長

出所：Business Week, August 21, 2000/August 28, 2000 “The 21st Century Corporation”

Section

1-3 半導体需要の構造的変化

半導体の初期の利用分野は国によって異なっていました。アメリカが軍事主体だったのに対し、日本では主に民生品への採用が広がり、お家芸であるデジタル家電の急成長をもたらします。

戦後の日本には軍需産業がなかったため、民生用に限られた採用になったわけですが、市場規模を考えると正しい選択だったといえるでしょう。

アメリカではその後、ご存知のようにパソコンや通信機器などのいわゆるIT産業を指向していくことになり、世界の**デファクトスタンダード***を握るまでに成長していきます。

一方の日本は、〝失われた10年〟を経験したのち、最も得意とする分野であるデジタル家電分野で生き残りをかけることになります。

現在、パソコン製品の成長が鈍化したといわれていますが、まったく止まったわけではありません。

また、デジタル家電もこのまま伸び続けるとは誰も予測していません。

次世代のニューアイテムをいかに早くつかみ取り、独創

■軍需メインのアメリカ市場

真空管からトランジスタ、そしてIC、LSIへと電子部品が移り変わる中、日本では民生品へ応用されるようになりました。

一方、半導体を生み出したアメリカでは日本とはまったく異なり、半導体の初期の応用分野は**軍事用**への広がりでした。

真空管と比べて軽量で低消費電力、しかも高性能となれば当然のことで、半導体は航空機の制御に限られることなく、軍事用ミサイルの巡行制御や目標の捕捉制御などへと採用されていくことになります。

特に、当時のケネディ大統領が提唱した**アポロ計画**では、人類を月に送り届けるための最も重要なデバイスと位置づけられていました。

Term **デファクトスタンダード (de facto standard)**　「事実上の標準」。国際規格のISOや日本標準のJISなどの標準化機関が策定した規格ではなく、市場で広く採用された「事実上標準化した基準」を指す。逆に、標準化機関などが定めた標準規格をデジュリスタンダード (de jure standard) と呼ぶ。

的な製品を提供できるかが、今後の半導体産業界の浮沈を占ううえでも重要になってきます。

■自動車用半導体の台頭

1つの製品により多くの半導体が搭載されているという点では、自動車やロボットに勝るものはないでしょう。

確かに、航空・宇宙産業分野での航空機やロケットになると桁違いですが、ここではより身近な製品で、私たちが手に入れられる範囲で考えてみます。

特に自動車は、ヨーロッパを中心に提案された**車載ネットワーク**が浸透するとともに、半導体の需要が飛躍的に伸びていきました。

今では、エンジンコントロールはもちろんのこと、タイヤ空気圧の自動調節、前車との車間距離自動測定とそれによる衝突回避システム、衝突時の衝撃を最小限にとどめる安全システムなど、半導体による電子回路の高速性能や信頼性に負うところが大きくなっています。

現在、最も注目されているのは自動運転で、最高クラスの**レベル5**の実用化に向けた開発競争が激化しており、半導体の高性能化や高速化、高信頼性化が強く求められています。

自動車に搭載されている半導体

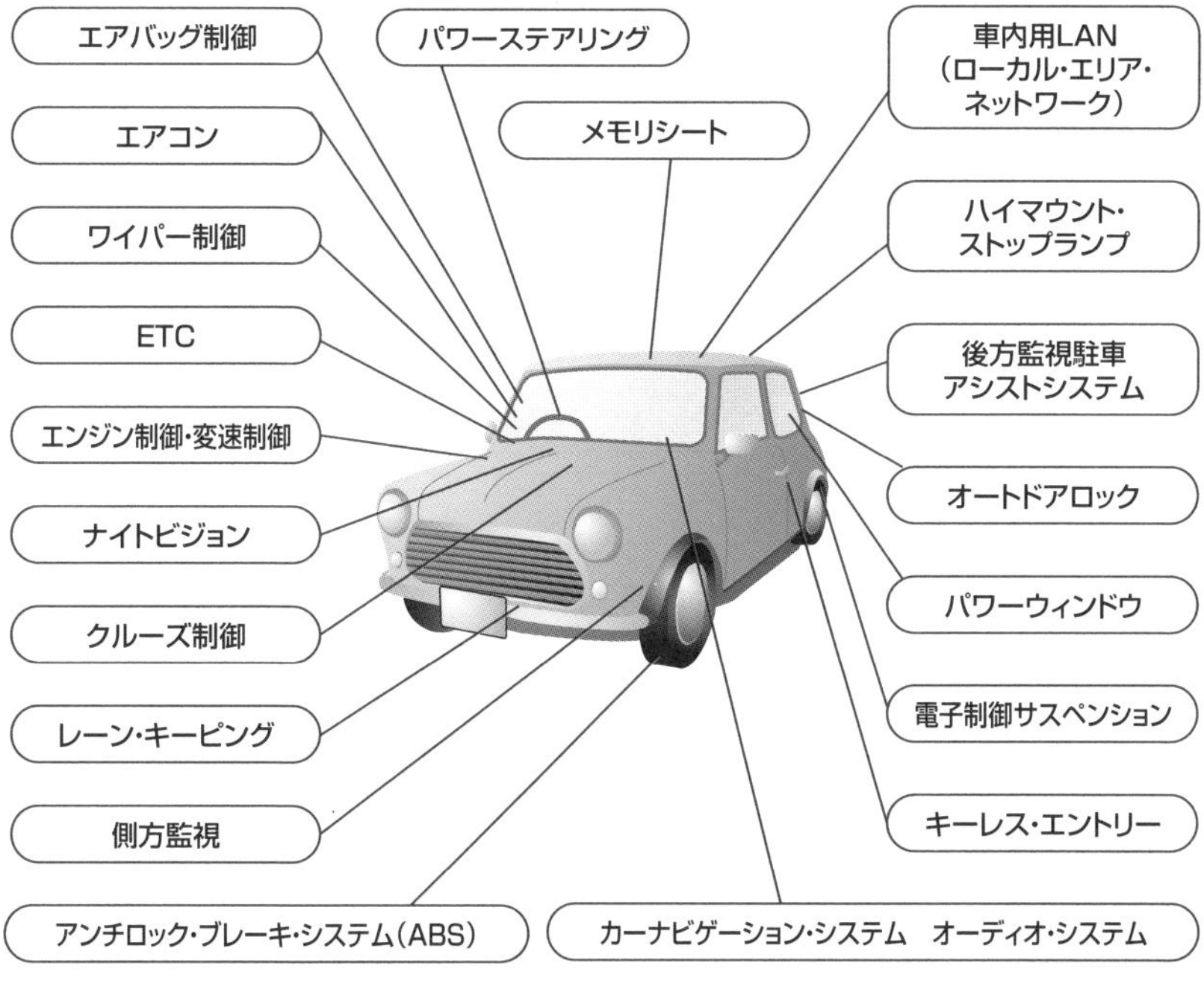

Section
1-4 半導体が実現した小型軽量化

半導体がもたらしたメリットの中で最も効果的だったのが、電子機器の小型化と軽量化です。モバイル機器の小型化やテレビの薄型化も、半導体がなければ実現できなかったことです。

■デバイスの大型化と機器の小型化

当初、半導体デバイスは真空管と比べ、小型で信頼性が高く製品寿命が長いものの、コスト面や性能面では見劣りしていたといいます。

これは、今となっては考えにくいかもしれませんが、当時は電子部品として真空管が全盛で、大量生産されていたという背景があったためです。

しかし、前述のようにアメリカでは半導体を軍需目的に採用したことから、潤沢な軍事予算がつぎ込まれ、技術的にも飛躍的に進歩することになります。

その後は、コンピュータからパソコンへ、そして通信機器や家庭電化製品などへと応用の場が広がっていきます。

半導体が利用されるアプリケーション（応用）分野が広がっていくということは、それだけ要求も多く、厳しいものになっていくということです。

特に、多機能化に対しては、単機能の部品だったＩＣから**複合型への発展**をもたらし、機器の小型化に貢献することになります。

複合型のＩＣである**システムＬＳＩ**などを考えればわかるように、単機能のＩＣに比べるとサイズは大きいものの、1つの基板上に単機能ＩＣを多数配置することを考えれば**スペースファクタ**＊**が大幅に向上**し、設計上の有利さが得られることは明らかです。

このように、デバイスの複合型による大型化は、それを搭載する機器の大幅な小型化をもたらし、併せて1チップ化されたことによる低消費電力化も実現することになります。

■小型になるほど高機能化した要因

電卓は、登場したてのころは現在のパソコンよりも大き

Term
スペースファクタ　空間占有率のこと。部品や機器を小型化することで、その率は向上することになり、占有するスペースも小さくて済むことになる。ある限定されたスペースに、より多くの機器や機能を搭載しようとするとき、個々の占有率が問題になる。

かったのに、今では手のひらサイズが当たり前で、腕時計やスマートフォンにもその機能が装備されています。そのことを見ても、半導体が小型化や軽量化に果たした役割の大きさを知ることができるでしょう。

技術的にはもっと小さくできますが、それをしないのは、小さすぎて使い勝手が悪くなってしまうからです。**技術的な限界**よりも**使いやすさの限界**が先に来てしまったということです。

半導体が電子機器の小型化を達成する前は、機能を減らしてでも小型軽量化しようとしていました。

それだけ、ユーザーの小型軽量化に対する要求が強かったためです。

しかし、その小型化と軽量化が達成されると、今度は余裕ができたことで多機能化への要求に変わりました。

勝手な要求といってしまえばそれまでですが、半導体技術者はその要求の実現に真っ向から取り組み、次々と難題を解決していったのです。

結果として、小型化および軽量化により、従来比で余裕ができた部分に新しい機能を搭載していくことになります。必然的に**半導体が1チップで多機能化**していくことになりました。

電子機器の小型化

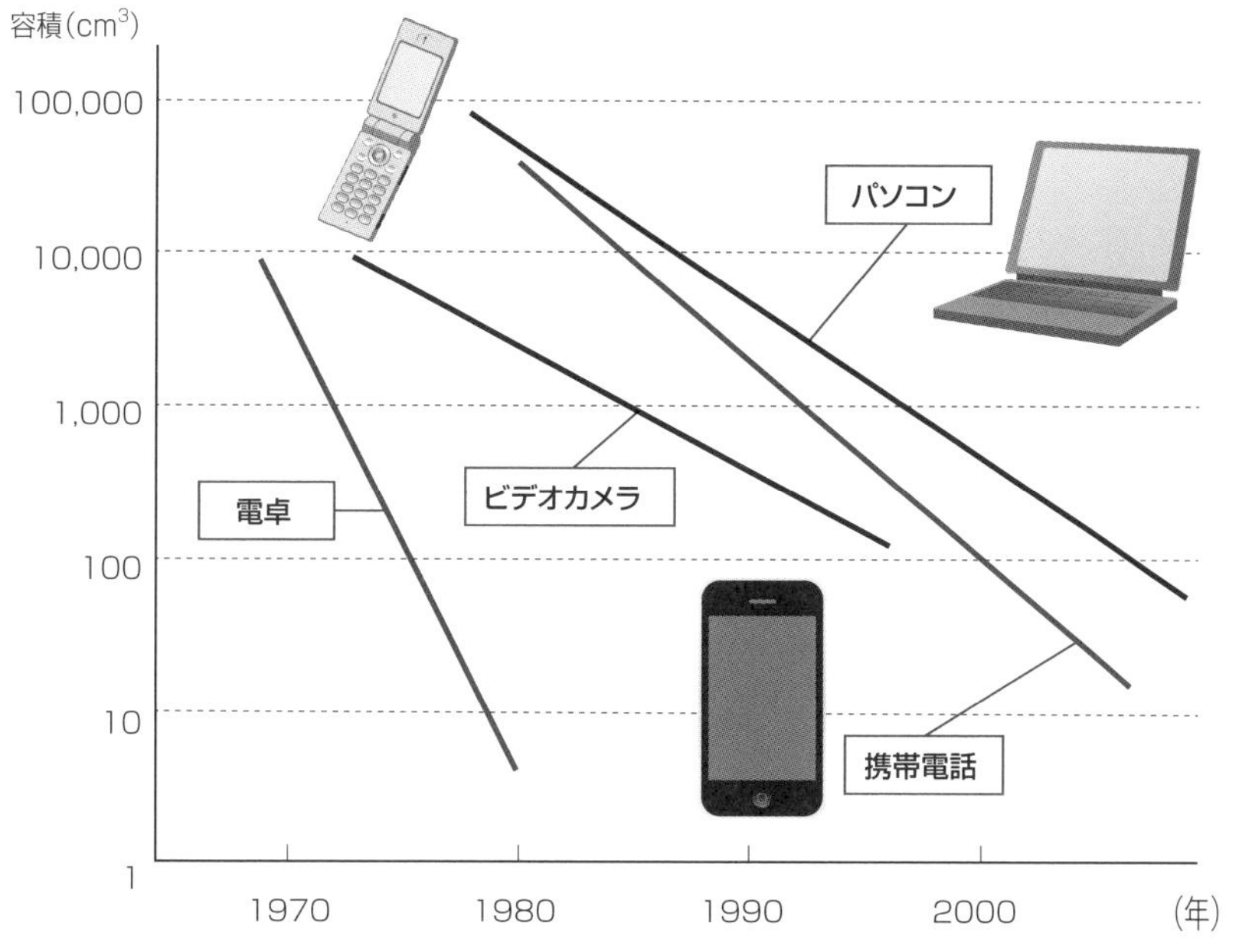

出所：工業調査会「一国の盛衰は半導体にあり」

Section

1-5 景気やパンデミックによる影響

国内ではバブル崩壊、世界的にはオイルショック*やリーマンショック、コロナ禍などがあり、景気が低迷する中でも、半導体は新しいアイテムで常に産業界を下支えする基幹産業です。

パンデミックで悪化した世界市場

2007～08年ごろ、アメリカで発生した**サブプライム問題**や**リーマンショック**によって世界の景気低迷が懸念されていました。

しかしその当時、先進国の消費の落ち込みを下支えしていた、世界の約4割を占めるといわれる新興途上国――例えばBRICs（ブラジル、ロシア、インド、中国）やネクスト11（韓国、ベトナム、エジプトなど）――の経済成長で救われた歴史があります。

一方、2019年末に中国・武漢で最初に感染が確認されたといわれ、2020年以降には世界的に猛威をふるった**新型コロナウイルス感染症**（**COVID-19**）**のパンデミック**（**世界的大流行**）は、全世界に経済的なダメージをもたらしました。

国際通貨基金（IMF）によると、グローバル規模での経済的な落ち込みを抑えるために、過去に例のないほどの経済的・政策的支援が行われたものの、2020年の世界の国内総生産（GDP）は、4.4%の縮小が見込まれるとのことでした。

コロナ禍は、半導体業界にも影を落とすことになります。影響は、自動車やゲーム機、ICT関連などをはじめ多方面の産業分野に及び、一時的には**世界的な半導体不足**という事態を招くことになりました。

半導体が支える産業分野

このように、経済的な問題だけではなく、パンデミックなども半導体産業に大きな影響を及ぼすことになります。

特に大きな影響を被ったのは自動車産業ではないかといわれています。

Term **オイルショック**　1970年代に二度見られ、原油の供給逼迫（ひっぱく）と価格高騰に伴って巻き起こった経済混乱のこと。石油危機、石油ショック、オイルクライシスといわれることもある。英語圏では、禁輸措置に力点を置いて"oil embargo"と呼ばれる場合がある。

自動車は電子部品のかたまりとさえいわれ、半導体の使用量も機能の高度化と歩調を合わせて増大の一途をたどっています。しかし、その使用量は半導体全体の約1割程度で、決して大きな市場ではないことが、コロナ禍による半導体不足で取り沙汰されることになりました。

しかも、ゲーム機やパソコンなどに使用される半導体に比べ、製造期間が1か月ほど長くかかってしまうことや、信頼性の基準がかなり厳しいことなどもあいまって、納入が後回しになるといった事態も引き起こされてしまいました。

コロナ禍の影響を強く受ける産業分野とそれほどではない分野があるものの、産業界としては自然災害に対する半導体確保の対策をしたのと同じように、感染症の脅威に対する方策が早急に必要になります。

特に、その多くを海外調達に頼っている日本としては、安定的な確保に向けて、早急に、そして抜本的な見直しが必要であるとの指摘もあります。

「半導体も安全保障の範ちゅう」と考える識者も多く、国内の産業を支えるためにも、世界的な動きを見定めたうえでの的確な対応が強く求められます。

半導体の分野別におけるCOVID-19の影響

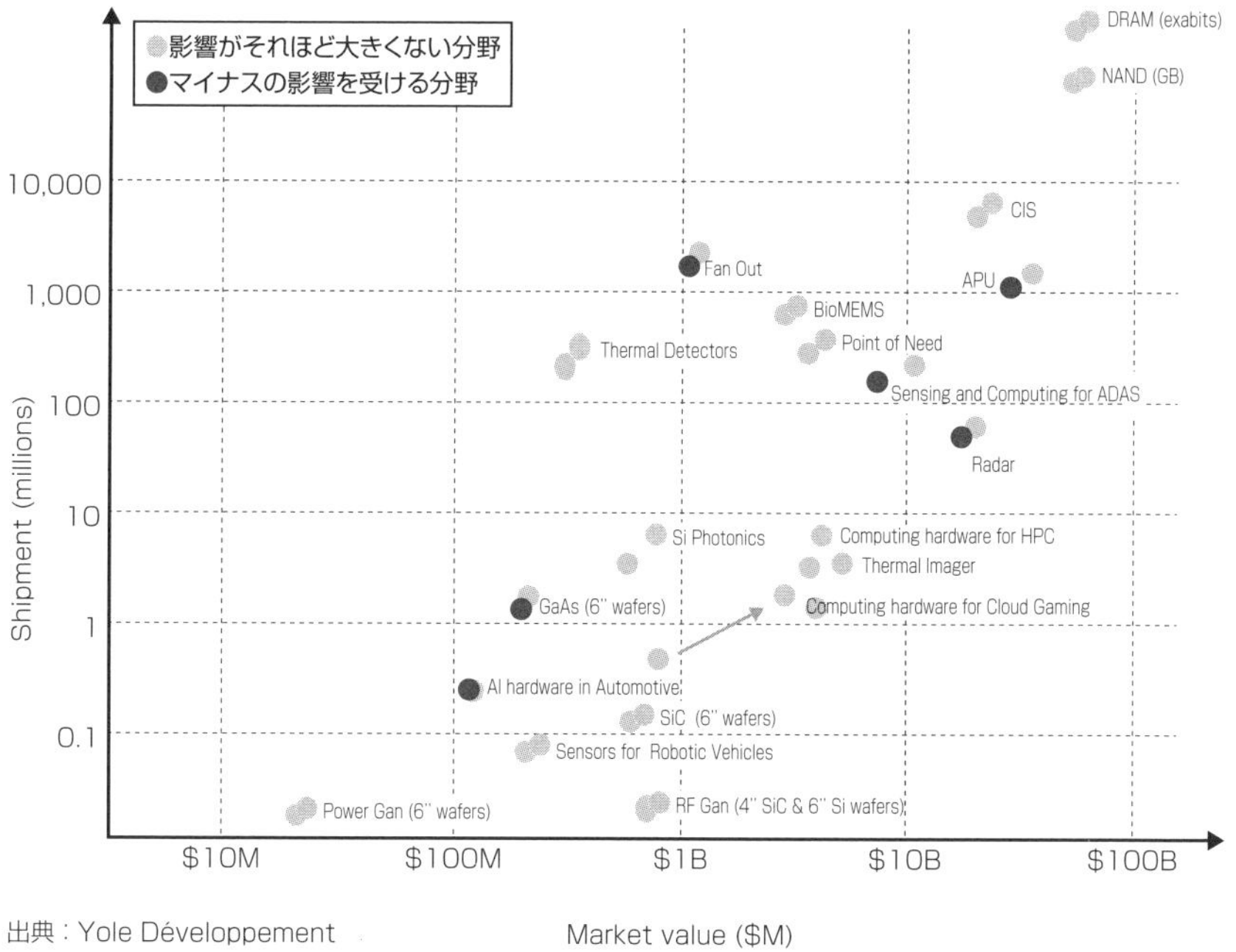

出典：Yole Développement

Section

1-6 IT革命の立役者は半導体

1990年代半ばのIT革命は、半導体の高性能化や高機能化によって実現したといえます。特に、パソコンの出現と急速な普及は、社会生活やオフィス環境に変革をもたらしました。

■パソコンがもたらしたデジタル革命

1970年代後半に初期のモデルが開発され、90年代に入って爆発的に全世界に普及した**パソコン**は、産業界だけではなく、オフィス環境や社会生活はもとより、日常生活や教育現場などにいたるまで、あらゆる領域に影響を与えることになりました。

いわゆる「**デジタル革命**」で、世界的にも社会全体に与えたそのインパクトの大きさは、近年に類を見ないものとして語られています。

このパソコンの出現およびその後の発展は、材料や装置、技術、製造工程などを含め、半導体チップの進化と密接な関係にあります。

パソコンの演算処理の急速な高速化を実現したのは、これらの技術を結集したMPUをはじめとする半導体チップの進化そのもので、その影響は周辺機器にまで及んでいきました。

その後も、パソコン本体はもちろんのこと、ハードディスク装置やプリンタをはじめとする周辺機器・各種入出力機器の進化および発展に半導体が大きく寄与したことは、周知のとおりです。

また、性能および機能面だけではなく、価格面でもパソコンは大きな変革を引き起こしています。

現在のデジタル機器では当たり前になった、「機能アップと価格ダウン」の図式は、パソコンからスタートしたといってもいいでしょう。しかも、市場での販売価格は、新製品の投入によってさらに低価格化が進み、普及にも拍車がかかりました。

パソコンによって技術革新が推進された半導体ですが、90年代当時はパソコンが最大の市場となっており、最盛期には全半導体の50％を占めるまでに拡大されました。

■高性能半導体が通信環境を変革

パソコンの普及は、同時に**インターネット**（**Web閲覧**や**電子メール**など）に代表されるIT文化を発展させることにつながっています。

さらに、その進化が産業のグローバル化を生むなど、瞬く間にビジネスシーンや社会環境を大きく変革する原動力になりました。

この変革に大きな役割を果たしたのが、通信環境の変革です。

インフラの整備と併せて、通信環境が高速化したおかげで、デジタル化された社会がより一層快適なものになったことは、現在私たちが利用している様々なデジタルアイテムが証明しています。

しかも、**通信環境の高速化**は、大容量データをストレスなく送信できることにつながり、デジタルカメラの**画像配信**や**音楽データのダウンロード**など、**エンターテインメント系**の需要を喚起するだけではなく、生活環境にも影響を及ぼし、ライフスタイルを一変させる力を発揮することになります。

PCの国内出荷台数の推移とWindowsの発売時期

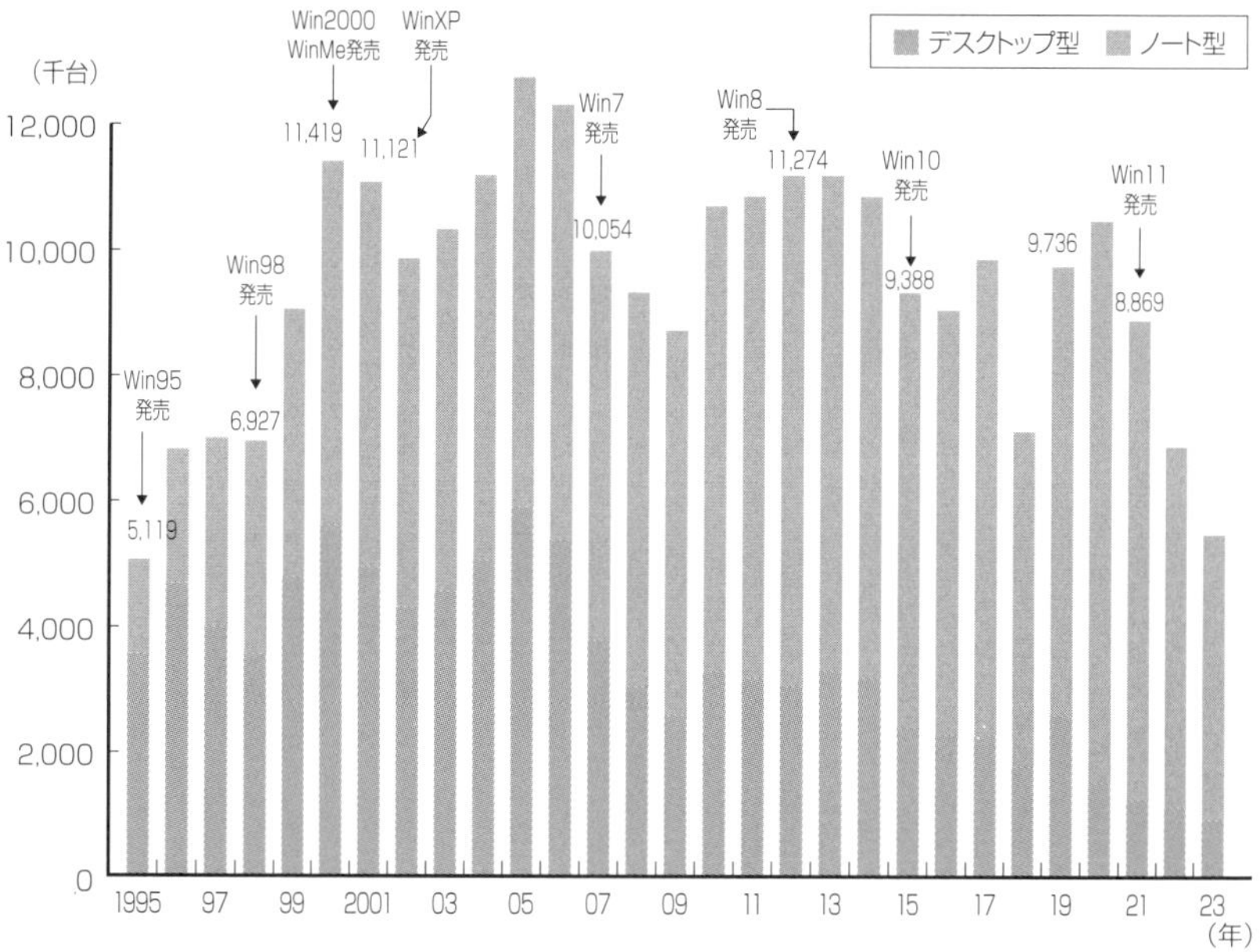

出所：JEITA（(社)電子情報技術産業協会）

Section

1-7 社会生活に入り込んだ半導体①

自動車は、半導体を利用した電子機器の搭載によって、移動空間のイメージを大きく変えました。カーナビだけではなく、安全性の向上にも半導体は大きな役割を果たしています。

自動車産業と半導体

家電製品と並んで、半導体の搭載によって大きな変革が起こったのが**自動車**です。

乗車スペースで、最初に電子機器が搭載されたのがAMラジオでしたが、その後、FMラジオやカーステレオが搭載されます。

現在は、マルチオーディオシステムやカーナビゲーションシステムが搭載されていますが、いずれも随所に半導体が使用された電子機器であることに違いはありません。

最近では、ETCも半導体による通信技術を活用したシステムとして注目を集めています。

しかし、自動車で最も大きく変わったのが駆動系や制御系といわれる部分で、「**自動車は半導体のかたまり**」と称されるほどに、その搭載量は膨大です。次世代自動車候補といわれる「ハイブリッド車」「電気自動車」「燃料電池車」などでは、搭載量がさらに増大する傾向があるようです。

自動車には、CAN*、LIN*、FlexRay*、**Ethernetなどの車載ネットワーク**があり、エンジンやブレーキ、安全装置、ドアやダッシュボードまわりの制御に活用されています。

特に安全性に関する部分では、半導体が重要な役割を果たしています。

前の車との車間距離を測定して追突を防止するシステムや、衝突を察知して事前に安全な状態までシートベルトを巻き上げるシステム、エアバッグコントロールなどは、すでに実用化されています。

さらに、現在は前後左右の距離を常時測定して安全性を高めるなど、将来的な完全自動運転システムの実現に向けた研究・開発が進められています。

Term

CAN／LIN／FlexRay　5-4～5-5節参照。

ここでも、高速性と多機能性を達成した半導体が随所に採用されていくことになります。

■情報機器や産業機器への波及効果

自動車で採用されているシステムは、ほかの産業機器にも活用できるシステムとして注目されています。

特に、安全性が重要視される分野での応用が考えられ、ロボット産業などからも注目されています。

産業用ロボットの分野では、安全なロボットが生産性を向上させるという見地から、**機能安全やフェールセーフ***などが重要視されています。そのため、同様に安全確保が重要であってその技術面で一歩先を行く自動車産業に注目しているわけです。

安全性を確保するには、「トラブルやイレギュラーな動作をいかに速やかに回避できるか」が問われるわけで、制御装置に使用される半導体の応答性や高速性が問題になります。

自動車産業では、半導体の信頼性の要求レベルについて極めて高い数値を設定しており、その数値をパスした製品しか使用しないことが徹底されています。

ロボット産業でも、そのノウハウが生かせると考えられています。

半導体と産業界

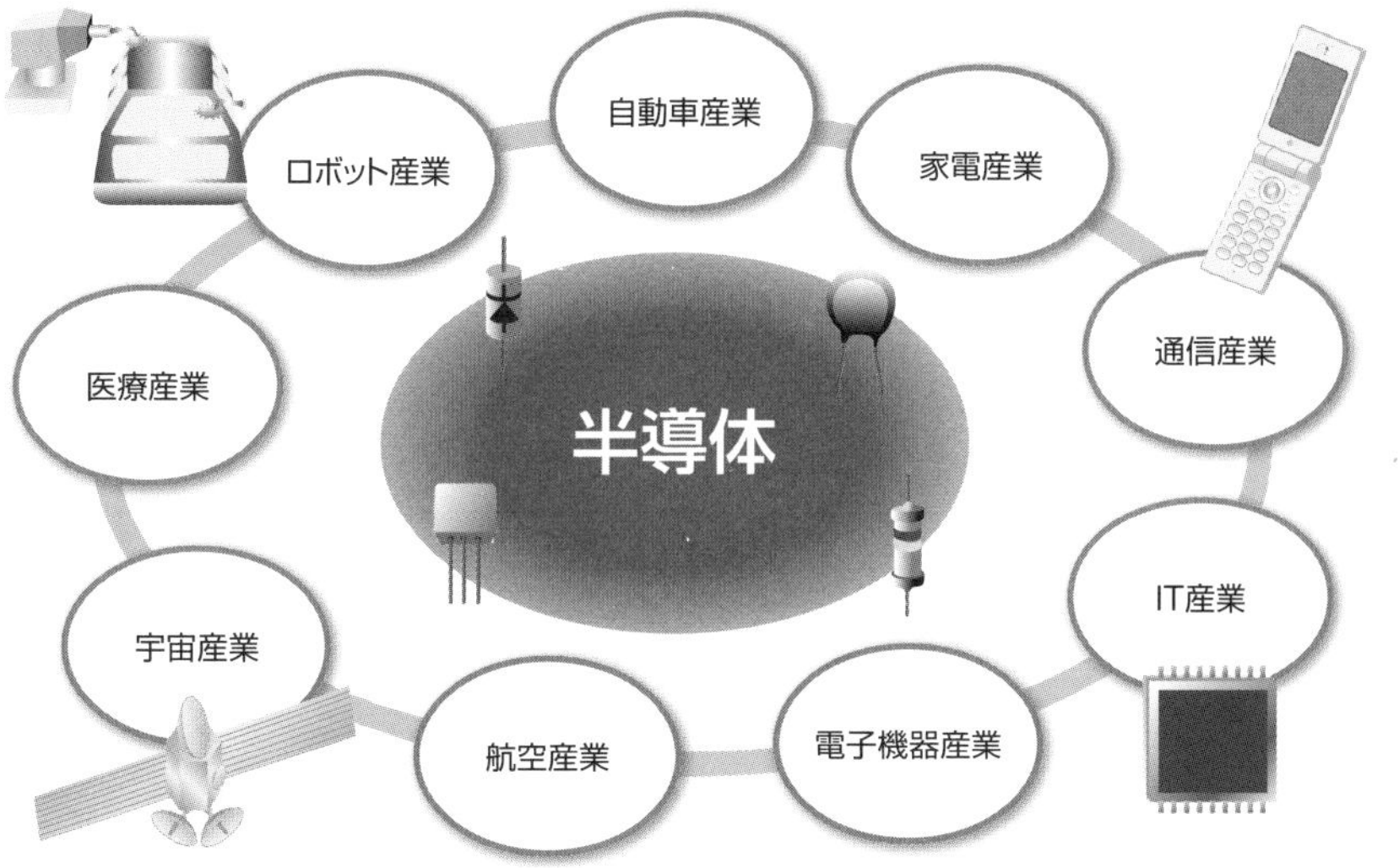

フェールセーフ　装置やシステムに誤操作や誤動作によるトラブルが発生した場合、常に安全にコントロールされるような設計手法や信頼性設計のこと。「機器の故障やユーザーの誤操作は必ずある」ということを前提にした考え方。

Section
1-8 社会生活に入り込んだ半導体②

家電に半導体が搭載されると、家庭生活が大きく変化しました。半導体の高集積化や応用技術の進展は、体に負担をかけない装着機器（ウエアラブル機器）を生み出すことになります。

■ホームエレクトロニクスの発展

家庭における三種の神器は、新旧ともにそのほとんどが電子機器で占められています。

それは、新・三種の神器といわれる「カー、クーラー、カラーテレビ」の3C時代以前も以後も、それほど大きく変わってはいません。

現在はデジタル家電が大きな注目を集めていますが、半導体は以前から家庭電化製品に搭載され、主に家事の手助けをしてきました。

そこでは、単に定められた動作をするだけではなく、機器が状態を判断して自動的に最適モードを選択する「おまかせモード」も実現しています。

また、家庭内にあるほとんどの電化製品は半導体によってコントロールされ、省エネや安全性確保も実現されています。

現在では、住まいの随所に埋め込まれた測定機器やカメラによって個々の健康データを自動管理したり、インターネットに接続されたデジタル家電とスマートフォンなどのモバイル機器の連携によって、外出先から自宅内の機器をコントロールすることや、逆に家庭内にいてデジタルテレビなどからWebページにアクセスをするなど、様々な使いみちの提案が実現されています。

このような進化はさらに進み、コントロールパネルやスイッチ類を意識することなく、すべての操作を手元でできる時代が来ることも予測されています。

■ウエアラブル機器や健康機器への応用

半導体の高集積化は、半導体チップ自体の超小型化を実現するとともに、MEMS*などの技術を応用した加速度

Term
MEMS　Micro Electro Mechanical Systems（微小な電気機械システム）略。半導体のシリコン基板、ガラス基板、有機材料などに、機械要素部品のセンサやアクチュエータ、電子回路などを一括して搭載したミクロレベルの構造を持つデバイスのこと（5-15参照）。

センサやジャイロなどの機能を搭載することで、姿勢制御を可能にします。

この機能を応用すると、ドローンや無人飛行機から送られてくるセンサ情報をもとに、手元で有人飛行と同様のコントロールをすることも可能になっています。

また、製品の超小型化とともに、加速度センサとジャイロで位置制御を可能にすることで、**ウエアラブル機器**による健康管理データの収集や自動送信、そしてオンライン・リアルタイムでの診断結果配信なども可能になりつつあります。

さらに、ウエアラブル機能とクラウドを活用するとともに、HUD（ヘッドアップディスプレイ）で画面に映し出すことで、モバイルにおけるハンドフリー操作を可能にすることも考えられています。

実際に、眼鏡形状のHUDと通信機器を活用して、眼の動きでマウスのクリックと同様の操作を行うことができるウエアラブル機器も出現しています。

映像機器にもウエアラブル機器があり、小型CCDカメラを眼鏡フレームなどに取り付けて、ハンズフリーで撮影できる録画装置も出現し、さらなる広がりも期待されています。

マイコン*制御が使われている機器

製品分類	製品名	マイコンで行っている制御
家電機器	冷蔵庫	温度設定、インバータ制御、開扉警告　など
	洗濯機	回転制御、洗濯パターン制御、乾燥温度制御、省電力制御　など
	エアコン	自動風量設定、自動温度設定、自動運転制御　など
	電子レンジ	温度／湿度制御、回転制御　など
	炊飯器	温度調整、炊き分け機能　など
AV機器	テレビ	室内の明るさによる画面輝度制御、自動ON/OFF制御　など
	DVDレコーダ	回転数制御、イジェクトコントロール　など
	デジタルカメラ	感度制御、オートフォーカス、連写制御　など
	ナビゲータ	DVD制御、通信制御　など
OA機器	デジタル複写機	印刷制御、ピックアップコントロール　など
産業機器	エレベータ	速度制御、群管理制御　など
	ロボット	運動制御、センサの連携制御　など
通信機器	携帯電話機	接続制御、カメラ機能の制御、音声コントロール　など
自動車	乗用車	カーナビ制御、エアコン制御、ブレーキ制御、エンジン制御　など

Term

マイコン　マイクロコントローラの略で、電子機器を制御するために最適化されたコンピュータシステムのこと。システムを1つの集積回路に組み込むことが可能で、近年は多くの家電製品にも採用されている。

Section

1-9 半導体製造装置産業への波及効果

半導体の普及は、国内産業の一角に製造装置産業も生み出しています。現在も日本製の製造装置に対する評価は高いものの、アジア各国の急伸があり、世界シェアは低くなっています。

■世界的な評価が高い日本製の製造装置

半導体製造装置産業は、半導体の普及が進むにつれて大きく成長した分野で、半導体メーカーにとっては極めて重要な**パートナー**といえます。

半導体と同様に、半導体製造装置も技術の宝庫で、電気・電子工学、物理学、機械工学、材料工学、金属工学、高分子物理学、制御工学などの研究成果があらゆる部分で生かされています。

一時期は、日本の半導体業界が世界的に苦戦していたのと同様に、半導体製造装置でも苦戦を強いられましたが、そんな中にあっても日本メーカーに対する評価は高く、世界シェアも常に上位に位置していました。

半導体より一足先に巻き返しを図った装置業界では、今後の動向を的確に把握しながら、世界シェアをさらに拡大していくとのことです。

世界の半導体製造装置販売額は700億ドル超（2020年）と大きく伸びており、エリア別に見ると、**アジア勢が世界を牽引《けんいん》**しているといわれています。

世界シェアも、中国を筆頭に、台湾、日本、韓国などが8割以上を占めています。中でも中国の成長は著しく、世界シェアが25%以上でトップに君臨しています。

一方の日本は、上位にとどまってはいるものの、シェアは10%ほどで、アジア四強の中の4番目に位置づけられています。

プロセス技術*に関する日本の評価は高く、こちらも半導体製造より早く世界的な競争に勝ち残っています。

この両者を合わせると、日本のメカトロニクス技術とケミカル技術は世界有数の技術であり、世界からも注目されているといえます。

Term

プロセス技術　半導体チップを、より微細に製造するプロセス（工程）を設計・改善する技術。基本構造をはじめ、工程や微細加工技術など、様々な製造加工工程を最適化する。

■製造装置産業が半導体を牽引

半導体と一心同体の関係だといわれる半導体装置産業やプロセス技術において、日本の位置が1980年代と同等にまで回復しているといわれている今日、半導体が世界市場での地位を回復できない理由はないのです。

もともと、装置産業が半導体に引っ張られる形で成長してきましたが、今となっては半導体のほうが世界的に評価の高い半導体製造装置産業に牽引してもらうという、逆転の発想も考慮すべき事態になっています。

それ以外の分野では、回路パターンの現像液メーカーや半導体材料ガスメーカー、洗浄薬液メーカーなどが世界市場で活躍しており、高い評価とシェアを獲得しています。

さらに、プロセス材料の分野では世界的な企業が目白押しであり、中には「供給できるメーカーが世界中で日本の1社のみ」という部門もあるほどで、半導体を取り巻く周辺産業では、日本メーカーが世界で活躍しています。

すべてのマテリアルが揃う環境にある日本にあって、国が過去のような政策や対策の立て間違えさえしなければ、半導体メーカーが世界に向かって立ち上がる日はそう遠くないのかもしれません。

半導体製造装置メーカー　売上高世界ランキングトップ10（2022年）

順位	国	社名	売上高（100万ドル）
1	アメリカ	アプライドマテリアルズ	24854.4
2	ヨーロッパ	ASML	21342.1
3	アメリカ	ラムリサーチ	19047.7
4	日本	東京エレクトロン	16439.4
5	アメリカ	KLA	10447.5
6	日本	アドバンテスト	3548.5
7	日本	SCREENセミコンダクター	2766.6
8	ヨーロッパ	ASMI	2535.2
9	日本	KOKUSAI ELECTRIC	2198.5
10	アメリカ	テラダイン	2112.0

出所：VLSI Research

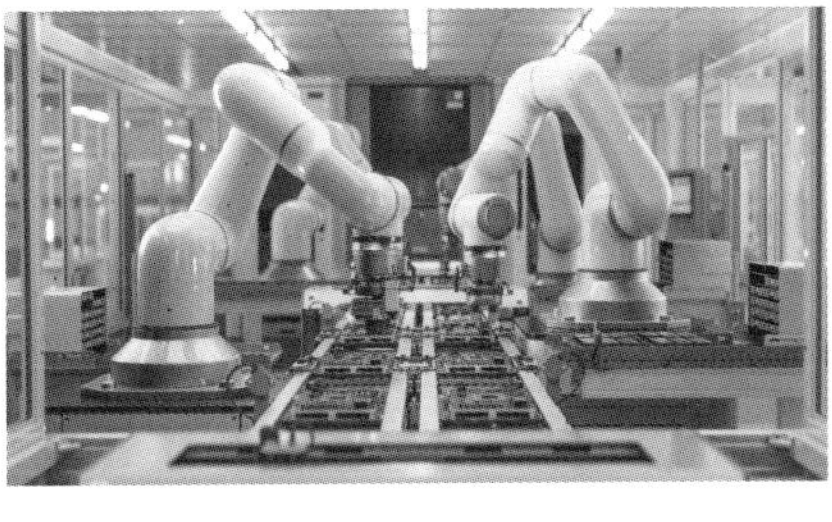

Photo by SweetBunFactory／istock

Section

1-10 半導体の製造形態

半導体の製造形態には、1つの企業ですべての製造を行う「垂直統合型」と、専業メーカーが製造工程を分業する「水平分業型」があり、現状では「水平分業型」が主流になっています。

■垂直統合型企業の特徴

半導体の製造工程には、大きく分けて開発・設計・製造・組立の4つがあります。

4つすべての製造工程から販売までを一貫して手がけるメーカーは、**垂直統合型企業（IDM型メーカー***）と呼ばれます。

垂直統合型は、1社で開発から販売までを行うことで、研究、開発、製造に関する知的所有権やノウハウをすべて社内に留保できるというメリットがあります。

そのため、特定のユーザーのニーズを満たした製品や、特殊な用途の製品、特段の技術力を要する製品などを自社で開発・製造できるようになると、市場を席巻《せっけん》できるだけでなく、ユーザーの囲い込みができるなどの効果も得られます。

例えば、電子機器の機能を根幹から変革するようなまったく新しい半導体デバイスを開発して製造した場合、その機能を上回る製品や代替製品が開発されるまでは、ほぼ1社の寡占状態が続き、企業として安定的な利潤が見込めるようになります。

その反面、設備投資や運用維持などに多大な費用が必要になるため、景気悪化や納品先での開発遅滞、パンデミックなどの外的要因よる影響を直接に受けやすく、経営悪化にまで関わってくるというデメリットもあります。

また、組織の大型化によって市場のニーズへの対応が遅れる可能性もあり、垂直統合型は新規参入する企業では敬遠される傾向にあります。

その意味からも、国の支援を受けて活動を開始する企業が垂直統合型に準じた体制をとることについて「リスクが大きすぎる」と危険視する向きもあります。

Term

IDM型メーカー　IDMは「Integrated Device Manufacturer」の略で、半導体製造の全工程を1社で一貫して行う製造形態を持つ垂直統合型メーカーのこと。

■水平分業型企業の特徴

前述の垂直統合型のように半導体製造の4つの工程をすべて1社で手がけるのではなく、それぞれの企業が独立して生産工程を分業し、製造していくのが**水平分業型**です。

開発工程は「**IPプロバイダ***」、設計工程は「ファブレスメーカー」、製造工程は「ファウンドリメーカー」、組立工程は「組立メーカー」というように、各工程を専業のメーカーが受け持って、1つの半導体製品を作り上げています。

それぞれの企業が専業化することによって、各工程に専念することができ、独自性が出しやすくなるとともに、ニーズの高度化や急激な変化にも柔軟に対応できるようになります。しかも、担当する工程については**スケールメリット**も生かしやすくなります。

分業化によって、個々の企業は少ない資金で運用できる反面、1社では機能しないことから、必然的に他企業との連携や統合を行う必要があります。

他企業と連携するためには、ビジネス上での連携方法や技術的な連携方法、利益配分などを事前に交渉する必要があります。企業間で解決すべき課題が多くなってしまうことが、この形態のデメリットといえるでしょう。

垂直統合型企業と水平分業型企業

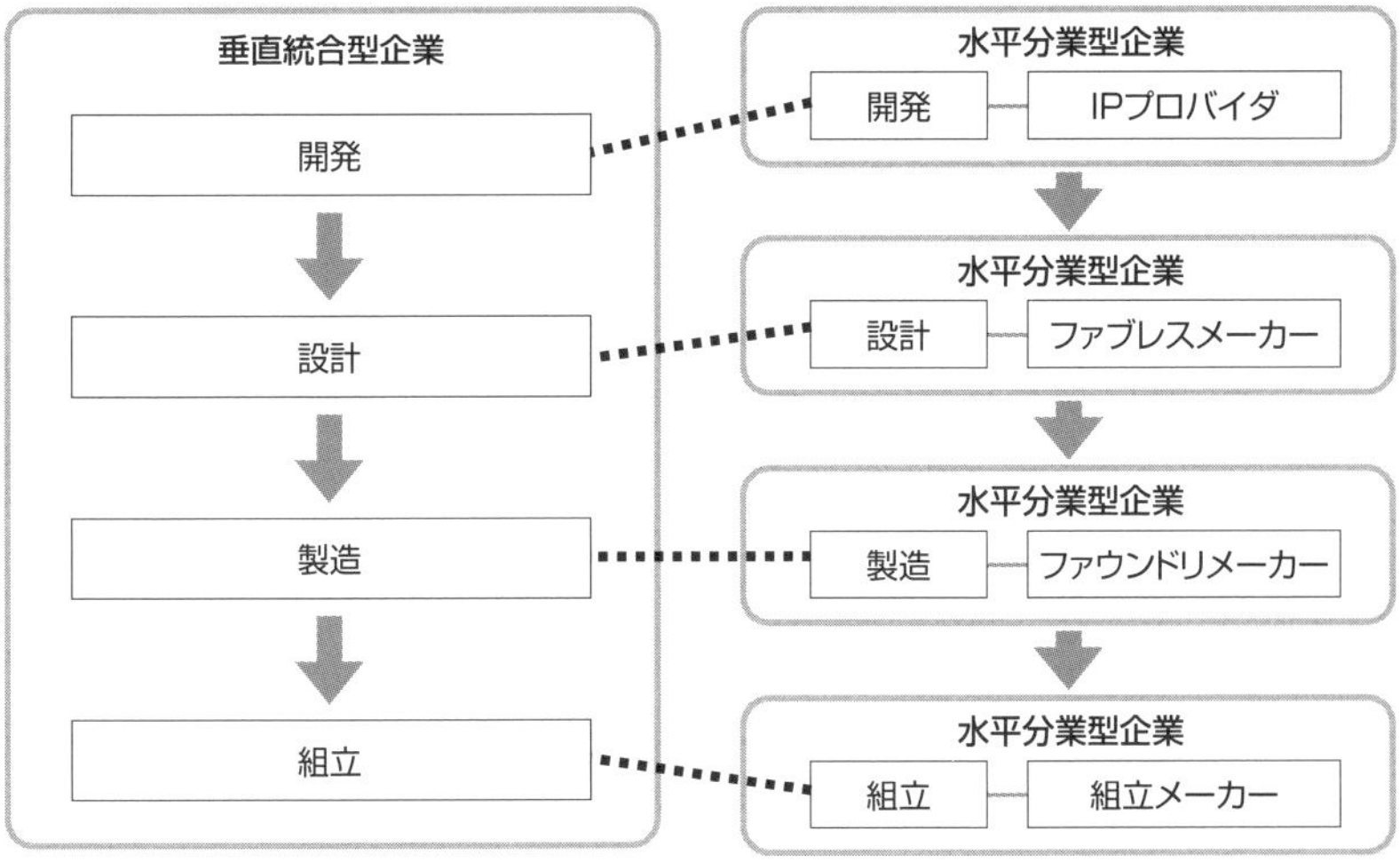

※開発と設計を手がけるファブレスメーカー、製造と組立を手がけるファウンドリメーカーも多い。

Term **IPプロバイダ**　IPは、CPUやメモリ、信号処理回路など、LSIを構成する機能ブロックのこと。この半導体IP（半導体設計資産）の設計のみを行い、LSIメーカなどに供給する企業を指す。

Section

1-11 国内半導体製造の問題点

製造装置でも材料分野でも世界的レベルにあり、基礎技術も決して引けをとらない日本メーカーの半導体は、なぜ凋落したのでしょうか。そこには、技術とは別の問題が横たわっています。

半導体の需要は、5Gのスマートフォンや、レベル5が現実味を帯びてきた自動運転車などの市場拡大により、今後もますます伸びていくと見込まれています。

そこで必要なのは政府による支援ということになります。**アメリカでは2021年に3兆8000億円の支援**が行われ、**中国では国と地方を合わせて10兆円規模の予算**が投じられているように、トップランナーの国は多額の投資をしています。一方、**日本政府の支援額は2000億円ほど**にとどまっているにもかかわらず、経済産業省などが「多額の支援」と臆面もなく発言しているのが実情です。

このような国際感覚に欠ける政策を続けていては、やがてアメリカからさえも見放される危険性があります。

決定や対応の遅れは、産業界にとってだけではなく、国家安全保障上も大きな問題になると考えられることから、大胆な方針の打ち出しが求められています。

■国からの支援が乏しい半導体産業

国産半導体の中で、海外向けに自信を持って販売できる製品がどれだけあるでしょう。

業界筋では、「DRAMとフラッシュメモリだけ」ともささやかれています。

このような状況になっているのは、〝失われた10年〟以降、半導体についての戦略的な思考がほとんどないことに加え、「台湾や中国から調達すればいい」という安易な考えが広まっていることも大きな要因といえるでしょう。

しかし、昨今の国際情勢や地政学的リスクを考慮すると、日本国内にも海外の生産拠点に匹敵するような大きなファウンドリ（製造受託会社）を作るべきではないか、といった議論も起こっています。これこそが、近年、世界的にも問題になっている「**経済安全保障**」につながるものです。

半導体製造装置でチャンスを

EUは、域内で製造する半導体について、「2030年までに世界シェア20%を目指す」としています。デジタル分野でリードするアメリカや中国への依存度を低くするのが目的と考えられますが、**半導体の安全保障**という見方もあります。

一方、日本には半導体製造に関して得意・不得意があるといわれています。

現在の半導体製造は、「生産や材料」と「設計」の部分に分かれています。この中で、日本は素材や半導体製造装置などについては、世界からも注目されるほどの強みがあり、それを巻き返しのチャンスにできると考えられます。

また、設計に関しては世界から多少の遅れはとっているものの、グローバルに人材を確保すれば発展の余地は十分にあると見られています。

問題は、**巻き返しの絶対条件である、強いリーダーシップ**です。激動の業界にあって、強固かつ迅速な意思決定がスムーズにできる体制をとらなければなりません。これさえクリアできれば、失われた時を取り戻すチャンスはまだまだあると考えられます。

単月の世界の半導体売上高と前年同月比の推移

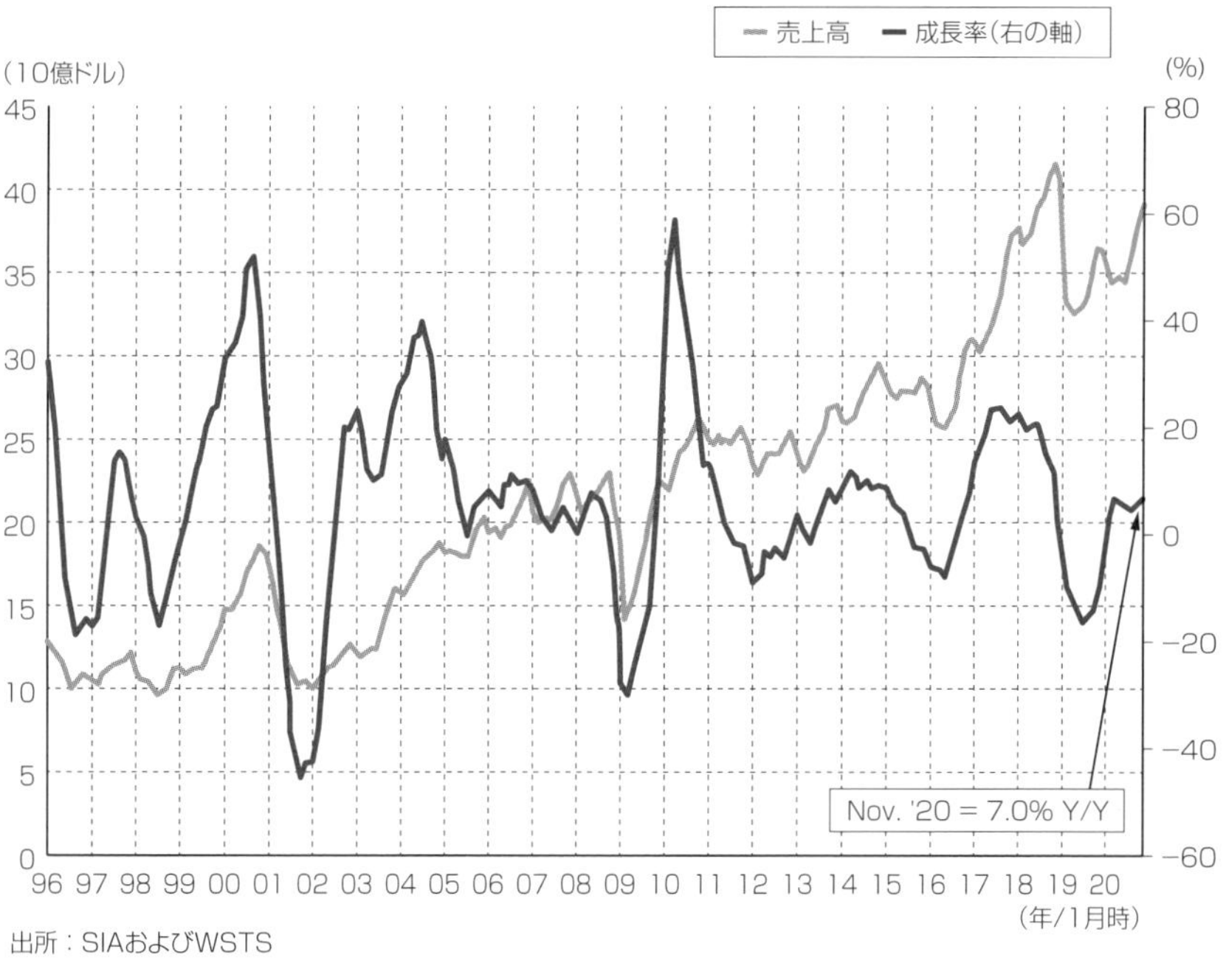

出所：SIAおよびWSTS

Section

1-12 半導体業界の仕事①…営業

半導体業界の営業マンは、製品の販売のみに終始しているわけではありません。ユーザー動向や製品化傾向をつかむとともに、技術的にもサポートできるだけの知識が必要とされます。

技術色が濃い営業職

営業職の中で、最も技術系の色合いが濃いのが半導体業界の営業でしょう。

これは、メーカーだけにとどまらず、半導体商社の営業も同じように技術色が濃くなっていることを考え合わせると、業界特有なのかもしれません。

半導体業界の営業職は、販売はもちろんのこと、マーケティングや製品企画のための**情報収集部隊**としての機能も担っています。

ユーザーがどのような性能や機能を望んでいるかはもとより、コストや納入希望時期までを綿密に調査し、最終的にはメーカーからの**ソリューション提案**という形にまとめ上げる必要があります。

この職種を営業とは分けて、「**営業技術**」や「**カスタマエンジニア**」などと呼んでいる企業もありますが、おしなべて業務内容は似通っています。

営業マンでありながら、高度な技術の知識を持っているメンバーがほとんどですが、理系出身者だけの職種ではありません。

近年は文系出身者からの採用も進んでおり、技術知識以外の要素などを考慮して人選している企業も少なくないようです。

この傾向はメーカーよりも商社に多く見受けられますが、文系出身者は理系出身者とは違って技術的限界を意識せずに物事を考えられるようで、その点が「技術的な壁を作らない」といった評価につながっているようです。

高度な技術的知識が武器

営業マンや営業技術担当、カスタマエンジニアも、絶対に不可欠なのが**技術的な知識**であることはいうまでもありません。

そして何よりも大切なことは、ユーザーの要求や情報を正しく理解し、正確な情報として開発者へ**フィードバックする能力**です。

自身が勤務するメーカー側から顧客企業への提案の際は、担当の開発者などの同行も可能ですが、日ごろの営業活動の中で得られる情報を漏らさずキャッチするためには、技術的な知識武装が求められるのはもちろんのこと、「聞き出す力」も重要な能力ということになります。

そのためには、自社の製品知識を習得しておくのはもちろんのこと、国内の他社動向や市場動向のほかに、世界的な動きにも目を向けておく必要があります。

営業職は、ビジネスの最前線でユーザーニーズに直接触れたり、最新技術の可能性を知ることができる環境で仕事をしています。

したがって、その経験や知識を生かすことで、さらに上級の営業職や役員に就くこともできるでしょう。

また、マーケティング部門や製品企画部門に異動して、広い視野の見識をベースに活躍することも可能な職種です。

半導体の営業職の特徴

半導体の営業職

仕事内容
- 半導体メーカーの製品プロモーション
- 顧客・開発者等の連絡・交渉設定
- 市場調査
- 未来予測のための情報収集
- 海外ベンダーとの交渉・折衝

顧客
- 大手デジタル家電メーカー
- 産業・電子機器メーカー
- 海外の電子機器メーカー

求められる経験
- 一般的なパソコンスキル
- 営業経験もしくは営業に興味があること
- できれば理系の知識（文系でも知識吸収力があればよい）

求められる人物像
- やる気や向上心のある人
- 他部門との連携が多いため、協調性がある人
- 納期、打合せ時間など、時間を厳守できること

身に付くと予測されるスキル
- 電子機器に関する知識
- 家電製品等に関する技術的な知識
- 国際的に通用する交渉力
- 語学力

Section

1-13 半導体業界の仕事②・・R&D

産業構造や生産形態の変化で、研究・開発部門の所属や立場が変わったとしても、業務に大きな変わりはありません。しかし、技術進化の激しい世界市場では開発競争は熾烈《しれつ》です。

■分散と結集で柔軟な対応を実現

営業部門などによって収集されたユーザー情報をもとに、実際の製品化のための作業をしていくのが、研究および開発を担う**R&D部門**です。

スタッフは、システムLSIやメモリ、ASICなどのように、製品カテゴリによってグループ分けされているケースが多くなっています。

企業によっては製品カテゴリごとの**縦割り構成**ではなく、研究項目ごとに材料、回路、パッケージのように、**横割りで担当を分担**している場合もあります。

いずれにしても、論理設計から回路設計、レイアウト設計まで行ったうえで、ハードとソフトに分けて作業をしていくことになります。

この組織とは別に、**基礎系の開発部隊**を配置している企業もあります。

基礎系とは、設計基盤技術、プロセス技術、量産技術などです。メーカーの中でも、どちらかといえば縁の下の力持ち的な存在で、重要な部署に位置づけられています。

設計基盤技術は設計資産や設計ツールを担当し、プロセス技術では微細加工のための最先端技術が今の課題です。

また、量産技術では、高品質の製品を低コスト、短納期で量産する技術の基礎研究を行います。

R&D部門では、これらの部署がそれぞれ分散して作業を進め、最終的にすべての力を結集することで、**高いレスポンスや柔軟な対応**を可能にしています。

■理系離れで人材不足

R&D部門は、圧倒的に理系出身者が中心の組織といえます。

文系出身者がまったくいないわけではありませんが、**基礎知識や専門知識が必要**とされるため、必然的に理系出身者が多くなっています。

ところが、現在の日本では、その人材を輩出する大学での**理系離れ**が進んでいます。

これは半導体分野のみならず、「ものづくりニッポン」にとって危機的状況といわざるを得ません。

理由としてはいくつか考えられます。

教員の質の低下が指摘されていますが、そのこととは別に、初等教育の**教員たちのほとんどが文系出身者**で占められているということも、理由の1つではないかと見られています。

また、知的財産権訴訟にも表れたように、日本国内における**技術者の待遇問題**も大きな要因ですし、それを報じるマスコミなどの姿勢にも原因の一端があるのではないかと考えられています。

ISSCC＊の会議でも、日本の半導体論文提出数は上位ながら、年々急速に減少しつつあることも事実です。

今後、世界の半導体市場での巻き返しを図ろうと考えるなら、国としても教育方針やそのあり方を考え直さなければならないでしょう。

IT企業の人材不足感

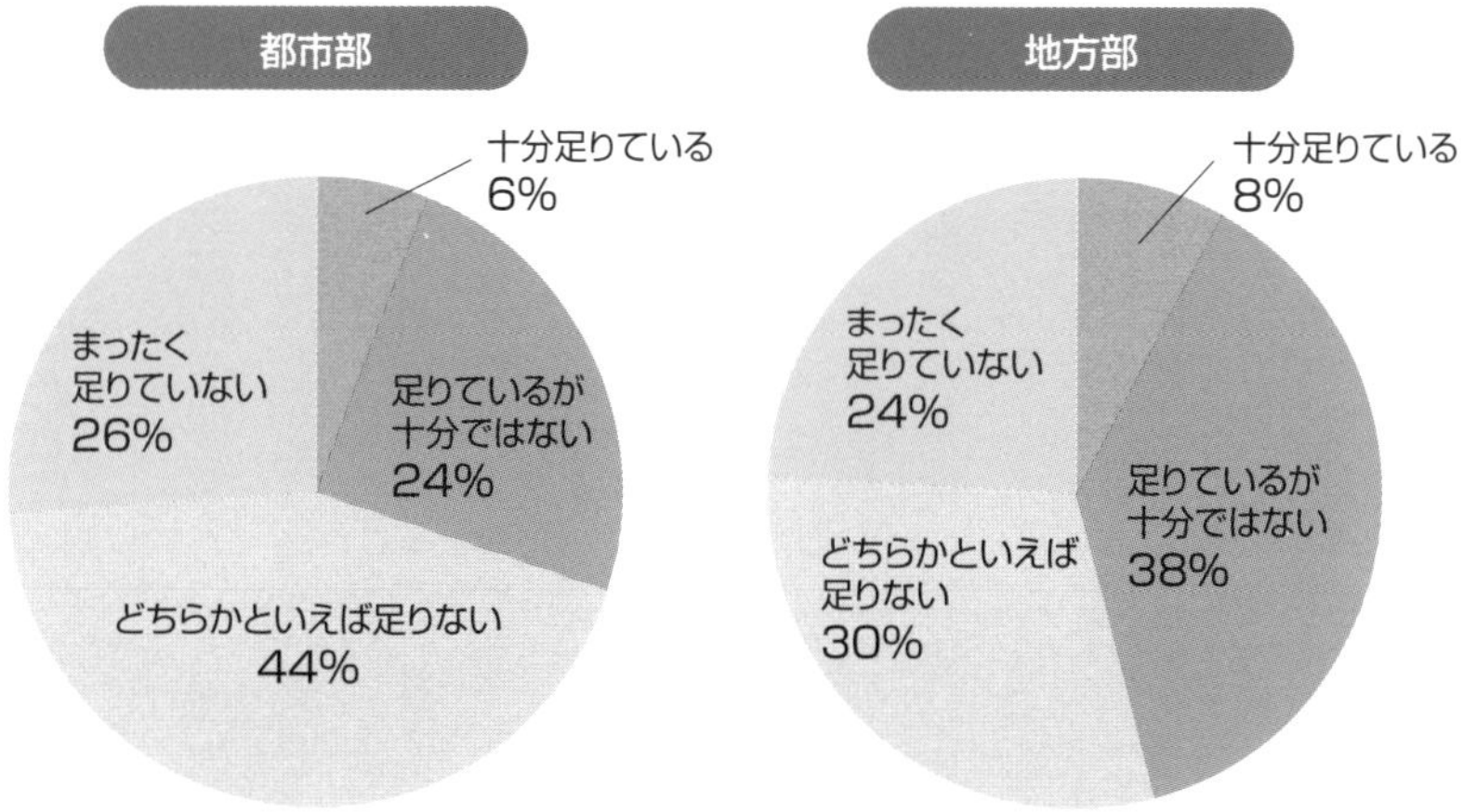

サンプル数：100サンプル（都市部、地方部でそれぞれ50サンプルずつ）
調査方法　：インターネットリサーチ
調査期間　：2022年6月20日～2022年6月21日

出所：IPA（情報処理推進機構）調査

Term **ISSCC**　International Solid-State Circuits Conferencemの略。国際固体素子回路会議。IEEE（アメリカ電気電子学会）が主催する最先端LSIなどについての国際学会で、「半導体のオリンピック」と呼ばれることがある。毎年2月にアメリカサンフランシスコで開催、最先端の半導体技術が発表されることが多い。

Section
1-14 半導体業界の仕事③…製造

生産形態の変化の影響を大きく受けたのが製造現場です。垂直統合型が多かった国内では、水平分業型への移行に戸惑いがある中、製造形態が市場席巻に果たす役割も大きいと考えられます。

■生産形態によって違う製造部門

半導体工場で製品の**製造**を行うことに違いはありませんが、垂直統合型の場合はすべてを自社工場で生産するのに対して、水平分業型の場合は製造をファウンドリメーカーが担当し、パッケージングは専門の組立メーカーが担当するというように、それぞれを分担して行っているところに違いがあります。

いずれの場合でも半導体工場は基本的に**24時間操業**で、従業員も**三交替勤務**となっているところが大半です。

したがって、年間を通してラインが停止することはほとんどありません。なぜならば、半導体の生産ラインは一度停止させると、再稼働に50時間程度を要してしまうのです。停止させない方策も、工場管理システムの重要な一部になっています。

日本の場合などは、特に地震によって設備にダメージを受けると停止を余儀なくされてしまうため、大地震にも耐えられる**免震・制震構造を採用した工場**も建設されています。

また、本州の中央を横断しているフォッサマグナを挟んで、東西に生産工場を配置することで、**震災時の安定供給**に対応しているメーカーもあります。

現在、半導体工場は日本全国に点在していますが、比較的九州に多く、アメリカのシリコンバレーに対して「**シリコンアイランド**」などとも呼ばれています。

また、本州とは別に沖縄が新たな半導体工場の候補地に挙げられています。

優遇税制が受けられるといった面だけではなく、台湾や中国、韓国にも近いことから、ハブ化*する可能性も考慮されています。

Term **ハブ化**　ハブとは、幹線と地方線とをつなぐ物流の拠点となっている空港や港湾を指す。地図上の物流経路図が車輪のハブとスポークの形状に似ていることから命名されたもの。現在の日本では、空港・港湾などを含め、様々な分野でこのハブ化が世界的に見て遅れをとっているといわれている。

■生産規模を調整できるミニファブ

半導体工場の生産ラインは、極めて**クリーン度**が高いという特徴があります。

これは、半導体が生産工程においてゴミやほこりを著しく嫌うためで、一定以上のクリーン度が保たれていないと、チップが損傷し、**生産の歩留まり**が極端に下がってしまいます。

そのため、ラインに入る従業員は無塵服《むじんふく》を着用し、エアシャワーでゴミやほこりを除去しなければなりません。

さらに、室内の気圧は外気圧よりも高めに設定し、中から外に空気が出るようにすることで外部からの空気の流入も防ぐ、といった対策が徹底されています。

ラインも特別な設備になっており、天井搬送システムでウエハ*が自動搬送される仕組みになっています。

設備自体が大型で、どちらかといえば大量生産に適した形態になっています。

ただし、日本が得意とするシステムLSIの場合は、**多品種少量生産で厳しい納期が要求**されるため、生産するデバイスに応じて柔軟に生産規模を拡張・縮小できる、**ミニファブ**という生産ライン方式が登場しています。

半導体加工の分業構造

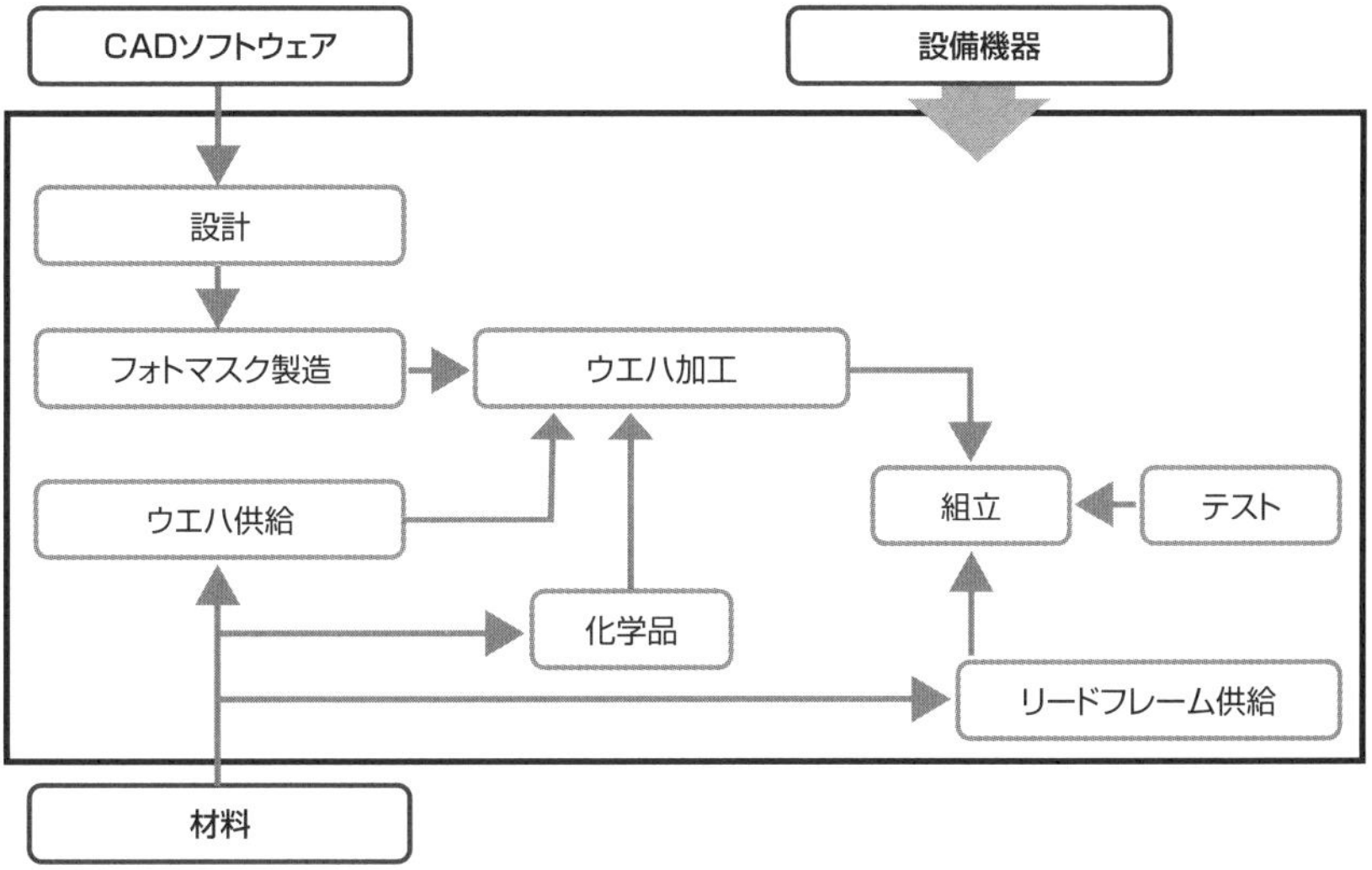

Term **ウエハ**　ウエハとは、ICチップやLSIの製造に使われる、半導体でできた薄い基板のこと。中でもシリコン製のものを「シリコンウエハ」と呼ぶ。

鉄腕アトムだけがロボットじゃない

Column

手塚治虫の漫画『鉄腕アトム』。この物語で、アトムの誕生日は2003年4月7日となっています。

その設定からすると、今の時代はすでに鉄腕アトムが日本の空を飛んでいることになります。ただし、今の社会情勢の中で、物語にあるような大活躍がアトムにできるかどうか大いに疑問ですが……。

では、現実に目を向けてみましょう。

確かに、アトムのような人型ロボットも出現してはいますが、「歩いた」「片足立ちした」「走った」「飛び跳ねた」ということがニュースになる程度で、「空を飛んだ」というレベルにはほど遠い様子です。

ロボットは戯曲の中に登場したのが始まりとされていますが、その中ではマシンではなく人造人間のようなものとして表現されていたようです。そこから、「ロボット」と聞けば人型を思い浮かべるようになったのかもしれません。

しかし、様々な産業で活躍しているロボットのほとんどは、人型ではありません。外見的に人と似ているところといえば、アクチュエータを使った関節くらいではないでしょうか。それ以外は作業の工程や内容によって、アームの形状や長さが違っていたり、人の五感に相当するセンサの位置や性能が違っていたりと、それこそ千差万別です。

任されている仕事内容も様々で、自動車の塗装や組立をしているかと思えば、お菓子工場で形を整えたり、サイズごとに並べ替えたりと、繊細な作業から力仕事まで、休みなく続けられるだけではなく、その万能ぶりがもてはやされて大活躍です。

でも、ここで考えてみてください。アトムと形は違いますが、ロボットなのです。10万馬力はないかもしれませんが、人とは比べものにならないパワーを秘めているのです。

そのパワーがすべて仕事に注がれている場合は問題にならないのですが、暴走すると大変なことになります。マシンですから「キレた」ということはないにしても、誤作動は大事故につながることもあります。

このトラブルを防ぐのが安全対策であり、「**機能安全**」という考え方です。

産業用ロボットの生産で日本が世界のトップを走れるのは、「人には危害を加えない」というアトムの心根を、産業用ロボットにも植え付けているからではないでしょうか。

▼ロボットアーム

Photo by Ptmetindoerasakt

第2章

グローバル経済における半導体業界

　順調な伸びを示していた半導体産業も、世界経済の動きによって少なからず影響を受けることになります。当初、アメリカやヨーロッパと日本を中心としていた半導体産業も、日本経済のバブル崩壊などを契機に勢力地図が変化し、現在は生産拠点としてのアジアの勢力を抜きにしては語れない時代に入っています。

Section
2-1 世界情勢と半導体業界

アメリカによる中国向けの半導体輸出規制強化はもちろん、コロナ禍、ロシアによるウクライナ侵攻など様々な世界情勢の変化に、半導体業界も影響を受けます。

■アメリカの対中国半導体規制強化

アメリカは2023年10月、半導体チップおよび半導体製造装置に関する中国向けの輸出規制として「**半導体輸出規制強化措置**」を発表しています。

この措置は、インテルやNVIDIAの中国向けGPU製品などを対象としているとされます。

この規制に関しては国内外で賛否両論が沸き起こりました。施行されれば中国国産の代替品確保や対抗措置のきっかけを与えることになると考えられ、規制強化の影響を懸念する意見が多く聞かれます。

アメリカの輸出規制に対し、中国側ではすでに警告・対抗措置として、半導体製造に不可欠の重要な鉱物であるガリウム(Ga)やゲルマニウム(Ge)の**輸出規制**を実施しており、さらなる制裁措置を講じると見られています。その内容としても、重要鉱物に関する規制強化だけではなく、アメリカ企業に対する新たなサイバーセキュリティ審査の実施など、ありとあらゆる様々な手段で対応してくることも考えられます。しかも、これらの対抗措置は、アメリカだけでなく、日本などの関連国にまで及ぶのではないか、といった見方も出ています。

中国政府では、対外的な対抗策だけではなく、国内産業のアメリカ技術への依存度を低く抑えるための方策を模索していくことも考えられます。

例えばGPUひとつをとってみても、性能的には劣るものの、すでに中国国内製の代替製品があります。

一方的な規制の強化は、過去にスマートフォンなどの規制で見られたように、高性能半導体チップの開発・製造能力をさらに加速させることにしかならないとの危惧もあります。

半導体法がもたらす変化

2022年に成立した**CHIPS***法は、アメリカ国内の半導体産業に関する政策で、アメリカ商務省標準技術局や国防省によって、国内の半導体エコシステムを再構築するとともに、国家安全の強化を目指すものです。

この法の成立によって、アメリカ国内の半導体に対して500億ドル（約7兆2500億円）もの巨額の補助金を投じることになります。

また、CHIPS法の成立をきっかけに、アメリカ以外の国々においても自国のコンピュータチップ産業の強化に向けて、数十億USドル規模の補助金を投じる世界的な競争が始まっています。こういった世界的な動きに対して批判的な意見はあるものの、各国は2度とないと考えられるこのチャンスを生かすべく、様々な対応や戦略が策定されているようです。

それを裏づけるように、EU理事会は2023年7月に、官民合わせて430億ユーロ（約7兆円）［そのうちEU自体の投資額は33億ユーロ（約5300億円）］の投資を行うとともに、EU全体の半導体生産で世界市場のシェアを2030年までに20%へと増大させることを目標に掲げ、**ヨーロッパでの「半導体法」**を承認しています。

世界の半導体市場規模と市場を牽引する機器の変化

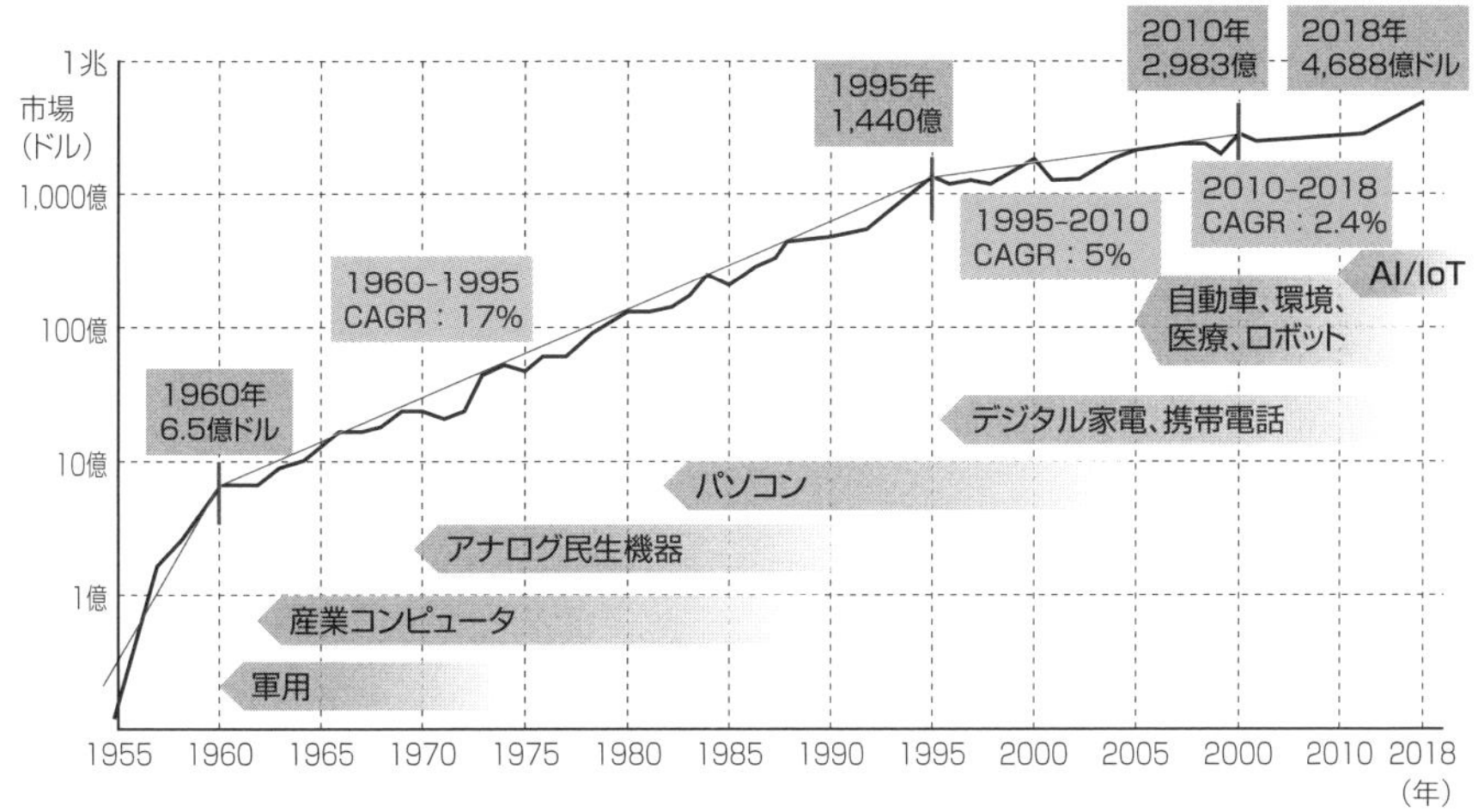

市場額データはSIA、WSTSデータ
CAGR：年平均成長率

Term **CHIPS** Creating Helpful Incentives to Produce Semiconductors and Science Act（半導体製造と科学法の有益なインセンティブの創出）の略。

Section

2-2 日本の産業を支える半導体

半導体は国内において「産業のコメ」と称されています。パソコンをはじめとしてスマートフォンや家電、自動車など、電気に関連する分野ではほぼ必ず半導体が関わっています。

■半導体は産業のコメ

世界的にはもちろん、国内においても過去に半導体産業ほどの成長を遂げた産業は存在しません。

敗戦後の高度経済成長期に国内経済を下支えした「鉄鋼」に代わり、冷戦終了後は半導体が**産業のコメ**＊ともいわれる基幹部品となり、パソコンやスマートフォンだけでなく、自動車や家電製品などにも大量に使われています。

その用途の拡大はとどまるところを知らず、航空宇宙、医療分野、環境関連、通信機器、車両関連、AIやICT分野など、先端機器をはじめ、産業機器全般や私たちの身の回りの民生機器にいたるまで、その広がり、需要の高まりは驚くばかりです。それとともに、要求される機能や性能も日を追って高度なものになっています。

そのような半導体市場のすう勢の中で、世界市場に占める日本製品のシェアが1988年の50%超から2022年には8.5%へと大幅に下がってきたとはいえ、全世界での生産量や売上高は確実に右肩上がりで推移していることに間違いはありません。

特に、日本のお家芸である**デジタル家電**をはじめとして、私たちの生活や産業に関わるほとんどの製品が半導体の恩恵を受けています。

しかも、半導体に代わる技術が出現してきたわけでもなく、この技術的な傾向と成長は、国内外を問わず今後もしばらくは続くと予測されています。

半導体の需要が伸びれば、それに対応した増産が必要になりますが、輸入に頼っている日本には「自国で賄えない」という大きな問題があります。

そこで、世界で最も多くの半導体を生産している台湾と日本の双方にメリットがあるような環境を作っていくこと

Term **産業のコメ**　日本における産業の中枢を担うものを指すとき、日本人の主食にたとえて使う経済用語で、戦後に生まれた言葉。この言葉が誕生した当時は、高度経済成長を支えた「鉄鋼」を指していたが、近年は「半導体」に対して使われている。

が必要と考えられます。

半導体に支えられる産業分野

半導体技術は現代の高度情報化社会を根底から支えており、その高度な技術革新によって、ライフスタイルや産業構造を大きく変化させつつあります。

そして、私たちはあらゆる面で半導体技術から大きな恩恵を受けています。

今では、その存在を感じない人でも、得られる利益は計り知れません。

確かに、景気によって半導体自体の伸びは左右されますが、半導体を取り巻く産業全般を見渡すと、その存在感の大きさが理解できるでしょう。

半導体は**GDPの約1%**を占めていますが、それに関わる川下の電子産業や川上の半導体製造装置産業、部品・材料産業などを含めると、**GDP比で5%**ほどになると報告されています。

このように、半導体はそれ自体の成長だけではなく、関連する多くの産業分野を支える一大基盤としての役割が大きい産業であることから、国の施策が産業界全体に大きく影響するともいえます。

半導体における日本企業のシェア

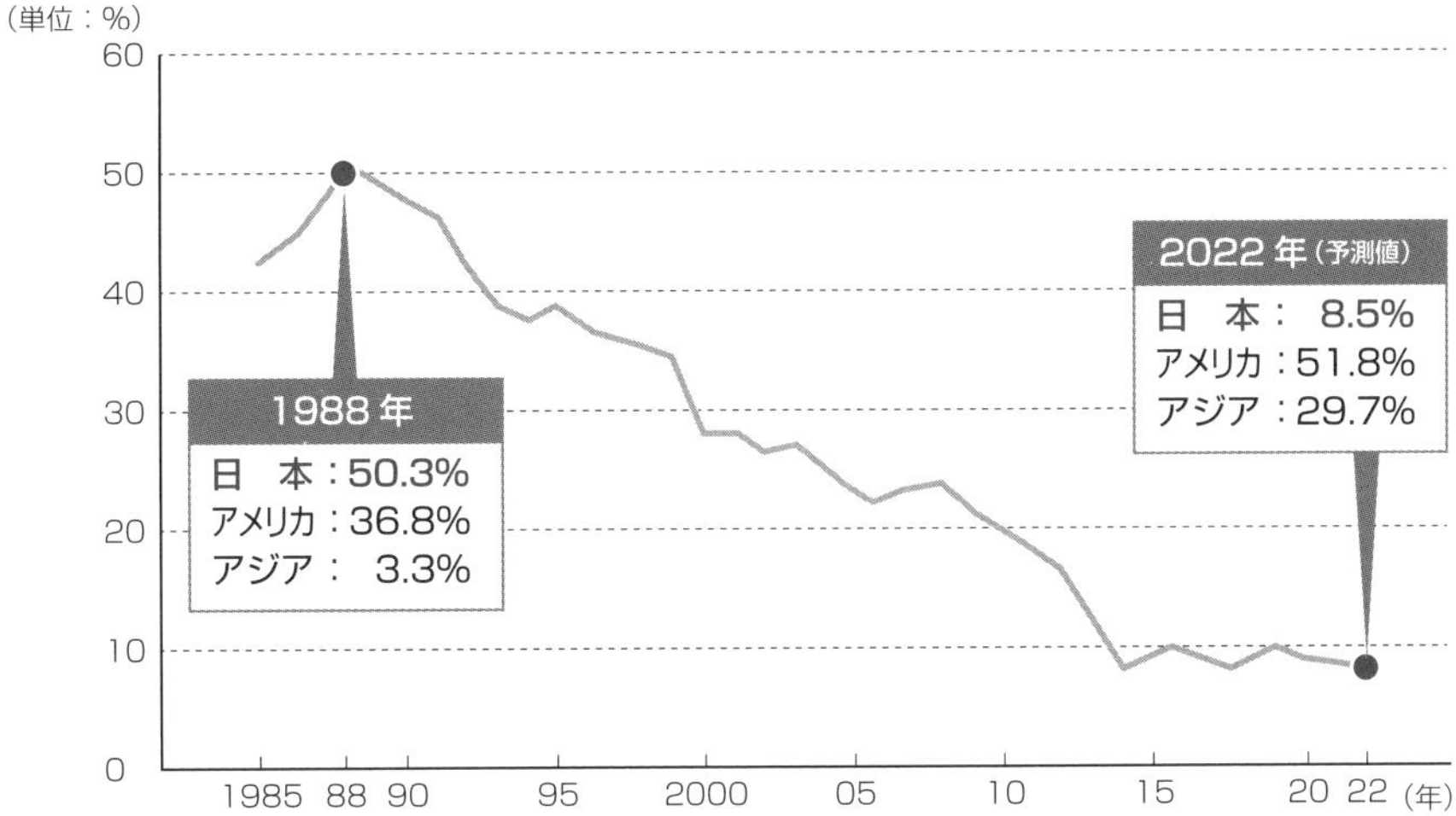

出典:Omdia

Section

2-3 世界における日本の半導体

日本の半導体は、隆盛を極めていた1980年代とは打って変わって、90年代から凋落を始めました。原因と考えられるバブル崩壊ならびにアメリカとの半導体協定について考えてみます。

〝失われた10年〟で日本が失ったもの

日本経済の〝**失われた10年**〟は、バブル景気*崩壊後の1990年代中ごろから2000年代の前半にわたっていきます。当時の経済情勢を指して、「**複合不況**」や「**平成不況**」とも呼ばれていました。

この〝失われた10年〟と同時期に起こったのが、半導体産業の急激な凋落です。

それまで急速かつ順調な成長を見せていた産業が、これほどの短期間に国際的な競争力を失ったことは、過去にもあまり例がありません。

それまでの日本の半導体産業は、1980年代をピークに、**64キロビットDRAM**の技術開発で、当時の競争相手であったアメリカを大きく引き離していました。

半導体の生産だけではなく、製造装置としての露光装置などにも日本産の製品が登場したことによって、純国産でしかも大量生産に対応したモデルを開発できるようになり、両国の差は広がる一方でした。

これに対してアメリカ側が起こした行動が、通商問題化することによる理不尽ともいえる政治的圧力でした。

1986年に締結された、いわゆる「日本政府と米国政府との間の半導体の貿易に関する取極」、通称「**日米半導体協定**」によるアメリカ製半導体の市場での巻き返し工作です。

この協定は、その後10年間にわたって効力を持ち、日本の半導体産業を圧迫していくことになります。

半導体協定がもたらしたもの

日本とアメリカのこの半導体協定は、「協定」とは名ばかりで、実際には日本製半導体の締め出しを目的にしていたことで知られています。

Term **バブル景気**　1980年代後半におとずれた経済現象。投機によって不動産や株式の資産価格が高騰し、実態経済とかけ離れてしまった。長続きはせず、90年代に入ってバブルが崩壊し、その後の日本経済はデフレに転じた。語源はイギリスで1720年に起こったSouth Sea Bubble（南海泡沫事件）。

内容的には、日本に対して海外製の半導体を20％以上輸入することが義務づけられており、国内だけではなく、世界的にも市場原理や市場経済をまったく無視したものといえます。

このアメリカの行為は、奪われた競争力を自助努力によって回復するのではなく、**競争相手の力を政治的圧力で奪う**行為に等しく、日本の半導体産業は大きな打撃を受けました。

アメリカはこの国策によって、パソコン分野でマイクロソフトやインテルを**グローバルスタンダード**に押し上げたことが知られています。

さらに、これらの動きに合わせるように、1企業で全ての工程を行う従来の**垂直統合型**の生産方式から、分業による**水平分散型**へと発展していったことも影響しています。

日本は、この攻勢に対してなすすべのない弱腰外交で、その後の凋落は技術面より、無能な政府や官僚たちによる政治的な要因が色濃いといっても過言ではないでしょう。

その後に起こったバブル崩壊も劣勢の状況を一層悪化させただけではなく、海外生産をしていた韓国や台湾の企業に技術が流失したことによって、さらに苦しめられる結果を招きました。

世界の半導体市場

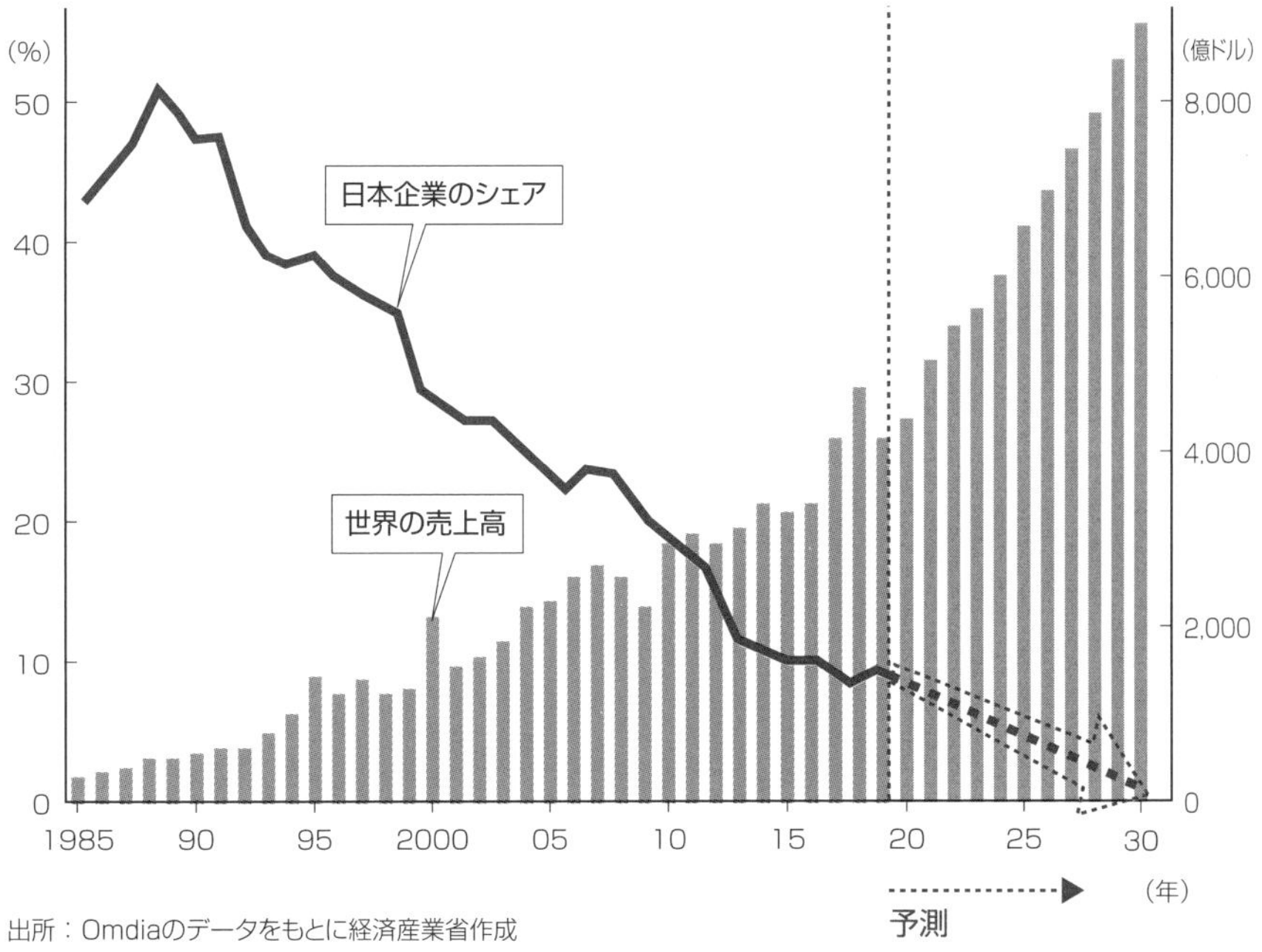

出所：Omdiaのデータをもとに経済産業省作成

Section
2-4 産業構造の変化と半導体

1980年代にDRAMで大躍進を見せた日本の半導体メーカーは、パソコン需要の落ち込みを契機に、その特性と技術力を生かし、システムLSIへと注力していきました。

■新たな産業基盤の創生

1980年代にピークを迎え、世界の半導体市場をリードしていた日本メーカーの**DRAM***は、コンピュータの発展に大きく寄与したものの、その後市場規模が年々後退したために、半導体産業は製品戦略の転換を迫られました。

そこで、パソコンに代わる電子機器で、半導体を大量に使用するアイテムを考案するところからスタートしました。

その結果として生まれたのが、**「デジタル家電」**です。

日本のお家芸ともいえる家電分野においてデジタル革命を引き起こすことで、半導体の搭載量を増やすのみならず、ユーザーニーズに応えて便利さや使い勝手をさらに高める半導体の開発に注力していこうというものです。

具体的にいえば、日本メーカーが持っている技術力を結集し、メモリやロジック回路、周辺デバイスなどを1つのチップに集積するシステムLSIの開発に乗り出したということです。

日本の半導体メーカーは、それまでの経験の中で、**システムLSI**に必要な半導体製造技術とそのノウハウを蓄積しています。

つまり、集積度の低いディスクリート*やアナログ半導体のほか、LEDや光デバイス、各種メモリ、ロジック回路、ASIC（4-7節参照）など、それらすべてを製造するだけの技術力を持っているということです。

この分野では、諸外国に引けをとらないどころか、凌《りょう》駕《が》するだけの技術力があるといえるでしょう。

この卓越した技術力を活用したシステムLSIは、**日本半導体産業の新たな産業基盤**として期待されました。

Term

DRAM　Dynamic Random Access Memoryの略。半導体を使用したメモリ（RAM）の一種で、パソコンの主記憶装置やデジタルカメラなど多くの情報機器の記憶装置に用いられている。電源が切れると記憶内容が消えてしまう揮発性メモリのため、情報処理過程の一時的な作業記憶に用いられる。

■マーケティングの重要性

日本における従来のシリコンサイクルは、パソコン向け半導体需要に占めるDRAMの割合が極めて大きかったことから、「**DRAMサイクル***」と言い換えられるでしょう。

しかし、システムLSIを産業基盤にすることで、サイクルの波に左右されない、安定した事業展開が期待できるといわれています。

そこで、日本メーカーの課題となるのが「**マーケティング力**」です。

つまり、「メーカーは生産した製品を販売し、それをどのように利用するかはユーザーに考えてもらう」のではなく、「ユーザーの求めている製品をスピーディーに、しかも製品競争力に寄与できるコストで、安定して供給できる生産力」が求められることになります。

そこには、部品や原材料の購入を的確に判断できる、需要を重視した施策が必要になります。

システムLSIでは、ユーザーニーズを解き明かし、的確な判断で材料を準備する力量とともに、それらを使って最適な製品にまとめ上げる技術力の双方が問われることになります。

シリコンサイクルの概念

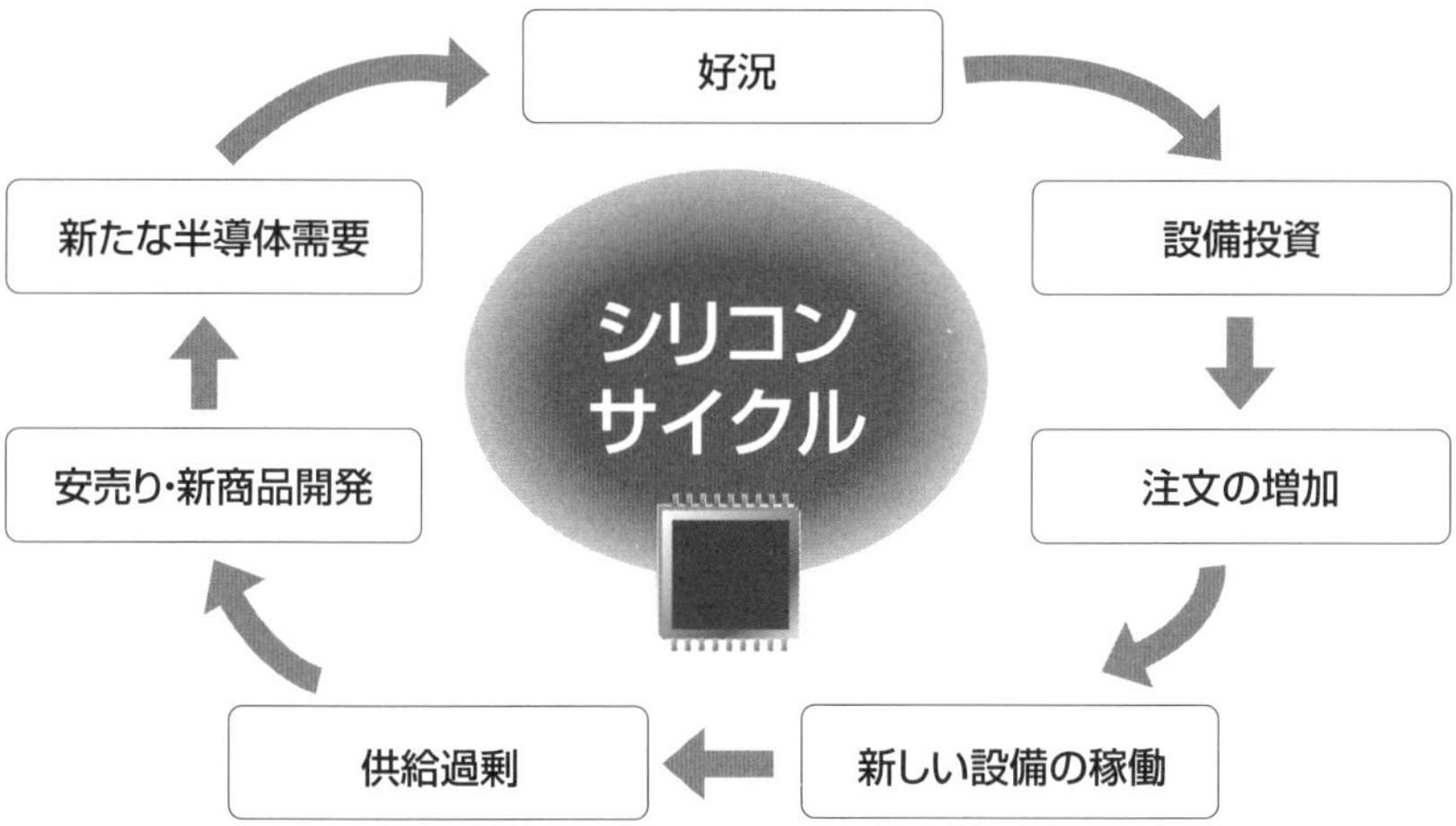

このサイクルが、一定の周期(4〜5年)で繰り返される

Term

ディスクリート　「トランジスタ」「ダイオード」「コンデンサ」「サイリスタ」など、単機能素子の総称。

DRAMサイクル　パソコン向け半導体需要全体の80%に届く勢いだったDRAMは、シリコンサイクルに大きく影響を及ぼすことになり、「シリコンサイクル＝DRAMサイクル」といわれるようになっていた。

Section

2-5 半導体工場の設備投資とリスク

世界的な経済状態の悪化によって成長が鈍化すると、あらゆる企業は設備投資を大きな負担だと感じるようになります。景気悪化による低成長時の設備投資とリスクを考えてみましょう。

投資負担を軽減するリスク分担

半導体産業は、設備に巨額の投資を必要とすることで知られています。

半導体製造装置が高額というだけではなく、生産に必要不可欠なクリーンルームの建設費用や超純水装置など、製造装置以外の付帯設備の設置にも多額の費用が必要になります。

投資費用は、主だった生産品や量産の規模、製造装置の種類などによっても変わってきますが、ユーザーニーズに合わせて生産計画が変更されるたびに対応が必要となるため、一度建設すればそれで終わりではないのが悩ましいところです。

つまり、メイン製品の生産・販売・在庫計画に合わせた生産ラインや稼働計画の変更のほか、ウエハサイズの**大口径化**＊や高機能化、微細化などに対応するためのラインの組み替え、工程の組み直しなどにも設備投資の費用がかかることになります。

当然、1つの製品を長期間にわたって生産できれば効率はいいのですが、めまぐるしく変動する半導体市場独得の動向はそれを許しません。

したがって、変化の激しい市場状況を見ながら、**投資回収**ができる計画を立てることが重要になってきます。

また、先々の生産を確実にするため、設備投資に踏み切る前に、顧客との間で**「生産受託契約」**を結び、投資回収のしっかりとした目途を立ててから取り組む企業もあります。

その中には、顧客から販売金額を前倒しで受け取る形で資金提供してもらう企業も現れています。

これも、低成長期における**リスク回避**や**リスク分散**の手法の1つで、企業経営の視点から、設備投資の**負担軽減**と

Term

大口径化　ウエハ円盤のサイズを現状より大きなものにする動きが大口径化で、現在は従来のラインで主体となっている200mm（直径）ウエハから300mmの大口径ウエハに生産ラインを変更する企業が多い。300mmウエハ1枚で、200mmウエハの2倍以上のチップ生産が可能になる。

確実な**投資回収**を実現する手段として採用されるケースがあります。

柔軟に対応できる生産規模

多額な費用を必要とする半導体の設備投資では、巨大な設備投資で企業同士がぶつかり合う「**メガバトル**」に向かう方向と、変化の激しい市場の要求に対応するため**多品種少量生産**に柔軟に対処できる「**ミニファブ**」のような生産ラインを組む方向の二極化が起こりつつあります。

メガバトルは、ある限られた企業が巨大な設備投資をすることによって、成熟した市場の中でシェアを奪い合う競争に生き残るための方策で、巨額投資に対抗できない企業は淘汰《とうた》されることになり、先行きは寡占化の方向が見えてくることになります。

一方のミニファブは、ユーザーからの要求に応じて柔軟に生産規模の拡張や縮小ができる生産ラインです。日本が取り組みを開始しているシステムLSIのような多品種少量生産を短納期で実現するために登場したもので、ユーザーからの要求にも柔軟に対応できます。

この2つの方向性は、双方が相手の駆逐を図るのではなく、補完する関係にあると考えるのが正しいでしょう。

半導体工場建設費用の内訳比率（想定概算）

Section
2-6 半導体商社の役割

商社の中で、半導体製品を専門に扱う商社を指して「半導体商社」といいます。国内だけでも、メーカー系、独立系、外資・外国系を含めると1000社以上が存在するといわれています。

■メーカー系列と独立系

半導体商社は、特定の半導体メーカーの製品販売を主たる事業とした「**メーカー系列**」と、メーカーに依存しないでユーザーが求める製品を販売する「**独立系**」に大別できます。メーカー系列の半導体商社の場合は、所属しているメーカー系列の製品を専属的に扱うことしかできません。一方、独立系商社の場合は、メーカーの系列にとらわれることなく、複数メーカーの製品や海外製品を扱うことができるといった違いがあります。

一見、独立系のほうが営業しやすいように見えますが、そこには「**商権***」という大きな壁が立ちはだかっています。

商社にとっては、独占的な権利であるこの「商権」および有能な「人材」が、事業の生命線を握っているといっても過言ではありません。

半導体商社は、この「商権」で基本的な業務を推進していくことになりますが、最近では商社の実績次第では他社に変更するといったドラスティックな動きにも脅かされています。

原因としては、半導体メーカー同士による事業再編や外資系メーカーの台頭などが挙げられます。

それによって、商権の流動化現象が発生し、中小規模の商社が倒産に追い込まれるケースもまれではなくなってきました。

この現象は、人材の流動化も引き起こしているようです。商社にとって、企業としての売上高や利益率も重要ですが、商社マン1人当たりの利益率にも重きが置かれています。

その利益率をはじき出すための付加価値を生み出す「人の力」が大きく作用してくるため、商権とともに人材の流動化にも歯止めをかける施策が求められています。

Term

商権　特定の顧客と独占的な取引ができるように、メーカーが半導体商社に与えている権利。この権利を持っている限り、ほかの商社はその顧客に対して当該メーカー製品の営業活動ができないことになる。

1000社がひしめき合う業態

半導体商社は、海外から見た日本の流通構造の複雑さを物語る存在として揶揄《やゆ》されがちです。

日本国内には、上場している半導体商社だけでも30社以上あり、二次商社や三次商社などの末端の事業者までを含めると、その数は1000社以上になると推測されています。

最近ではかつてのような御用聞きスタイルは影を潜め、半導体メーカーとユーザーの間に立って、製品の設計から開発、試作にいたる一貫したサービス機能を提供する「**ソリューション・プロバイダ**」としての機能が大きく注目されています。

また、組み込みシステムやEMS（2-8節参照）など機能の多角化を進めており、ソフトウェア企業やSI企業、他商社とM&Aを行って技術力や営業力の強化を図っています。

ユーザーニーズの多様化や製品の高付加価値化に対応したもので、半導体ビジネスの浮沈を握っているともいわれています。市場の変化を迅速に察知し、グローバルビジネスに対応するため、商社の果たす役割は今後ますます大きくなると考えられます。

半導体商社の仕事の流れ

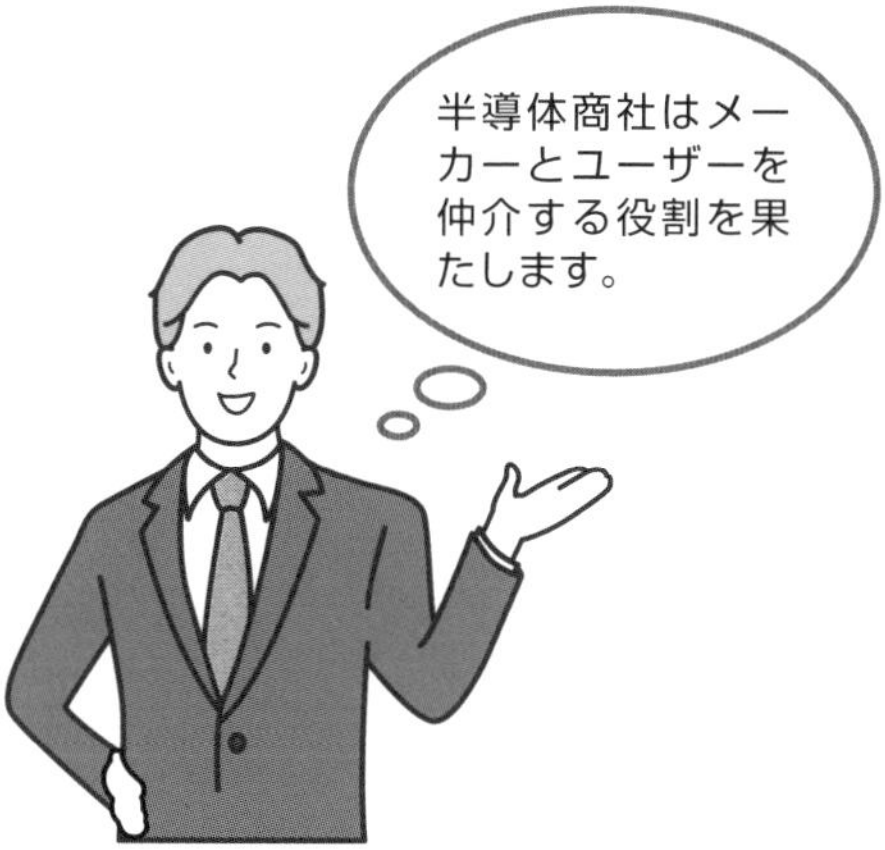

▲日本半導体商社協会（DAFS）のWebサイト

Section
2-7 知的財産権と国際競争力

半導体メーカーに限らず、特許などの知的財産権の保護が重要な経営課題になっています。安易な技術流出を食い止めるため、国が政策で企業の理論武装を保護する動きが出ています。

■衰退の原因は知的財産権の流出

日本の半導体産業が衰退した原因として、バブル崩壊による〝失われた10年〟が挙げられますが、別角度の見方では「**知的財産権**＊に関する戦略的な敗北」を大きな要因としている向きもあります。

確かに、最盛期の日本の半導体産業では、DRAMの大量生産による世界シェア1位に浮かれ、知的財産権を保護するという意識が低かったといえるでしょう。

そのことに業界や国が気づいたのは、敗北がほぼ決定的になった1990年代の半ば以降でした。

いわゆる**パソコンブーム**の時期に当たり、インテルやマイクロソフトの特許をいや応なく受け入れなければならない状況に陥ってしまったのです。

また、日本の得意分野であった半導体製造装置業界でも、諸外国の設備投資に呼応して装置を販売する際、技術やノウハウまでも安易に提供したことで、業界全体が丸裸にされてしまったという経緯もあります。

この**知的財産権の流出**は、当時、生産工場を数多く立ち上げていたアジアに対してが最も多く、その後、特許のコピー問題などで、逆に日本を苦しめることになります。

さらに、日本では知的財産を個人の権利として評価しない風潮があったため、「金銭的に優遇を受けられる海外メーカーへの技術指導で対価を得る」構造ができあがってしまったことも、大きなマイナス要因として挙げられます。

■国として取り組む特許戦略

知的財産権については、本質的には企業が高い技術力や開発力を持った技術者を個人として優遇するとともに、**知的財産権を手厚く保護**していくことが重要になってきます。

Term **知的財産権**　特許や意匠、商標などのように、無形の技術的および科学的発見・発明や独自の表現の発案者の功績と権益を保証する権利のことで、知的所有権とも呼ばれる。グローバルには、世界知的所有権機関（WIPO）が、知的財産権の世界的な保護活動を行っている。

そこで、知的財産の戦略的な強化に国を挙げて取り組むことになりました。遅きに失した感は否めませんが、日本が得意とするシステムLSIなどを中心に、特許戦略を構築し、グローバル特許を取得する動きが活発になったのは前進と見るべきでしょう。

例えばその中に、半導体集積回路配置法（正式名称：半導体集積回路の回路配置に関する法律）という聞き慣れない法律があります。アメリカを中心としたコンピュータや半導体産業の急伸を背景にしたもので、半導体集積回路の集積度を高める際に重要となる、回路配置を保護の対象としています。この法律は1986年に施行されており、40年近くもの歴史があるにもかかわらず、長らく活用されていなかったことを考えると、いかに日本の国としての対応がお粗末かがわかります。

今後は、知的財産の流出に歯止めをかけていくだけではなく、日本が最も不得手としていた**特許の財産化**にも取り組んでいく必要があります。いわゆる特許収入の獲得です。

日本はこの分野で海外に大きく水をあけられており、出願数では劣っていないものの、利益ベースにすると桁違いに少ない結果になっています。

早期の対応で経済的にも優位に立つ必要があります。

半導体が関連する主な知的財産権

権利	保護対象	保護期間
特許（発明）	発明と呼ばれる比較的高度な新しいアイデアに与えられる権利。「物」「方法」「物の生産方法」の3タイプがある。	出願から20年
実用新案（考案）	発明ほど高度なものではないが、新しいアイデアとして与えられる権利。実用新案権は無審査で登録される。	出願から10年
意匠（デザイン）	物の形状、模様など斬新なデザインに対して与えられる権利。	登録から20年
商標（マーク）	自分が取り扱う商品やサービスと、他人が取り扱う商品やサービスとを区別するためのマークに与えられる。	登録から10年（更新あり）
著作権	電子機器関連やIT分野では、コンピュータプログラムが該当する。	創作時から著作者の死後50年（法人著作は公表後50年）
半導体集積回路配置	独自に開発された半導体チップの回路配置に関する権利。	登録から10年
商号	営業上、法人格を表示するために用いる名称。社名保護のために与えられる。	期限なし
不正競争の防止	公正な競争秩序を確立するために、著しく類似する名称やデザイン、技術上の秘密などの使用を差し止める。	期限なし

Section
2-8 流通構造の違いと外資系日本法人

早くから水平分散型の産業形態に移行してきたアメリカでは、流通構造にも「メガ・ディストリビュータ」と「レプレゼンタティブ」の2つの形態が、お互いに補完し合って存在しています。

■アメリカの2つの流通構造

日本の商社構造に対して、アメリカの半導体商社には世界規模で事業展開する巨大な「**メガ・ディストリビュータ**」と、エリア単位でユーザーの技術的なサポートを行う「**レプレゼンタティブ**（略して、**レップ**）」の2つの形態があります。

それぞれが業態として棲《す》み分けされており、お互いが補完し合っている関係のため、競合したり対立したりすることはありません。

メガ・ディストリビュータは、アメリカ国内の物流網はもとより、海外にもネットワークを拡充し、ワールドワイドな体制を整えていますが、半導体メーカーと直接の取引はしません。

一方のレップは、半導体メーカーが指定したエリア内で、ユーザー企業の技術サポートをするのが仕事です。

したがって、メガ・ディストリビュータと違ってレップは、アメリカ全土に多くの企業が存在し、きめ細かな対応を提供するのが特徴になっています。

両者は、レップがユーザーの要求する製品を発注し、メガ・ディストリビュータが運搬および納品をするといった仕組みで、レップは大量の在庫を持たないといった体制も特徴の1つです。

アメリカで早くから**水平分散型**に移行したことが流通構造変革のきっかけとなり、現在の形態になったと考えられます。

なかなか**垂直統合型**から抜け出しきれない日本では、この2つの生産形態の混在状態が続いており、そのことが世界で戦えない要因の1つだと指摘する向きもあります。

また、水平分散型が進んだアメリカでは、生産拠点が海

Term
EMS型の企業　EMSは、Electronics Manufacturing Serviceの略で、電子機器の製造および設計を担うサービスを指す。1980年代までの「受託製造サービス」と違い、関わりを持つ領域が大きく広がっているのが特徴。中には、世界中に工場を持ち、生産の肩代わりをする大手企業もある。

外にシフトしているため、「世界中に工場を持ち、生産の肩代わりをしてくれる企業」として**EMS型の企業***が誕生しています。

日本では、この機能も半導体商社が担っています。

外資系日本法人

海外企業が日本への進出の足がかりとするのが「日本法人」です。

資本が本国の企業にあることから、「**外資系日本法人**」と呼ばれます。

資本は海外ですが、そこで働くのはほとんどが日本人で、生産される製品も日本製と考えられています。

いわば、別の意味での日本の半導体といえるでしょう。

日本法人はユーザーへの営業やマーケティングを主たる業務としており、販売は直販あるいは商権を持つ半導体商社に任せる方法のいずれかによっています。

基本的な裁量権は日本法人が持っていますが、グローバル化の波によって、**SCM***（サプライチェーンマネジメント）が徹底されたことで、本国の意向や影響力が強くなる傾向にあります。

とはいえ、日本の最先端技術情報を本社にフィードバックするためにも、その重要性は増しているといえます。

主な外資系の日本法人

会社名	
日本アイ・ビー・エム	マイクロメモリジャパン
日本 AMD	日本サムスン
アトメルジャパン	SK ハイニックス・ジャパン
アナログ・デバイセズ	ウィンボンド・エレクトロニクス
インテル	TSMC ジャパン
インフィニオンテクノロジーズジャパン	マクロニクスリミテッド・ジャパン
ST マイクロエレクトロニクス	ユナイテッド・セミコンダクター・ジャパン
日本サイプレス	SMIC ジャパン
日本テキサス・インスツルメンツ	グローバルファウンドリーズ・ジャパン
NXP ジャパン	

Term **SCM** 供給連鎖管理。製造業や流通業において、原材料や部品の調達から製造、流通、販売まで、生産～消費の流れを「供給の鎖（サプライチェーン）」と捉え、関係する部門や企業の間で情報を相互共有・管理することでビジネスプロセス全体の最適化を目指す、戦略的な経営手法およびそのための情報システム。

Section

2-9 半導体生産拠点に成長したアジア

水平分散型の産業形態では、ベンチャー企業がファウンドリメーカーを活用して製造を行っています。ファウンドリ分野では、台湾や中国をはじめとするアジアのメーカーが台頭しています。

ファブレスとファウンドリ

半導体製品を製造する施設を、「製造」を意味する「Fabrication」を略して「ファブ（Fab）」と呼びます。

このファブがない、つまり工場を持たない半導体メーカーのことを「**ファブレスメーカー**」といいます。水平分散型の産業形態から生み出された言葉で、ファブレスメーカーの事業体組織には、開発および設計やマーケティングを主として行うベンチャー企業や中小企業が含まれます。

一方の「**ファウンドリメーカー**＊」も、水平分散型における工場として位置づけられ、製造工程の前工程と後工程を受け持ち、チップの製造から組立までの全工程を担うことができます。

この2つのメーカー形態は共存関係にあり、「技術の共有などによって共同開発をする」、「ファブレスメーカーからの生産委託を受けてファウンドリメーカーが製造する」、といったことが行われます。これでファブレスメーカーは工場に投資しなくて済み、費用的にも時間的にも開発や設計に集中できるようになります。

このファブレスメーカーは、ベンチャー企業の多いアメリカで発展しましたが、ファウンドリメーカーはアジアを中心に広がりを見せていきます。

ファウンドリメーカーは、ファブレスメーカーとの間で、高機能製品や微細加工プロセスを共同開発することにより、高い技術力を修得できるといったメリットもあり、両者にとって得られる利益は大きなものになっています。

アジアの半導体産業

ファウンドリメーカーとしては、台湾企業が先行しましたが、中国をはじめ韓国や東南アジアの各国で参入が相次

Point

ファウンドリメーカー　半導体産業の水平分散型によって生み出された事業形態。設計や開発の機能を持たず、製造に特化したメーカーのことで、生産委託を受けてチップ製造を行う。逆に、設計および開発のみを行い、工場を持たないメーカーを「ファブレスメーカー」と呼ぶ。

ぎ、熾烈なシェア争いが起こっています。

特に、台湾と韓国に集中していた巨大投資が東南アジアやインドにまで広がったことにより、半導体の生産拠点がアジアに大集結の様相を呈しています。

その傾向は、ファウンドリ市場の世界シェアを見れば一目瞭然で、世界の中でもアジア地域の生産能力の勢力分布によく表れています。台湾・韓国・中国の3か国だけで、世界の生産能力の実に9割近くを持っていることになります。

このように、生産拠点をアジアに大集結させた裏側には、当然ながら生産コストの飛躍的な低減という狙いがあります。また、ファウンドリメーカーの活用によって、巨大な設備投資のリスクを回避できるといったメリットも忘れてはいけません。

しかし、それ以上に大きなポイントとしては、「ファウンドリメーカーが存在する地域の半導体市場を手に入れたい」という思惑があることです。特に、川下の企業まで含めるとより大きな市場が見込めることになり、大きな利益に結び付くと考えられます。

2020年の世界ファウンドリ市場のシェア

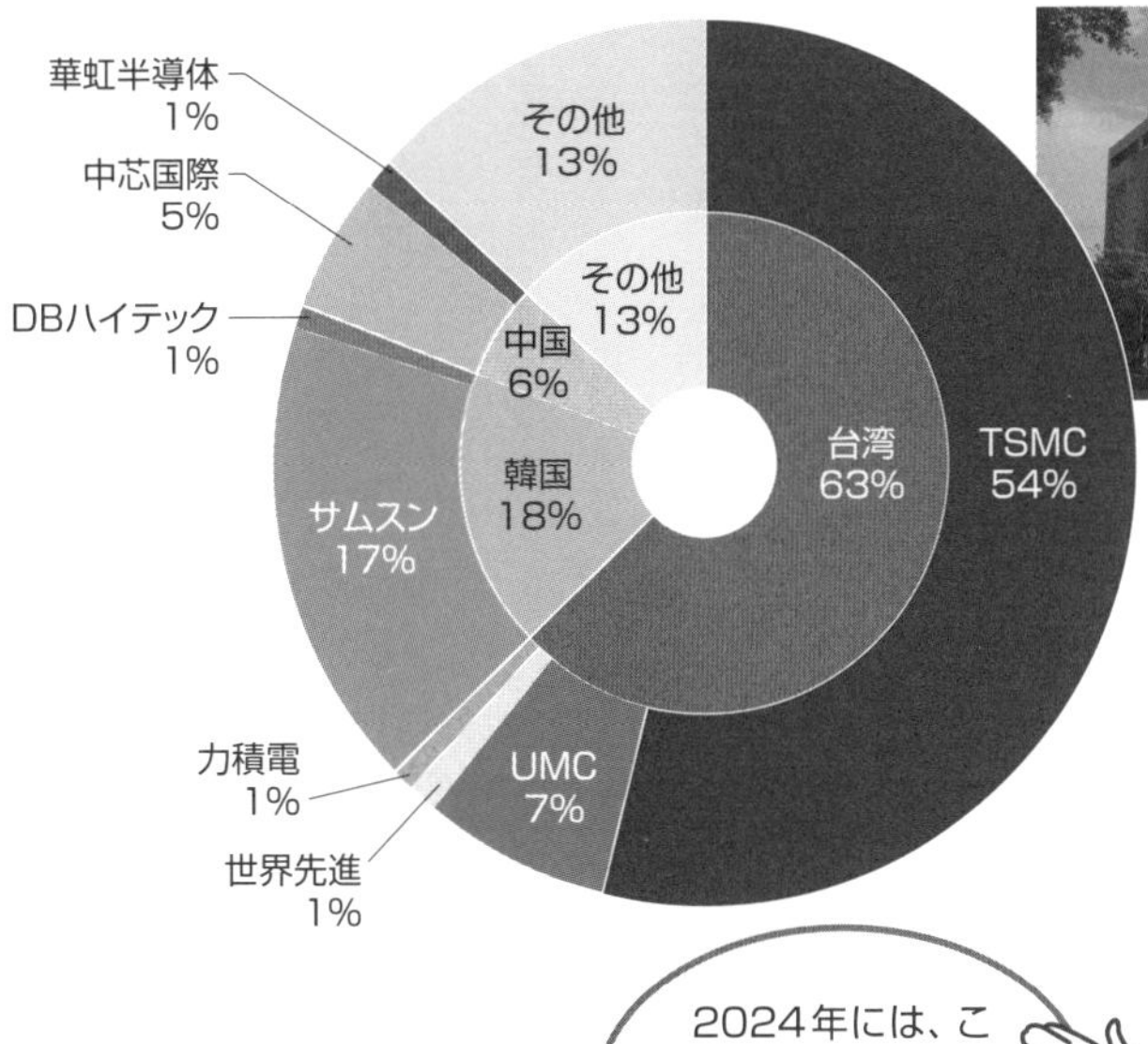

▲ TSMC 新竹サイエンスパーク本社
Photo by Peellden

Section

2-10 各国の国家的な取り組み

日本はお家芸のデジタル家電、アメリカはパソコンと通信系が中心、EUはシェア拡大をキーワードにする中、アジア各国は水平分散型のファウンドリ事業に注力し、拡大路線を目指しています。

■情報および通信系を強化する各国

デジタル革命以降、半導体の需要は急激に伸長の一途をたどっていましたが、**リーマンショック**以降は拡大路線にかげりが見えるようになってきました。

しかし、一時的に低迷したとはいえ、半導体の需要がなくなったわけではありません。

逆に考えると、低迷したことで、半導体産業への各国の取り組み方が明確になってきたとも受け取れます。

それは、生産形態に表れたり、アプリケーション分野に表れたりと様々ですが、技術力や資金力をバックに各国の思惑が見え隠れする格好になっています。

半導体生産では、アメリカやヨーロッパがファブレス化に動いたことで、生産拠点としてファウンドリメーカーにアジア各国が名乗りを上げてきました。結果として、活発な市場を喚起しており、国の施策として拡大路線をひた走っています。

また、アプリケーション分野では、アメリカが総合力を結集して、パソコンやインフラを中心とした通信系に重きを置く傾向が強くなっています。

EUは、域内で製造する半導体について、アメリカや中国への依存度を低くすることを目的として、2030年までに世界シェア20%を目指すとしています。

日本では、システムLSIを活用して、お家芸のデジタル家電をさらに進展させる考えのようです。

いずれ将来的には、少子高齢化対策の一環として、**ホームコンピューティング**＊あるいはホームエレクトロニクスに通信機能を活用した介護機器やヘルスケア機器なども一般家庭に普及させられるよう、機能の拡充とコスト対応が当面の課題となっているようです。

Term

ホームコンピューティング（Home Computing） 日常生活を豊かにするために、家庭でコンピュータを利用すること。ただし、ノートPCのような"いかにもコンピュータ"といったものではなく、デジタルテレビの双方向性を利用するなど、低価格で簡単に使えることが必須条件となる。

■日本の取り組み方は正しいのか

1975年に当時の日本電信電話公社（のちのNTT）がスタートさせた「**超LSI開発プロジェクト**」は、国家プロジェクトとしてDRAM開発を成功させ、その後の技術水準を世界レベルにまで押し上げました。

しかしながらその後、日米半導体協定を締結したことは、日本の半導体産業を暗い時代に引き込む原因を作ってしまったといえるでしょう。

この協定で明らかになったのは、日本の半導体産業に対する国としての取り組みが不十分であったという事実です。

半導体関連の国家プロジェクトがいくつか立ち上げられましたが、海外の国家プロジェクトが国を挙げての政策だったのに対して、民間企業にほぼ丸投げで任せた日本政府の支援の乏しさが、世界から大幅に後れをとる原因の1つになってしまいました。

最も大きな違いはその支援額で、20倍から50倍もの格差では、世界と太刀打ちできないことは明らかです。

国内半導体事業に対する国家支援が声高に叫ばれる中、取り組み方や支援の規模などで過去の失敗を二度と繰り返さないよう、国として考えてほしいものです。

日本が行ってきた半導体に関連する主な国家的なプロジェクト

プロジェクト名	活動内容
半導体 MIRAI* プロジェクト	情報化社会における共通基盤となる半導体 LSI 技術について、情報通信機器の高機能化、低消費電力化等の要求を満たす次世代のシステム LSI 等の基盤技術開発を行った。
あすかⅡ プロジェクト	2001 年に正式スタートした第 1 期を受け継いだ第 2 期のプロジェクト。ニーズに先駆けた先行 R&D を推進することで、新技術の早期実用化に貢献することを目的とした。
半導体先端テクノロジーズ (Selete)	300mm ウエハ装置を用いる生産技術開発の純民間コンソーシアム。2006 年からは“あすかⅡプロジェクト”および NEDO 委託による“MIRAI プロジェクト”に参画し、新たな 5 か年計画の活動を行った。
半導体理工学研究センター (STARC)	半導体設計技術力の強化を目的とし、日本の主要半導体メーカーの出資で設立されたが、2016 年に終了している。
先端 SoC 基盤技術開発 (ASPLA)	システム LSI 開発の設計環境整備と開発プラット・フォーム構築のため、国費 315 億円を投入し、半導体メーカー各社が 2002 年に設立。2005 年にプロジェクトが終了し、株式会社も解散している。
超先端電子技術開発機構 (ASET)	合計 32 社の組合員の参加と産業技術総合研究所、大学、STARC との共同研究等を通じて、先端電子技術分野における産業界の共通基盤技術を開発し、2013 年に解散。

Term **MIRAI** Millennium Research for Advanced Information Technologyの略。

Column 凋落を続ける国内半導体産業

世界的な不況は、どのような産業でも少なからず影響を受けるものです。半導体産業も、当然ながら例外ではありません。

しかし、不況の波の受け方には違いがあります。例えば、自動車産業の場合は、自動車が売れないという直接的な影響があります。

半導体の場合は、最終的なお客さまが半導体を買ってくれるのではなく、半導体は製品の一部品ということになり、半導体の売上は最終製品の売れ行きによって左右されるといった側面があります。

ところが、現在の日本の半導体が置かれている状況は、このような外的要因による不況だけではありません。「世界的な市場の中で、日本の半導体製品がどのように扱われているか」が大きな問題なのです。

そこでは、製品の信頼性や生産性よりも、「市場が求めているものを提供できているか」が問われることになります。メーカーの姿勢が問われるのは当然ですが、国としての施策や企業支援に対する考え方も問われることになります。

ここで最も怖いのは、いまだに「日本の半導体は世界的にも圧倒的に強い」といった、誤った認識を持ち続けていることです。特に、国の首脳などがこの認識を持ち続けている場合は、世界レベルでの嘲笑の対象になります。

例えば、「世界で1位ではなく、2位ではダメなのか」というような、とても技術立国を掲げている国の閣僚の発言とは思えないような言動を耳にすると、悲しくなるだけではなく、先行きの不安すら感じることになります。

技術力も生産力も、そして発想力に基づく知的財産としても、日本の半導体技術は世界的に見て高水準だとはいえるでしょう。しかし、そのことだけで収益が確保できるわけではありません。

仮に、日本の半導体が20年以上の長期保証を提唱したとしても、変化の激しい業界のユーザーがそこまでのクオリティを望むでしょうか。それより、3年から5年でスペックアップしていく動きに敏感に応えられる能力を求めるユーザーこそが大勢を占めることになるでしょう。

アジア諸国の半導体対策を見てもわかるとおり、いまや半導体事業は世界的な動きを敏感に察知し、国策として取り上げるべき問題になっているのです。

第3章

半導体業界の主要メーカー

グローバル経済の中で語られる半導体産業は、その主要メーカーも世界的な企業が上位を占めています。しかし、業界再編の嵐はとどまるところを知らず、日本国内ばかりでなく、世界的な潮流になりつつあります。今、生き残りをかけ、メーカー間では得意分野の受注獲得に、熾烈な戦いが展開されています。

Section
3-1 半導体の生産メーカーと関連企業

垂直統合型から水平分散型に生産形態が移行したことで、設備投資の分散が可能になり、半導体メーカーが増加するとともに、半導体製造装置メーカーなど関連企業も多彩になっています。

構造改革と統合で生き残りをかける

この章では、世界の半導体関連企業の中から主要なトップメーカー企業と、半導体製造装置や半導体材料の企業などを紹介します。

ここで紹介する国際的な半導体主要メーカーや半導体関連企業といえども、急激な経済変化や熾烈な国際競争に生き残るため、情勢に対応した的確な構造改革や、状況によっては業界内の競合メーカーとの合併・統合を余儀なくされる場合があります。

特に、国際的に苦戦を強いられている日本企業については、大規模な企業再編だけではなく、国を挙げての大胆な施策も必要と考えられています。

最盛期には国内で十数社が参入していたDRAMやSRAMの分野でしたが、今となっては世界の半導体メーカー・トップテンの中には見当たらず、2023年上期で15位にルネサスエレクトロニクスがたった1社顔を出すのみといった状況です。

コスト競争力はいうに及ばず、プロセス競争力までをも失ってしまった日本の半導体企業は、あらゆる企業努力をしつつ、海外メーカーを迎え撃つ戦略を早急に練らなければならないところまで追い詰められているといえるでしょう。

2010年に、ルネサス テクノロジとNECエレクトロニクスの2社が合併し、国内最大級の半導体メーカーが誕生すると騒がれ、国内の半導体産業の勢力地図が変わるとまでいわれましたが、海外勢の攻勢には抗しきれず、その後も合併や統合、協業を繰り返してきたものの、生き残ったのは数社という有様です。

しかも、国内では電機メーカーが一事業として半導体製

Term

マイクロ波デバイス　マイクロ波を利用したデバイスで、使用する電磁波が1～数十GHzのもの。

ハイブリッドIC　ICチップやコンデンサ、抵抗などの半導体部品が1つの基板に組み込まれているICのこと。様々な部品を集積できるため、機器の小型化や省電力化が可能になる。

造に関わっていることから、「**日本に半導体メーカーはない**」という考え方もあります。

そのような状況下にあって、日本が世界に誇る半導体関連事業に「**半導体製造装置**」があります。世界のトップテンでは、半数の5社に日本企業が名を連ねています。

■応用分野を見据えた製品カテゴリ

生産形態の変化などで半導体メーカーも増加しており、搭載される製品も多くなっています。

その広がりによって、製品の種類が増えることになりましたが、機能や構造によって、**①ディスクリートといわれる個別半導体**、**②光半導体**、**③マイクロ波デバイス***、**④センサ**、**⑤集積回路（IC）**、**⑥ハイブリッドIC***、の6種類のカテゴリに大別できます。

6種類のうち、デジタル家電やスマートフォンなどに採用されているシステムLSIを含む⑤集積回路が、全体の約80%を占めているといわれています。

また、今後その比率が増大すると考えられているのが④センサです。

なお、MEMSや太陽電池などは、これらの分類とは別のカテゴリとして考えられている場合もあります。

世界の半導体メーカートップ10

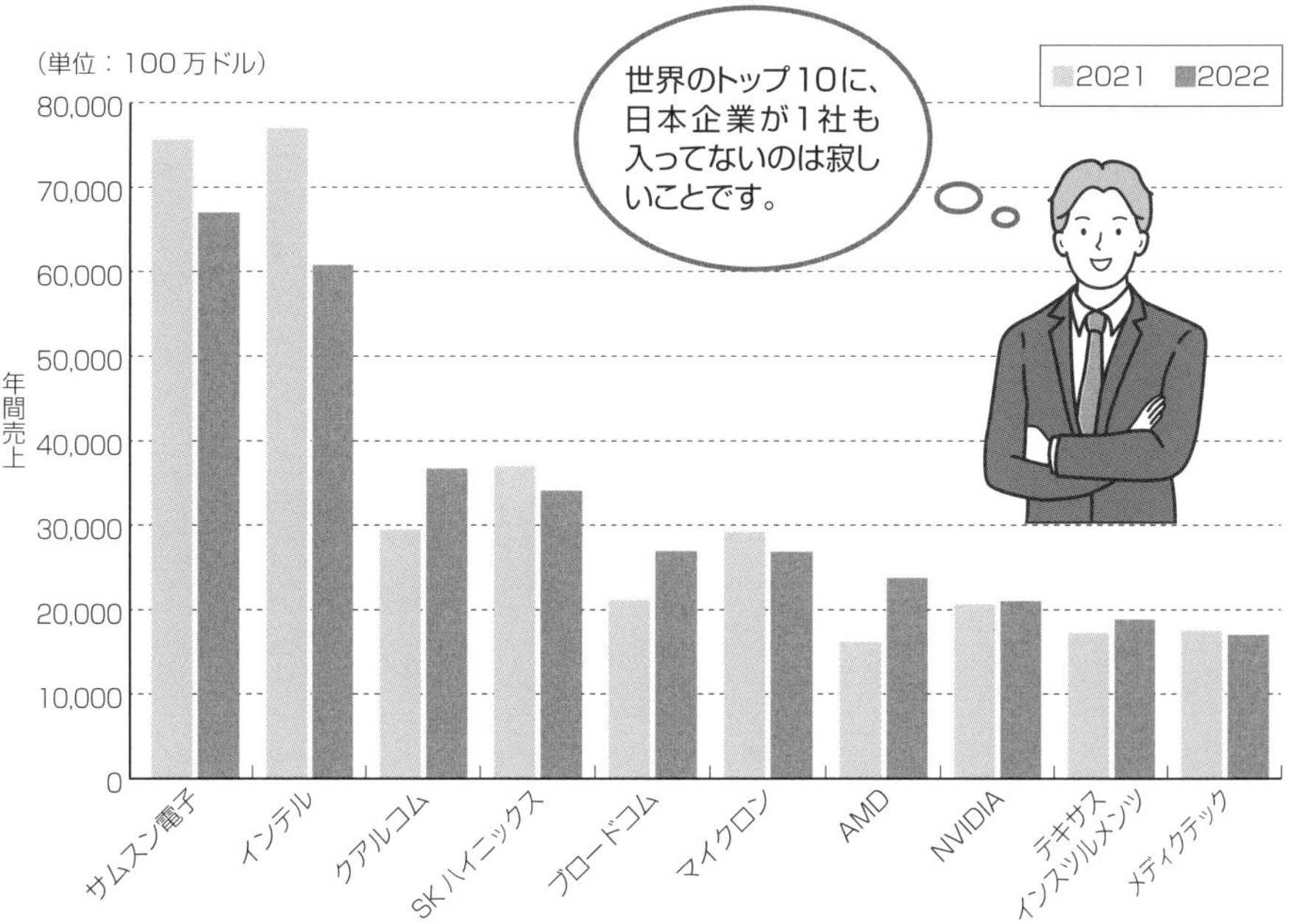

Section
3-2 インテル

パソコンのCPUなどで利用されているマイクロプロセッサの提供を中心に、様々な半導体の製造販売を行っている世界最大規模の半導体企業です。

■企業の特色

インテルは、1968年に設立され、アメリカ・カリフォルニア州サンタクララに本社を構える**半導体業界世界最大規模の多国籍企業**です。

1971年に世界初のマイクロプロセッサを開発して以来、今日まで様々なプラットフォームやマイクロプロセッサ、チップセット、フラッシュメモリなどを製造・販売してきました。

当初はDRAMなども手がける総合的な半導体メーカーとして活躍していましたが、1980年代のパソコンの世界的な普及に合わせて、その心臓部分であるマイクロプロセッサに特化し、高機能化・高性能化・高速化とともに、サーバやワークステーション、データセンターやモバイルデバイス向けの分野の製品も供給する、現在の業態に変容しています。

1990年代後半からは、アクセラレータ系プロセッサとして、主にCPU統合型GPUおよびXeon Phiと呼ばれる**MIC**（Many Integrated Core）を手がけるなど、様々な分野におけるコンピュータ関連ハードウェア事業も展開しています。

企業としては、1992年以降、世界一の半導体メーカーとして長らく君臨。2022年に韓国サムスン電子にその座を譲ったものの、2023年上期には世界シェアトップの座に返り咲いています。

また、数年先を見越して、半導体の受託製造事業（ファウンドリ）を事実上切り離す組織改編を発表しています。

さらに、企業買収・出資・提携戦略を進めており、半導体の応用を広げる人工知能（AI）、自動運転、クラウド、サイバーセキュリティの分野を推進しています。

Term
マルチコア　マルチプロセッシングの一形態で、1つのプロセッサ・パッケージ内に複数のプロセッサコアを封入した技術。見た目は1つのプロセッサだが、複数のプロセッサとして認識されるため、並列処理で処理能力を上げるために用いられる。

■マルチコアとマルチスレッド

インテルは、ユーザーからの要求レベルを上回る勢いでCPUの高速化を推し進めており、数百kHz《キロヘルツ》の初期世代からMHz《メガヘルツ》そしてGHz《ギガヘルツ》を超えるパフォーマンスまでの成長を可能にしてきました。

その後、単一CPUコアによる高速化を避け、複数のCPUコアによる並列的な動作によって性能向上を図る手法をとるようになってきました。

マルチプロセッシングといわれるチップ形態の1つである、**マルチコア***化の道をたどるデュアルコア（コア2つ）やクアッドコア（コア4つ）といった新世代CPUの開発を盛んに行い、世界的にも一時代を築いてきました。

さらに、新世代のCoreシリーズでは、性能を重視したPコアと、性能よりも電力効率を重視したEコアに加え、**マルチスレッド*性能**でメリットを獲得しています。

基本的に、CPUコア1個が同時に実行できるのは1スレッドですが、「ハイパースレッディング」機能に対応したPコアなら2スレッドの実行が可能です。

これにより、最新の世代では、Pコアの2倍＋Eコアの数が総スレッド数ということになります。

世界の半導体市場

▼主な製品ラインアップ

- 各種プラットフォーム
- PC向けマイクロプロセッサ
  - Core™ プロセッサ・ファミリー
  - Pentium® プロセッサ・ファミリー
  - Celeron® プロセッサ・ファミリー
- サーバ／ワークステーション向けプロセッサ
- サーバ向けプロセッサ
- モバイル向けプロセッサ
- 組み込み機器向けプロセッサ
- 数値演算コプロセッサ
- 各種チップセット
- グラフィックアクセラレータ
- MICアクセラレータ
- イーサネットコントローラ
- フラッシュメモリ

インテル製の▶
プロセッサ

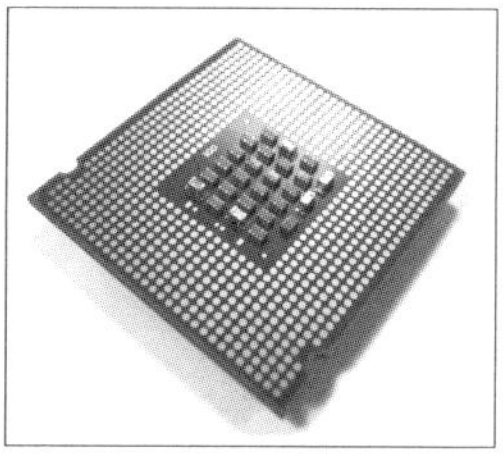

カリフォルニア本社▶

Photo by Coolcaesar

マルチスレッド　CPUが命令を実行する単位であるスレッドを、複数同時に処理すること。スレッドは、CPUやプログラムの処理の最小単位を表す。

Section
3-3 サムスン電子

サムスングループの中核企業であるサムスン電子は、韓国最大の総合家電・電子部品・電子製品メーカーです。先進のエレクトロニクス技術とデザインを企業の特徴としています。

■企業の特色

サムスン電子（三星電子）は1969年1月に設立され、現在では25万人の社員を有し、世界各地に65の生産法人と130の販売法人を展開している多国籍企業です。

韓国を代表する企業の1つで、韓国経済の象徴的存在として、LGエレクトロニクスなどとともに、大きな位置を占めています。

売上高が韓国全体のGDPの2割を占めたほどの企業で、研究開発に注力しており、研究開発費が世界1位に輝いたこともあります。

しかも、企業ブランド力は世界的にも高く、アジアにおいては数年間1位を譲ることがありませんでした。

特に大きな世界シェアを持つ製品としては、中小型有機ELディスプレイ、薄型テレビや液晶パネル、スマートフォン、デジタルカメラなどがあり、半導体部門でもDRAMをはじめ、NAND型フラッシュメモリ*やシステムLSI*、アプリケーションプロセッサなどを扱っています。

さらに、半導体事業に力を入れるため、**デバイスソリューション部門**を設けています。この部門は、メモリ事業、システムLSI事業に加え、新設されたファウンドリ事業で構成され、変化と競争の激しい電子部品業界で優れた品質の製品を創出するための原動力になっています。

サムスン電子のメモリ事業は、DRAM、NAND型フラッシュメモリ、ソリッドステートドライブ（SSD）で、テクノロジーリーダーシップと世界におけるトップシェアを10年以上も維持し続けています。

また、システムLSI事業も、幅広いアプリケーションに対応するディスプレイドライバーICやCMOSイメージセンサ、モデムチップセット、アプリケーションプロセッ

Term **NAND型フラッシュメモリ**　不揮発性記憶素子のフラッシュメモリの一種。NOR型と比べ、回路がコンパクトで、ローコストと大容量化が特徴。USBメモリやSSD、デジタルカメラ用のメモリカード、携帯音楽プレーヤや携帯電話などの記憶装置として使用。

サ（AP）のようなロジックーC製品において、卓越性を示しています。

特に、新設された**ファウンドリ事業**は、10nmFinFETプロセステクノロジーと、14nmと業界初の高誘電率金属ゲート（HKMG）トランジスタ、高周波（RF）デバイスのような特殊テクノロジーや高度なロジックプロセスにおける世界的な企業としても評価されています（nmはナノメートル＝1000万分の1ミリ）。

2030年までに大型投資を実施

同社は、2020年までの3年間に設備投資と研究開発費で大型投資を行っており、既存のメモリ、有機ELパネルのほか、次世代通信規格に対応した通信インフラ設備やバイオテクノロジー、人工知能、自動車部品などの新規事業にも乗り出すとしていました。

さらに、2030年までに、日本円にして**約16兆5000億円の大型投資**を行うとしています。この投資は、コロナ禍による半導体不足や今後の大型需要に対応して供給力を高めるのが狙いと見られています。

サムスン電子の主な製品群

▼主な製品ラインアップ

- DRAM
- NAND型フラッシュメモリ
- システムLSI
- LSI
- アプリケーションプロセッサ
- イメージセンサ

建設費用3億ドル、アメリカ・カリフォルニア州シリコンバレーのサンノゼ本部ビルが完成しました。

▲スマートフォン

◀カリフォルニア本社
Photo by Cristiano Tomas

システムLSI　様々な機能を1つのチップに集積したLSIのこと。複数のLSIを使用するのと比べ、配線の単純化や機器の小型化が可能になり、機能が固定化されている機器で需要がある。主に携帯端末やデジタルカメラなどで利用されている。

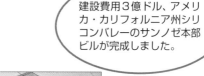

Section
3-4 ブロードコム

ブロードコムは、無線およびブロードバンド通信向けの半導体製品などを製造販売する企業で、2016年にアバゴ・テクノロジー（現・ブロードコム）の傘下に入りました。

■企業の特色

ブロードコムは、登記上の本拠をシンガポールとするとともに、アメリカのカリフォルニア州サンノゼに実際の本拠を構える半導体の**ファブレス企業**です。

同社は、アメリカの大学ＵＣＬＡ（カリフォルニア大学ロサンゼルス校）の教授だったヘンリ・サミュエリとその教え子ヘンリ・ニコラスによって、１９９１年にBroadcom Corporationとして創業されています。

創業当時はカリフォルニア州ロサンゼルスに本社を置いていましたが、１９９５年に現在の場所に本社を移転しています。

２０１６年2月、ヒューレット・パッカード、アジレント・テクノロジーの半導体部門を起源とするアバゴ・テクノロジーによる買収が完了するのに伴い、アバゴ・テクノロジー自身が社名を「ブロードコム」（Broadcom Ltd.）に変更しています。

その後、同年11月には、通信機器製造のブロケード コミュニケーションズ システムズの買収を発表し、２０１８年にはソフトウェア開発企業のＣＡテクノロジーズを買収して子会社化しています。

さらに２０１９年には、ウイルス対策ソフト大手のシマンテックの法人向け事業を買収しましたが、半年もしないうちにサイバーセキュリティ事業をアクセンチュアに売却しています。

また、任天堂とも戦略的提携をした実績があり、ゲーム機の**Ｗｉｉに無線ＬＡＮ技術を提供**しています。

ＡＭＤの協力企業として活動していた際には、チップセット分野での技術提携の実績もあり、そのチップセットの量産も行っていました。

■ネットワーク製品全般をカバー

同社の製品は、コンピュータネットワークおよび通信ネットワーク全般をカバーしています。

代表的な製品としては、企業／都市向け高速ネットワーク、SOHOネットワーク向け製品、イーサネット向けと無線LANの送受信ICとマイクロプロセッサ、ケーブルモデム、DSL、サーバ、ホームネットワーク機器などがあります。

特殊な分野としては、**高速暗号コプロセッサ**が知られています。暗号化・復号化をプロセッサ以外で行うことで、主プロセッサの負荷を低減させるチップであり、電子商取引や、PGPあるいはGPGを使ったセキュアな通信に貢献しています。

また、同社のNIC*は、主要ベンダーのワークステーションやサーバ製品に採用されており、マザーボード上にイーサネットNICが組み込まれている場合でも、ブロードコムの名が明記されていることが多いようです。

スイッチ用ハードウェアは同社のもう1つの柱であり、いくつかのベンダーから製品が提供されています。

ブロードコムの主な製品群

▼主な製品ラインアップ

- 企業／都市向け高速ネットワーク
- SOHO ネットワーク向け製品
- イーサネット向けマイクロプロセッサ
- 無線 LAN 用送受信 IC
- ケーブルモデム
- DSL
- サーバ
- ホームネットワーク機器

▼ BUFFALO 社の無線 LAN

Photo by Shootthedevgru

▼カリフォルニア本社

Photo by Coolcaesar

NIC　Network Interface Cardの略。

Section
3-5 クアルコム

CDMA方式を実用化したことで知られるクアルコムは、ファブレスメーカーであり、半導体製品に関しては大手ファウンドリのGlobalFoundries、TSMCなどへ委託しています。

企業の特色

クアルコムは1985年に設立された企業で、CDMA携帯電話用チップにおいて、マーケットシェアのほとんどを占めていたことで有名です。

CDMA以外にもcdmaOneシリーズや1xEV-DO、LTE携帯電話などのチップ提供も行っています。

そのほかにも組み込み用リアルタイムオペレーティングシステム（RTOS）や携帯電話向けのアプリケーションプラットフォームといったソフトの開発にも取り組んだ実績があります。

CDMA技術は元々、軍事用技術として利用されていたものでしたが、クアルコム社が**携帯電話の技術に応用**し、実際のサービスに発展させています。その結果が、3G回線で採用されていたCDMA技術のベースになっているといわれています。

一般的には、CDMA2000 1xやW-CDMA、TD-SCDMAといったCDMA方式の技術ライセンスを持つことで知られていましたが、技術ライセンスによる売上は企業全体の3割程度で、残りのうち6割は半導体の売上が占めているのが実態といった企業です。

5G対応の新チップを導入

現在の通信規格である5G標準規格に対応するチップ開発を推進してきたクアルコムでは、5G対応の新チップとして、2020年末に「Snapdragon（スナップドラゴン）888」を導入し、次世代モバイルの発展を後押ししています。

さらに、2021年には5Gスマートフォン向けの新プロセッサ「Snapdragon 778G 5G」を発表しています。

3つの**ISP***によって、広角・超広角・望遠のカメラで同時に22メガピクセルの撮影が可能。4K HDR10＋の動画撮影もサポートしている製品です。

また、第6世代のAIエンジンとして「Hexagon 770」を搭載しており、Snapdragon 768Gと比べて処理性能が2倍に向上しているとしています。

搭載されたAIが、バックグラウンドのノイズを抑えることで、通話品質が向上するとのことです。

5Gは、既存のスマートフォンだけでなく、無人航空機（ドローン）、ヘッドマウントディスプレイといった新しいデバイスも含めた幅広い分野での利用が想定されている技術です。そのためには、高帯域と低遅延サービスをサポートしていく新しいインタフェースが必要になります。

クアルコムでは、主として既存の**OFDM**（**直交周波数分割多重方式**）をベースとしたインタフェースファミリーを提案しています。高帯域に向けてマルチユーザーをサポートするほか、低帯域やIoT向けとして、RSMA（レート分割多元接続方式）などのサポートも追加する予定と考えられます。

クアルコムの主な製品群

▼主な製品ラインアップ

- Snapdragon™ プロセッサ
- Snapdragon™ チップセット
- IoT デバイス向けチップセット
- IoT 機器向け LPWA モデムソリューション
- Wi-Fi ／ Bluetooth チップ
- Wi-Fi 6 ソリューション

多くの通信関連特許と技術を持ち、IT化が進む自動車向けの半導体が注目されています。

▼プロセッサ

▼カリフォルニア本社

Photo by Coolcaesar

ISP　Image Signal Processorの略。

Section

3-6 NVIDIA

コンピュータのグラフィックス処理や演算処理の高速化を目的としたGPU（グラフィックス・プロセッシング・ユニット）開発を得意とし、販売しているアメリカの半導体メーカーです。

■企業の特色

NVIDIA《エヌビディア》は、1993年に設立された会社で、アメリカ・カリフォルニア州サンタクララを拠点とした半導体メーカーです。

CG処理や演算処理を高速化するための**GPU***を開発・販売していることで知られています。

GPU市場では業界最大手の1つですが、一般向けとしてはパソコンに搭載されるGeForceシリーズやワークステーションに搭載されるプロフェッショナル向けのQuadroなどのGPUで認知されています。

2000年代後半に行ったCUDA*の発表以降は、それまでのGPU開発から脱却し、コアビジネスとしては、スーパーコンピュータ向けの演算専用プロセッサであるTeslaのほか、携帯電話やスマートフォン、タブレットPC向けの**SoC**（システム・オン・チップ）として、Tegraの開発・販売に移行しています。

製品は、PCゲームデベロッパからの評価が世界的にも高く、GeForceシリーズに最適化されたゲームは数多くあります。

また、同社自体も**ゲーム機市場への積極的な対応**を行っており、絶大な支持を得ていると考えられます。

さらに、ゲームコンソール*に関しては、Xboxやプレイステーションの GPU開発も手がけています。

近年は、GPUディープラーニングがコンピューティングの新時代を開く近代AIの起爆剤となり、世界を認知・理解できるコンピュータ、ロボット、自動運転車の中枢にGPUが利用されるようになっています。

Term **GPU** Graphics Processing Unitの略。画像処理を行うメインパーツと位置づけられている。「Graphics」の代わりに「Visual」を使用し、VPUと呼ばれることもある。

多彩なGPU製品

GeForceシリーズは、コンシューマ向けで、DirectXに最適化され、3Dゲームなどに適しています。GPUのチップ開発・製造は同社が行い、グラフィックボードはOEM生産を行っています。

Quadroシリーズは、OpenGLに最適化されており、3DCG作成やCADなどに適しています。

ただし、性能的にはGeForceなどと変わらないものの、ゲーム機には向かないといわれています。

3DCGやCADの分野では、計算精度および確かな動作性能が求められるため、同社が認定した企業に限ってグラフィックボードの製造が許されています。

また製造会社が限定されることで、同社のサポートがきめ細かく行われていることも特徴になっています。

Teslaシリーズは、グラフィックボードから映像出力機能を除いたもので、GPUコンピューティングのために開発された製品です。同社においてすべての製品の動作確認を行っているため、高い計算精度が求められるCAEや金融などの分野で利用されています。

NVIDIAの主な製品群

▼主な製品ラインアップ

- ・GeForce
- ・NVIDIA RTX / Quadro
- ・Titan RTX
- ・GeForce グラフィックス カード
- ・ゲーミング ノート PC
- ・G-SYNC モニタ
- ・Jetson
- ・DRIVE AGX
- ・Clara AGX

▼ SHIELD（ゲーム機）

Photo by Maurizio Pesce

▼カリフォルニア本社

Photo by Coolcaesar

Term

CUDA　NVIDIAが開発・提供する、GPU向けの汎用並列コンピューティングプラットフォームおよびプログラミングモデル。専用のC／C++コンパイラ やライブラリ などが提供されている。

ゲームコンソール　NVIDIAの「SHIELD」は、ゲームコンソール兼スマートTV兼ストリーム端末で、TVに接続するボックス型コンソール。

Section

3-7 AMD

アメリカの半導体製造企業で、マイクロプロセッサやフラッシュメモリの生産を行っています。独自開発したマイクロプロセッサ「Ａｔｈｌｏｎ」のほか、高速ビデオカードで知られます。

■企業の特色

AMDはAdvanced Micro Devices, Inc.（アドバンスト・マイクロ・デバイセズ）の略で、１９６９年に設立されたアメリカの半導体製造企業の1つです。

自社技術を利用したマイクロプロセッサＡｔｈｌｏｎが有名で、フラッシュメモリなども生産しています。

創業当時は、インテルの**セカンドソース**としてプロセッサを製造するメーカーであったため、現在でも**インテル互換プロセッサ**の生産も行っています。

１９９１年には、最初の互換プロセッサ「Ａｍ３８６」を市場投入しており、その後も数多くのマイクロプロセッサを提供し続けています。

現在では、ユーザーやパートナー企業と緊密に協力することに注力し、職場や家庭、そして遊びの場において、次世代コンピューティングやグラフィックス・ソリューションを牽引する革新的技術の提供を目指した活動を行っています。

新分野を開拓する革新的なテクノロジーを開発することで、ユーザーニーズに応えることに努めており、優れた省エネ性能と価格競争力を備えたコンピュータシステムの実現に加え、ハードウェアとソフトウェアの相互作用を強化する**アクセラレーテッド・コンピューティング**＊を目指した活動が注目されています。

■GPUとビデオカードにも注目

ＡＭＤの製品群の1つに、パソコンに組み込まれているグラフィックボードが挙げられます。

２００６年に画像処理用半導体大手であるカナダのＡＴＩテクノロジーズを買収して以降、ＡＴＩ製品を数多く市

Term

アクセラレーテッド・コンピューティング　AMDが2006年に発表したソリューションで、CPUコアとは別に、特定用途向けのアクセラレータをコンピュータ内に実装する技術。

場に送り出しています。

２００９年11月には、２個のＧＰＵを搭載したハイエンドビデオカード「ＡＴＩ　Ｒａｄｅｏｎ　ＨＤ５９７０」の販売を開始しています。

最新のデュアルＧＰＵソリューションを持つ高速グラフィックスカードと位置づけられた製品です。

超高解像度と超高画質設定による最高負荷のＰＣゲームに対応できるよう設計されており、オーバークロック機能*の潜在能力を引き出すことが可能な「ＡＴＩ　Ｏｖｅｒｄｒｉｖｅ™」テクノロジーによって、処理能力を最大限利用できることが特徴となっています。

「Unlocked　ATI　Overdrive　Limits」というキーワードを掲げており、コアクロック１ＧＨｚを超える製品として注目されています。

この系譜は現在でも、ＡＤＭ　Ａｔｈｌｏｎプロセッサ　Ｒａｄｅｏｎグラフィックスなどとして、同社のメイン製品群にラインアップされています。

また、マイクロプロセッサ部門の「Ｒｙｚｅｎ」シリーズや、サーバプロセッサの「ＥＰＹＣ」などの製品も市場に供給し続けています。

AMDの主な製品群

▼主な製品ラインアップ

- AMD Ryzen™ 7000 シリーズ デスクトップ・プロセッサ
- AMD Radeon™ RX 7000 シリーズ グラフィックス・カード
- AMD EPYC™ サーバ プロセッサ
- AMD Ryzen™ Threadripper™ プロセッサ
- AMD Ryzen™ PRO プロセッサ
- AMD Advantage™ ゲーミング・ノート PC
- AMD Advantage ゲーミング・デスクトップ
- AMD Athlon™ プロセッサ + Radeon™ グラフィックス
- AMD Athlon™ デスクトップ・プロセッサ
- AMD Ryzen™ Z1 シリーズ・プロセッサ

カリフォルニア本社▶
Photo by Coolcaesar

オーバークロック機能　パソコンで利用されるCPUやメモリなど、デジタル回路の定格を上回るクロック周波数で動作させせることを可能にする機能。消費電力や発熱の増加、信頼性や安定性の低下があるものの、より高い処理能力を実現できる。

Section
3-8 インフィニオン テクノロジーズ

1999年に総合電機メーカーのシーメンス社から分離、独立して誕生したドイツの半導体メーカーです。全世界で5万人以上の従業員を抱え、140億ユーロを超える売上を誇っています。

■企業の特色

インフィニオン テクノロジーズ（Infineon Technologies AG）は、自動車や産業用機器など様々な分野のメーカーに対して、半導体製品やそのソリューションの提供を行っている多国籍企業です。

ドイツ・ミュンヘン近郊のノイビーベルクに本社を置き、世界30か国以上に現地法人を持っています。

半導体メモリ製品も、部門を分離して2006年に子会社化したキマンダ（Qimonda AG）を通して、設計と開発および製造・販売を行っていましたが、設立後すぐにニューヨーク証券取引所に上場したものの、2009年1月に破産を申請しています。

日本法人はインフィニオン テクノロジーズ ジャパン株式会社で、現在までに幾多の変遷を経ています。

1980年に富士電機とシーメンスによって「富士エレクトリックコンポーネンツ」としてスタートしましたが、その後シーメンスの資本比率引き上げに伴い、1996年に「シーメンスコンポーネンツ」に社名変更しています。

1999年には、シーメンスから引き継いだインフィニオンの100%子会社となり、「インフィニオン テクノロジーズ ジャパン」と社名を変更しています。

現在は、親会社であるインフィニオン（インフィニオン テクノロジーズホールディングB.V.）が100%出資する完全な子会社で、インフィニオン製品を扱う日本法人にいたっています。

■ノキアとLTEソリューション開発

携帯電話／スマートフォンソリューション向けの半導体で業界をリードするインフィニオンは、過去には携帯電話

Point
ベースバンド・モデム ベースバンド伝送技術を利用したモデムのこと。
RFトランシーバソリューション RF周波数帯の技術を利用した製品提供や、関連するノウハウ提供。
HSPA High Speed Packet Accessの略。

とモバイルサービスの世界最大メーカーであったノキアとの間で、**LTE**＊**ソリューションの共同開発プロジェクト**を推進することで合意に達したことを発表しています。

合意の内容としては、ノキアのベースバンド・モデム＊技術と、インフィニオンのRFソリューションの互換性と相互作用を保証するための、非独占的な提携が対象になっていました。

ノキアとの間では、共同開発プロジェクトを通じて、現在から次世代に移行していく中、ノキアのモデムデザインと、インフィニオンのRFトランシーバソリューション＊が、シームレスに動作することを検証し、**HSPA**＊から**LTE**＊、またその先の世代にいたるモデムソリューションを業界に提供し、極めて**競争力の高いチップセットソリューション**＊が活用できることを目指していました。

また、現在注目されているパワー半導体、特にIGBT（絶縁ゲートバイポーラトランジスタ）およびパワーMOSFETに関しては、世界トップクラスの市場シェアを占めているとされています。

インフィニオン テクノロジーズの主な製品群

▼主な製品ラインアップ

・パワー半導体
・ASIC
・バッテリマネジメントIC
・Clocks & Timing Solutions
・ESDおよびサージ保護
・メモリ
・マイクロコントローラ
・RFおよび無線制御
・セキュリティ & スマートカードソリューションズ
・センサ
・トランジスタ & ダイオード
・トランシーバ
・Universal Serial Bus
・ワイヤレス コネクティビティ

ミュンヘン本社▶
Photo by Mucber

LTE　Long Term Evolutionの略。2010年ごろからワールドワイドでサービス開始。
チップセットソリューション　パソコンの構成に必要なCPUや周辺回路など、複数の集積回路をチップセットといい、その技術を利用して提供する製品やノウハウを指す。

Section
3-9 テキサス・インスツルメンツ

産業用、車載用、パーソナル・エレクトロニクス、通信機器、エンタープライズ・システムなど、幅広い市場で、アナログ半導体と組み込み半導体の設計、製造、テスト、販売を行っています。

■企業の特色

テキサス・インスツルメンツ（略称：**TI**）は、1951年、前身の石油探査会社ジオフィジカルサービスからエレクトロニクス部門を中心に再編成され、その社名が示すようにアメリカ南部のテキサス州で設立されています。

世界初のシリコン型トランジスタを製品化し、1958年には集積回路を発明しています。

その後も、TTL汎用ロジックICやマイクロコントローラなどを世に出しています。

世界25か国以上に製造・販売拠点を持つグローバルな半導体メーカーで、アナログICの世界的な最大手メーカーとしても名をはせています。

デジタル情報家電やワイヤレス機器、ブロードバンド機器など欠かせない、デジタル信号処理を行う**アナログIC**と**DSP**＊（デジタル・シグナル・プロセッサ）を主力製品としています。そのほかにも、デジタル機器があふれる現代社会で、表面には出てこないものの、ビジネスユースからホームユースまで、私たちの暮らしを支える製品を数多く提供しています。

身近なところでは、プロジェクタやリアプロジェクションテレビ用の映像素子である**DMD**＊を開発したり、**DLP**＊プロジェクタの提供を行っているだけではなく、CMOSイメージセンサやCCDイメージセンサ、RFIDシステム＊、セキュリティチップなど、幅広いソリューション展開を実現してきました。

世界30か国以上に製造・設計や販売の拠点を設けており、日本市場に向けた製品の製造・供給を行っている日本テキサス・インスツルメンツは、1968年に設立されています。

Term
DSP　Digital Signal Processorの略。デジタル信号処理に特化したマイクロプロセッサのことで、リアルタイムコンピューティングなどに利用されている。特定の演算処理の高速化が可能で、音声・画像処理が必要とされる製品に利用されている。

低処理電力を実現した最新のDSP

古くは2009年当時、3.7Wの低消費電力を実現した**6コアCPUを搭載したDSP**を販売するなど、新製品の開発および販売にも力を注いできました。

同製品は、低消費電力で高速処理という性能的な特徴を持っていました。500／625／700MHzで動作する6コアを備え、3GHz相当の性能を備えるどのマルチコアDSPよりも消費電力が低いにもかかわらず、最も処理性能の優れた製品だったのです。そのため、高いパフォーマンスが要求される産業機器、計測機器、通信機器、医療用画像診断装置、高品質映像機器、ブレードサーバなどで幅広く利用されました。

さらに、リアルタイムでのコントロールを可能にするマイクロコントローラユニットなど、時代の最先端をいく様々な製品開発により、産業界だけではなく私たちの社会生活にも大きな福音をもたらしてくれました。

現在でも、成長が期待される医療やエネルギー、セキュリティなどの分野に合わせたソリューションを展開し、ビジネスの将来像を予測した製品と技術の開発に力を注いでいます。

テキサス・インスツルメンツの主な製品群

▼主な製品ラインアップ

- DSP
- OMAP（DSP複合プロセッサ）
- ビデオ機器用DSP複合プロセッサ
- デジタル・マイクロミラー・デバイス
- 低消費電力RISCマイクロプロセッサ
- TTL汎用ロジックIC
- オペアンプ
- ミニコンピュータ
- サーマルプリンタ
- ICテスタ

▼EPROM

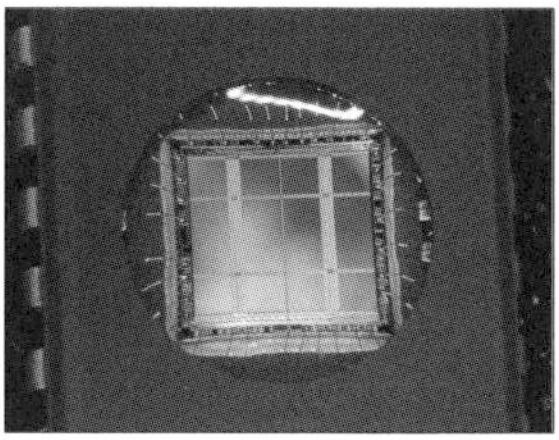

Photo by yellowcloud

▼ダラスの施設

Photo by Texas Instruments

Term

DMD／DLP　DMD（Digital Micromirror Device）は、MEMSデバイスとして、多数の微小鏡面（マイクロミラー）を平面に配列した表示素子の1つ。DLPはDigital Light Processingの略。

RFIDシステム　ID情報が埋め込まれたRFID（Radio Frequency IDentification）を駆使したシステム。

Section

3-10 STマイクロエレクトロニクス

アプリケーション専用のアナログICや電力変換用ICを提供しているほか、ディスクリート製品や車載用IC、MEMS製品などでも主導的な地位を確立しています。

■企業の特色

STマイクロエレクトロニクスは、スイス・ジュネーブに本社を置き、世界35か国に拠点を持った、半導体の製造・販売を行う多国籍企業です。

元々はイタリアのSGSとフランス企業トムソンの半導体部門との合併によって、SGSトムソンとして設立されました。その後、トムソンが事業から撤退したのを機に、STマイクロエレクトロニクスに社名変更しています。

デジタル家電分野を主体に幅広いソリューションを提供しており、特にデジタルテレビや**STB**＊、デジタルオーディオ、デジタルラジオなどのアプリケーションが注目されています。

一方、コンピュータ周辺機器分野では、データストレージ、プリンタ、ディスプレイ、マザーボード用電源のための先端ソリューションを幅広く提供しています。

また、自動車分野向けには、エンジン制御、安全装備、ドアモジュール、**車載インフォテインメント**＊など、高機能車載システムの実現に向けたソリューションもラインアップしています。

さらに、そのほかの産業分野に対しても、FA（ファクトリオートメーション）用ICのほか、照明機器や充電器、電源用ICなど、幅広い分野に向けたICの提供を続けています。

メモリ分野では、インテル、フランシスコ・パートナーズとともにNumonyxを設立し、NAND型と**NOR型**＊のフラッシュメモリ、**MCP（マルチ・チップ・パッケージ）メモリ**＊などの不揮発性メモリソリューションを提供しています。

ワイヤレス通信分野では、NXPセミコンダクターズと

Term

STB　Set Top Boxの略で、ケーブルテレビや衛星放送、地上波テレビ、IP放送などの放送信号を受信し、一般のテレビ受像機で視聴できる信号に変換する装置を指す。

車載インフォテインメント　情報（Information）と娯楽（Entertainment）を融合させた車載用システム。

ワイヤレス半導体事業を統合し、ST－NXP Wirelessを設立しました。さらにスケールを拡大して競争力を強化するため、エリクソン・モバイル・プラットフォームとも合弁しましたが、その後解消しています。

次世代プロセステクノロジーの開発

アプリケーションを強く意識し、創業以来一貫して研究・開発に積極的に注力しています。

特に、**プロセステクノロジー**（半導体製造技術）は、組み込みメモリを含むCMOSロジックのほか、ミックスドシグナルやアナログ、パワー関連の各プロセスに取り組んでいます。

また、32nmおよび22nmのCMOSプロセスの開発と設計の実用化、および300mmシリコンウエハの製造に適した次世代プロセステクノロジーの開発をも積極的に推進しています。一方、IBMとの間で、高付加価値なCMOS派生プロセスを使ったSoC技術の共同開発も行っています。

これは、グローバルなパートナーシップ構築により、コスト競合力の高い世界規模の最先端製造インフラの構築に取り組む、**SoCのリーディング企業**である同社の姿勢の表れと考えられます。

STマイクロエレクトロニクスの主な製品群

▼主な製品ラインアップ

- メモリ
- マイクロコントローラ
- マイクロプロセッサ
- MEMS & センサ
- SiC デバイス
- オーディオ用 IC
- オペアンプ & コンパレータ
- デジタル STB 用 IC
- パワー・マネージメント
- パワー・トランジスタ
- パワー・モジュール & インテリジェント・パワー・モジュール

▼ジュネーブ本社

Photo by Alexey M

NOR型　4-8節参照。
MCP（マルチ・チップ・パッケージ）メモリ　複数のベアチップを1つのパッケージに封入し、内部で配線接続したメモリ。内部で重ねた構造と並べた構造がある。高機能化による高速処理が求められる携帯電話に多用。

Section

3-11 SKハイニックス

韓国内において、サムスン電子に次ぐ第2位の半導体メーカーです。主力製品はDRAMとNAND型フラッシュメモリですが、メモリ以外にも多数の半導体の製造を行っています。

■企業の特色

設立当初の社名は「ハイニックス」でしたが、2001年に経営が破綻し、結果的には政府系金融機関からの資金援助を受けて、債権銀行団の管理下に入っています。

その後、経営は再建されることになり、一応の落ち着きを見せるまでに回復したため、引受先企業を探していた債権銀行団は、保有するハイニックス株を2011年に韓国の通信会社大手であるSKテレコムに売却。このときに社名は「ハイニックス半導体」となりました。

その翌年の2012年には、「ハイニックス半導体」から「**SKハイニックス**」に社名を変更し、新しくスタートしています。

同社は現在、韓国国内の利川市・清州市および中国の無錫市・重慶市の合計4か所に生産拠点を置いています。

また、アメリカ、イギリス、ドイツ、シンガポール、香港、インド、日本、台湾、中国など10か国において販売法人を運営しています。

さらに、イタリア、アメリカ、台湾、ベラルーシにおいて、4つの研究開発法人を運営するなど、**世界展開を行っているグローバル企業**です。

同社は、2001年の経営破綻以前から約30年の長期にわたって蓄積してきた、半導体の生産や生産拠点の運営に関するノウハウをベースに、今後も持続的な研究・開発および製造技術の向上によって、さらなるコスト競争力を確保していくとしています。

そのうえで同社は、熾烈な戦いが繰り広げられているグローバルマーケットにおいて、世界の半導体市場をリードするための努力を続けていくとしています。

■メモリ事業の競争力を強化

SKハイニックスは、スマートフォンなどのモバイル端末やコンピュータ機器といったIT機器に欠かせない、DRAMやNAND型フラッシュメモリなどのメモリ半導体を中心に、CIS（CMOSイメージセンサ）やMCP（Multi-Chip package）のような非メモリ半導体なども生産するグローバル企業です。

もはやスマートフォンやタブレット端末のない世界が考えられないように、今後も新たなIT機器が登場してくると予測される中、新しいデジタル製品の登場やインターネット環境の拡大が半導体のさらなる領域拡張につながると考え、市場をリードする技術を通じて収益性中心の経営と質的な成長を続けていく、としています。

IT機器のスマート化およびモバイル化は、より高度化した半導体の特性を求めることになり、同社としても、これに対応するための技術力を確固たるものにすると同時に、高付加価値のプレミアム製品市場においても製品競争力をさらに高めていく姿勢を強めています。

さらに、次世代メモリ技術に対する準備を通じて、新たな市場をリードしていくことを目指しています。

SK ハイニックスの主な製品群

▼主な製品ラインアップ

- DRAM
- NAND 型フラッシュメモリ
- CMOS イメージセンサ
- MCP（Multi-Chip Package）
- SSD

空間の集積度を高める「4D構造」を採用した、業界最高の238層NAND型フラッシュメモリ開発で注目されています。

▼ DDR メモリ

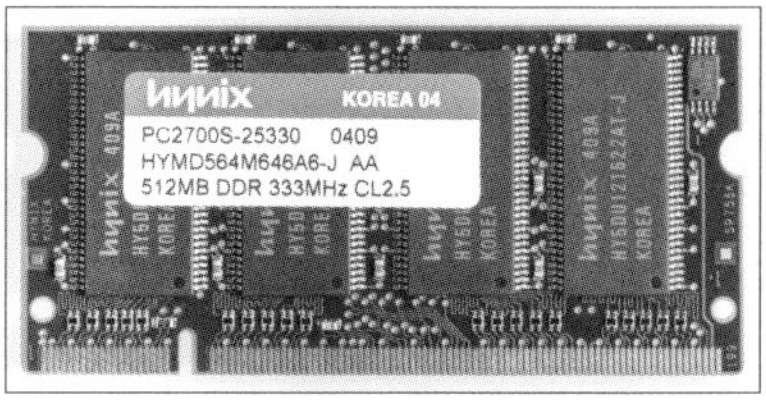

Photo by Raimond Spekking

Section
3-12 ルネサス エレクトロニクス

三菱電機と日立製作所から分社化していた「ルネサス テクノロジ」と、NECから分社化していた「NECエレクトロニクス」の経営統合により設立された、国内有数の半導体メーカーです。

■企業の特色

ルネサス エレクトロニクスは、ルネサス テクノロジとNECエレクトロニクスが経営統合することによって、2010年4月に設立されています。

母体となった「ルネサス テクノロジ」自体も、三菱電機と日立製作所の半導体部門が分社化して設立された半導体メーカーです。

一方のNECエレクトロニクスも、NECの半導体部門が分社化して設立された半導体メーカーという歴史があります。

社名の「Renesas」は、あらゆるシステムに組み込まれることで世の中の先進化を実現していく真の半導体のメーカーとして、「Renaissance Semiconductor for Advanced Solutions」を標榜《ひょうぼう》して名づけられたものです。

さらに、日の丸半導体の復活を願い、「**日本から世界に向けた半導体産業復興**」を目指すという気概も込められていたようです。

同社が得意とする**オートモーティブ**（**車載用半導体**）分野では、「信頼性の高い車載制御、安全で安心な自動運転、環境にやさしい電気自動車」の実現を目指としていました。

その自動車向け事業では、パートナーや顧客への開かれた開発環境とともに、電力消費に関わる革新的なパフォーマンス、世界的に信頼されている車載製品の品質をキーワードにしています。

そして機能安全（FuSa）、セキュリティ関連の技術を通じ、特に車両設備のエンドポイントに向けて、**車載向けマイコンのナンバーワン・サプライヤ**として、革新的で総合的なエンドツーエンド・ソリューションを提供しています。

自動車産業での新展開

具体的な最先端の車載エレクトロニクス技術開発としては、モータ駆動システム、車載情報システム、高度運転支援システムADAS（Advanced Driving Assistance System）、セーフティコントロールシステムのほか、クラウドにアクセスするような新分野のシステムに関しても研究開発を行うとのことです。

この戦略によって、半導体メーカーと自動車メーカーが直接、手を携えるようになり、強固な協力体制の確立によって**新エネルギー自動車産業**が誕生する、という見方もあります。

それが実現されれば、より安全で環境に配慮したインテリジェントな自動車の開発において世界をリードしていけると考えられます。

さらに、同社がフォーカスする分野として「機能安全」「セキュリティ」「センシング」「ローパワー」「コネクティビティ」の5つを挙げ、これらのコア技術を強化するとしており、不足している部分については、スピーディかつ戦略的に大胆な方策をとっていくとの考えを明らかにしています。

ルネサス エレクトロニクスの主な製品群

▼主な製品ラインアップ

マイクロコンピュータ	車載用デバイス
RA Arm Cortex®-M マイコン	車載専用 MCU（RH850）
RZ 64/32 ビット Arm ベースハイエンド MPU	車載専用 MCU（RL78）
RE Cortex®-M 超低消費電力 SOTB マイコン	自動車用 SoC（R-Car）
RL78 低消費電力 8/16 ビットマイコン	車載用パワーマネジメント
RX 32-bit 高電力効率 / パフォーマンスマイコン	車載用パワーデバイス
Renesas Synergy™ プラットフォーム	バッテリマネジメント IC
	車載用クロック＆タイミング
	ビデオ＆ディスプレイ IC
	センサ

▼カリフォルニア・シリコンバレーのオフィス

Photo by Cristiano Tomas

車載半導体に強みがあり、車載マイコンでは世界トップクラスを誇っています。

Section
3-13 キオクシア

主にNAND型フラッシュメモリを製造する半導体メーカー。「記憶で世界を面白くする」というミッションのもと、世界市場のトップランキングに顔を出す数少ない日本企業です。

■企業の特色

２０１７年に東芝から分社化して「東芝メモリ」が設立され、２０１９年10月に社名を「**キオクシア**」に変更しています。この社名は、日本語の「記憶」と、ギリシャ語で「価値」を意味する「ａｘｉａ（アクシア）」を組み合わせたものです。

ＮＡＮＤ型フラッシュメモリを製造する半導体メーカーとして、**国内半導体メーカーのトップ**に立ち、一時は世界シェアトップテンの仲間入りをしていた企業です。

同社は、「記憶で世界を面白くする」というミッションのもと、今と未来をつなぐ新しい価値を創造し、世界を変えていく存在を目指していくとしています。

そこには、データとして記録される情報だけではなく、情報が生まれた瞬間の体験や感情、考え方までを「記憶」として捉え、新しい価値を創造し、世界とそこに住む人々の暮らしをより豊かなものに変えていこうという想いが込められています。

同社には、ＮＡＮＤ型フラッシュメモリや三次元フラッシュメモリなどの開発で業界をリードしてきた歴史と、「記録する」技術を社会に提供し続けてきたという自負があるとのこと。

実際に、社会生活に必要な、電子機器や情報インフラの基盤であるフラッシュメモリやＳＳＤを世界中に提供する企業であることは確かです。

また、今後予想される「メモリ新時代」に対応し、同社では最先端の技術を用いて新しい価値を創出し、イノベーションを起こすとしています。

Term
SLC　Single-Level Cellの略。

多彩なメモリ製品

「東芝」の時代から、工学博士の舛岡《ますおか》富士雄氏を中心にフラッシュメモリの開発を進め、1980年に**NOR型フラッシュメモリ**、1986年には**NAND型フラッシュメモリ**を発明しています。しかし当時、DRAMに代表されるように、外国企業への技術流出が大きな問題として浮上していました。

その反省から、NAND型フラッシュメモリ開発では、当時のサンディスクと共同して、日本国内での製造に徹していました。

その秘密主義と集中投資の効果も手伝って、2006年から2008年までは世界シェア2位を確保するまでに成長を遂げた、という過去の実績もあります。

しかし、その後のメモリ不況のあおりを受けて売上額が下落し、順位を大きく落としてしまう結果となっています。

現在は、三次元フラッシュメモリ「BiCS FLASH」、民生・産業機器向け「UFS & e-MMC」、車載用「UFS & e-MMC」、SLC* NANDフラッシュメモリ、XL-FLASHストレージクラスメモリ（SCM）、改ざん防止機能付きSDメモリカード（Write Once メモリカード）などを展開しています。

キオクシアの主な製品群

▼主な製品ラインアップ

- エンタープライズ SSD
- データセンター SSD
- クライアント SSD
- BiCS FLASH
- コントローラ搭載フラッシュメモリ
- SLC NAND
- KumoScale ソフトウェア
- SD メモリカード
- microSD メモリカード
- USB フラッシュメモリ

▼ SSD

▼田町ステーションタワー

Photo by 遡雨祈胡

Section
3-14 ローム

ユーザーの要望に応じて様々な機能をLSI上に集積するカスタムLSIを主力とし、日本のカスタムLSI市場を席巻するほどの企業で、国内集積回路のトップシェアを誇っています。

■企業の特色

ロームは自社の企業目的について、「われわれは、常に品質を第一とする。いかなる困難があろうとも、良い商品を国の内外へ永続かつ大量に供給し、文化の進歩向上に貢献することを目的とする」と定めています。

そこに込められた「品質第一」をモットーに、1954年の創業以来、業界水準より1ケタ高い保証率を追求し、徹底した品質管理と信頼度管理を行っています。

創業は1958年で、当初は小さな電子部品メーカーでした。

その後、1967年にトランジスタやダイオードで半導体分野へ進出、1969年にはICの開発を始めています。

その2年後の1971年には、日系企業として初めてアメリカ・シリコンバレーへも進出を果たして、ICの開発拠点を開設しています。

この当時の同社の企業規模から考え合わせて相当に非常識だといわれたそうです。

このころから、「ロームはいつの時代も、チャレンジャー」という自負のもと、若さと夢と情熱にあふれた社員の力で、業界の常識を変えてきたといいます。

同社が強みとしているのは、**高い技術力とニーズへの技術対応力**です。

デバイスから最終製品までを自社開発することで、多岐にわたるソリューションを可能にし、近年では小型化や省エネ、バイオ関連にも力を注いでいます。

結果は、後述のとおり常に「世界初」や「業界初」と銘打たれた様々な研究成果や技術開発、製品化などの形で表れています。

様々な世界初・業界初を実現

ロームの沿革を見ると、21世紀になってからも「世界初」や「業界初」、あるいはそれに準ずる表現の「世界最小」や「業界最小」などが見られます。

例えば、「世界初となる国際無線通信規格Wi-SUN FANの認証取得」、「世界初、1700V SiCMOS内蔵AC/DCコンバーターIC開発」、「業界初、高ノイズ耐量コンパレータ・BA8290xYxx-Cシリーズ開発」、「業界初、単独でシステム保護が可能な半導体ヒューズ・BV2Hx045EFU-C開発」などです。

中でも、2010年に世界で初めてSiC-DMOSの量産化に成功したことは画期的な出来事でした。

SiCパワーデバイスは、従来の半導体に比べてはるかに効率よく電力を変換でき、変換時に発生する熱も少ないため、劇的な省エネ化や、冷却機構を含めた機器の大幅な小型化が可能だといわれたものの、ケイ素（Si）と炭素（C）の化合物で結晶を作るのに高温、が必要なうえ、硬くて加工が極めて困難とされていました。

それをロームの研究者たちが持ち前の情熱で解決し、現在の私たちの社会生活や様々な産業に生かされています。

ロームの主な製品群

▼主な製品ラインアップ

- DRAM
- EEPROM
- FeRAM
- MOSFET
- バイポーラトランジスタ
- ダイオード
- SiC パワーデバイス
- LED ディスプレイ
- 半導体レーザー
- 光センサ
- 無線通信モジュール

▼トランジスタ

研究者たちの情熱は、「品質」だけではなく、「初」が付く様々な成果を生み出しています。

▼チェコのプルゼニの工場

Photo by JiriMatejicek

Section
3-15 ラピダス

2022年に、国および日本の主要企業8社の支援を受けて設立された半導体製造の新会社です。2030年までに、2nm以下の最先端LSIファウンドリを日本で実現するとしています。

■企業の特色

ラピダス（Rapidus）は、トヨタ自動車、デンソー、ソニーグループ、NTT、NEC、ソフトバンク、キオクシア、三菱UFJ銀行の8社が総額73億円を出資して設立されました。出資企業に関しては、今後も増加する見込みとされています。

設立の目的としては、世界から大きく後れをとっている国内半導体産業のテコ入れをするとともに、先端半導体の国産化に向けた取り組みをするとしています。

国としても支援を決めており、当初予定の3300億円に6773億円を上積みして、1兆円規模の国費が投じられることになります。

新会社のキャッチフレーズとは「世界と協力し、日本の開発・モノづくり力を結集。世界最先端のロジック半導体の開発、製造を目指します」となっており、主な事業内容として「半導体素子、集積回路等の電子部品の研究、開発、設計、製造及び販売」と「環境に配慮した省エネルギーの半導体及び半導体製造技術の研究、開発」、「半導体産業を担う人材の育成・開発」が掲げられています。

この内容を見る限り、「水平分散型」のスタイルではなく、日本メーカー凋落の原因の1つとなった「垂直統合型」の生産スタイルになりそうな懸念もあります。

それを裏づけるかのように、経営方針にも、

・新産業創出を顧客とともに推進する
・設計、ウエハ工程、3Dパッケージまで世界一のサイクルタイム短縮サービスを開発し提供する
・世界最高水準の設計部隊、設備メーカー、材料メーカーと協調し、新たなビジネススキームを構築する

とあります。

■北海道千歳市に工場建設

国内での次世代半導体の量産を目指し、北海道千歳市に工場を建設しています。

2025年春の完成を目標に、世界一のパイロットラインを、前工程と後工程をすべて一体にした世界初のラインとして作っていくとのことです。

IIM（イーム）と名づけた拠点で生産するのは、自動運転や高度なAI開発に欠かせない次世代半導体です。

その性能を左右するのが回路の線幅で、ラピダスでは線幅2㎚という、世界でまだどこも量産に成功していない異次元の技術に挑むとしています。

量産の開始は2027年を予定しており、それまでに総額5兆円の投資が必要と見込まれています。

また、半導体製造装置メーカーのアプライドマテリアルズやラムリサーチが、北海道での工場設立や人材育成、技術サポートなどを行うと表明しています。

しかも、国内外のトップ企業、装置メーカー、材料メーカーなどが一堂に集結して成果を上げようとする大事業であり、かつてない規模の日本の半導体プロジェクトになると予想されることから、成功への期待が大いに膨らみます。

ラピダスの会社設立の背景と中長期の事業展開構想

「会社設立の背景」

- 半導体の重要性と日本半導体産業の凋落に対する懸念の高まり
- 半導体の「経済安全保障」が喫緊の課題、多くのファウンドリが台湾と中国に局在
- 2030 年代には自動車、AI 向けなどにも用途が拡大 ~ 完成品における半導体の付加価値が一層高まる中、国内での内製化を実現
- 戦略的日米欧連携 ~ 日米首脳会談を受け、日米で次世代半導体開発

「中長期の事業展開講習」

- 2020 年代後半目標　次世代の 3 次元 LSI、Nano Sheet GAA 技術を日米欧連携で確立 ~ 国内外の素材産業や装置産業とも協力体制を構築
- 2nm 以下の最先端 LSI ファウンドリを日本で実現へ

Rapidus

先端半導体の量産で、失われた30年を取り戻すとしています。

Section

3-16 ARM

イギリス・ケンブリッジにある半導体ファブレス企業で、ソフトバンクグループ傘下の会社です。ARMアーキテクチャやプログラミングツール、ソフトウェアなどの開発で知られています。

■企業の特色

１９９０年にイギリスで創業した半導体設計大手の**ARM**（アーム）は、半導体を製造するのではなく、設計図を作成し、世界中の大手半導体メーカーにその設計図を販売するといった、半導体の回路設計を行う企業として、CPUテクノロジーの世界的リーダーといわれています。

CPU、GPU、NPU向けに、高性能・低コスト・高エネルギー効率のIPソリューション*を構築し、パートナー企業にライセンス供与しています。供与先のパートナー企業では、ARMから供与された設計図を用いて、アプリケーション向けにカスタマイズしたチップを製造しています。

また、AIでも膨大な半導体が必要とされていますが、その半導体の回路設計も手がけています。

小型で省エネルギーの半導体の設計に特化しており、スマートフォン向けの設計技術では、世界シェアの9割以上を占めているとされています。

今後はAIやデータセンター向けの半導体を開発していくとしており、その成長性に期待しているようです。

過去15年間、スマートフォン以外の分野にも自社の半導体設計を売り込んでおり、今後はARM社が設計した半導体への乗り換えが加速度的に進むと期待されています。

このような背景の中で、２０２３年9月14日アメリカのNASDAC市場に上場しており、この年最大の新規株式公開案件になって世界中から注目されました。

■ARMアーキテクチャ

ARMアーキテクチャは、様々なASIC（4-7節参照）のプロセッシングコアとして採用されています。特にスマートフォンなどの市場では寡占状態にあるといわれています。

Term **IPソリューション** 通信コストの削減・運用管理の効率化を実現するシステム。主に、業務用のアプリケーションと連係させ、ビジネススタイルの改善と業務の効率化を図る。

ARMアーキテクチャを採用したプロセッサは、モバイル機器への組み込みに適した低消費電力が特徴です。32ビット組み込みCPUの75％以上に、ARMアーキテクチャに基づいたCPUが採用されているといわれます。

特に、低消費電力に加えて高い演算能力が求められるモバイル情報端末における採用の傾向が顕著で、32ビット組み込み用としては世界で最も普及しているマイクロプロセッサと考えられています。

ARMアーキテクチャに基づいて設計されたプロセッサは、2020年現在、アップル、ファーウェイ、サムスン電子をはじめ、ほぼすべてのスマートフォン／携帯電話メーカーで採用されています。

また、任天堂Switchをはじめとするゲーム機でも採用例があるほか、デジタルカメラやテレビなどの家庭電化製品、無線LANなどのネットワーク機器、ハードディスクドライブの制御回路など、様々な分野でで幅広く採用されています。

さらに、高い性能が必要とされるスーパーコンピュータやパーソナルコンピュータ用のCPU、自動運転用プロセッサなどへの採用も増えており、インテルに迫る勢いと評されています。

ARMの主な製品群

▼主な製品ラインアップ

- Cortex-X
- Cortex-A
- Cortex-R
- Cortex-M
- Ethos
- Immortalis & Mali
- Neoverse
- Neoverse CSS
- システムIP
- フィジカルIP
- セキュリティIP
- サブシステムIP

ARM ▶
Photo by Yesme

ARM ▶
Photo by Cmglee

Section

3-17 TSMC

全世界のファウンドリチップ製造量の半分を超える生産能力を誇る、世界最大の半導体製造ファウンドリです。顧客にはファブレス企業が多く、その数は数百社にのぼるとされています。

■企業の特色

TSMCは1987年に設立され、台湾の新竹サイエンスパークに本拠を置いています。

半導体業界が垂直統合型から水平分散型へ移行する中で登場してきた、ファブレス企業から製品製造を受託する「**専業ファウンドリビジネスモデル**」の先駆者であり、かつ第一人者として世界的に知られた存在です。

正式社名は「Taiwan Semiconductor Manufacturing Company, Ltd.」で、漢字表記は「台湾積体電路製造股份有限公司」となります（繁体字の表記は省略）。

同社は、ファウンドリ企業として、TSMCブランドでの設計・製造・販売を一切行わないと明言しています。

そのことが、顧客であるファブレス企業との市場競争を排除することにつながるため、取引先からの信頼を勝ち取る結果を招いています。

実力も世界最高で、**世界最大の半導体ファウンドリ**として、2019年には499社の取引先を対象に、272種の技術を用いた1万761種類の製品を製造したことを明らかにしています。

幅広いグローバル客層を持つ同社が製造する半導体は、コンピュータ、通信、消費者、産業、標準半導体市場にまたがり、モバイルデバイス、高性能コンピューティング、車載エレクトロニクス、IoTなど多種多様のアプリケーションで利用されています。

この多様性のために需要の変動が緩和され、高い設備稼働率と利益率を保つことができているといわれます。

2019年のTSMC全体のウエハ製造能力は、子会社を合わせて年間1200万枚（12インチ換算）を誇っています。

■充実した生産拠点と技術

TSMCは、台湾国内に12インチギガファブ3拠点、8インチ工場4拠点、6インチ工場1拠点を構えています。

そのほかにも完全子会社の12インチ工場1拠点、アメリカに8インチ工場2拠点があります。

さらに、熊本県に3つの製造工場を建設する予定であり、海外での生産を強化していくと見られています。

一方、技術力もTSMCの中核となる重要な要素の1つになっています。

同社は、半導体製造業界の専業ICファンドリ分野において、最も幅広い技術とサービスを保持するとされます。

その**IC業界の基礎となる、プロセス技術のオプションと先端パッケージング技術サービスを一元化し、プラットフォームによるアプローチ戦略を実現**しています。

さらに、パートナー企業とも協業し、これらの技術をサポートするすべてのサービスが、専業ICファンドリ分野で最良の方法となるよう常に取り組んでいるとしています。

その結果、プロセス実証された業界最大のIP／ライブラリポートフォリオ、およびIC業界で最先端のデザインエコシステムを提供できるようになっているとしています。

TSMCの生産・開発拠点

●本社工場
Fab 2、3、5、12A、12B、Advanced Backend Fab 1（新竹・新竹サイエンスパーク）
Fab 6、14、18、Advanced Backend Fab 2（台南・台南サイエンスパーク）
Fab 15（台中・中部サイエンスパーク）
Advanced Backend Fab 3（桃園）

●TSMC中国
Fab 10（上海）
Fab 16（南京）

●WaferTech社
Fab 11（アメリカ・ワシントン州キャマス）

●Philips SemiconductorおよびシンガポールのEDB Investments（SSMC）との共同ベンチャー企業

2024年には、
生産拠点として
「日本・熊本」が
加わります。

Section
3-18 世界の半導体製造装置メーカー

半導体の高性能化や技術革新に伴って、半導体製造装置の技術革新も必要不可欠です。ここでは、世界市場でトップのASMLおよび2位のアプライドマテリアルズを紹介します。

■ASML

オランダ企業の**ASML**は、チップ製造に欠かすことができない**リソグラフィ**（半導体露光装置）**分野における世界最大のシェアを誇る企業**で、半導体業界におけるイノベーションリーダーと目されています。

多くの半導体メーカーが同社の露光装置を採用しており、半導体業界全体に対する影響力は非常に大きいものがあります。

同社は、半導体メーカーが量産ラインのリソグラフィプロセスで、シリコン基板上にパターンを形成する際に必要な「ハードウェア」や「ソフトウェア」「サービス」のすべてを提供しています。

リソグラフィは、半導体製品を量産する工程において、微細なパターンを形成する重要な基幹プロセスで、光を使ってシリコン表面に微細なパターンを描画する技術です。

リソグラフィ装置は、基本的に投影システムと捉えることができます。

描画しようとするパターンの設計図を刻んだ「マスク」を通して、光がシリコンウエハの感光性表面に投射される仕組みです。

パターンが1つ描画されると、装置内でウエハが少し動き、ウエハ上の次の場所に同様にパターンが描画されていくもので、極めて高度な微細技術が必要になります。

■アプライドマテリアルズ

アプライドマテリアルズは、半導体製造装置全般におけるソリューションを提供する、世界的なリーダーとされているアメリカの企業です。

その製品は、世界中のほぼすべての半導体チップや先進ディスプレイの製造に使用されているといわれるほどで、半導体製造装置市場で現在は2位に後退しているものの、長くトップの座に就いていた企業です。

「原子レベルの材料制御を、産業規模で実現する」高度の技術を持ち、**ユーザーの可能性を現実に変える支援を惜しまない**ことでも定評があります。

同社は、最も広範で包括的な製品ラインアップを揃え、マテリアルとデバイスの新しい形での創出と成膜、成型と除去、加工、解析および接続をする技術を提供しています。また、幅広いプロセス技術と計測の技術を持ち、半導体とパッケージングの研究開発施設を備えた唯一無二の企業であることを誇りにしています。

さらに、最新鋭のデジタルインフラに投資して、センサ、計測、データサイエンス、マシンラーニング、シミュレーションを統合することで、製品の開発サイクルを短縮し、新技術の研究から製造までの移行を加速させていることも特徴でしょう。

それにより、ユーザーである半導体メーカーやファウンドリ企業は、量産におけるコスト、アウトプット、歩留まりを最適化することができます。

アプライドマテリアルズ／ASMLの主な製品群

▼主な製品ラインアップ

アプライドマテリアルズ	ASML
ALD	EUVリソグラフィ
CMP	DUVリソグラフィ
CVD	評価計測＆検査
ECD	
エピタキシー	
エッチング	
イオン注入	
PVD	
高速熱処理	

▼LED素材のリン光物質

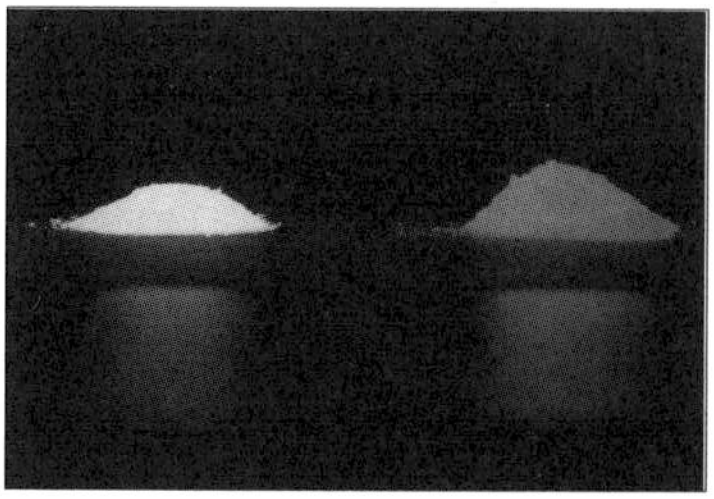

by Jacobs School of Engineering

Section
3-19 日本の半導体製造装置メーカー①

SCREENセミコンダクターソリューションズは、エッチング、フォトリソグラフィ、画像処理を技術コアに、半導体洗浄プロセスで世界ナンバーワンの市場シェアを誇る日本企業です。

■企業の特色

SCREENセミコンダクターソリューションズは、写真画像の印刷に不可欠な「写真製版用ガラススクリーン」の国産化を実現した「大日本スクリーン製造」を母体とした会社です。創立は2006年で、半導体製造装置事業を主たる事業としています。

大日本スクリーンのDNAを受け継ぎ、長年にわたって培ってきた「**エッチング**」や「**フォトリソグラフィ**」「**画像処理**」の技術をコアとして、**特に半導体洗浄プロセス関連の装置**において世界ナンバーワンの市場シェアを獲得し続けています。

同社は方針として「POWER of SOLUTION」を掲げ、「技術開発への希求」「内外との幅広いコラボレーション」「グローバルなサービス・サポート体制」そして「革新的生産性の力をもって、ユーザーへの最適なソリューション提供を行っていくとしています。

また、新しい形の「Operational Excellence」を追求するため、2019年には革新的な自動化を導入した新工場「S³(エス・キューブ)」を竣工。この動きに呼応して、まったく新しい「ものづくり」を展開していこうとしています。

■技術に磨きをかけた製品群

SCREENセミコンダクターソリューションズが市場に提供する製品として、最も知られているのは「**ウエハ洗浄装置**」ということになるでしょう。

ウエハの汚染を取り除く洗浄装置として最も普及している「ウェットステーション」をはじめ、より高い洗浄度が求められる成膜工程直前の洗浄などで使用される「ワンバス型ウェットステーション」、ウエハを1枚ずつ洗浄する枚葉洗浄装置の「スピンプロセッサ」を提供していますが、環境に配慮した「機能水洗浄」や「超臨界水洗浄」などの新洗浄技術の実用化に向けた取り組みも行っています。

それ以外の洗浄装置としては、最先端デバイス市場に対応する高機能・高生産性を実現する300㎜フラッグシップモデルから、IoTデバイス市場向けとして200㎜以下の様々なサイズ・形状の基板に対応できる「Frontierシリーズ」、また新たな製品ポートフォリオ拡張とともに幅広い装置をラインアップしています。

同社では、それらのラインアップによって、常にユーザーに寄り添い、新たなソリューションを創生して、拡大し続ける市場に着実に対応していくとのことです。

その基本となっているのは、「強いものづくり」であり、「革新的なものづくり」のマインドです。

時代背景においても、技術の進化においても、変化の激しい時代にこそ、同社の「ものづくりに徹底的にこだわり、未来を先取りしようと」いう姿勢が、独自のコア技術にますます磨きをかけていくことになると思われます。

結果として、同社の掲げる「未来社会の実現に貢献」という目標の達成に結び付くことになります。

SCREENセミコンダクターソリューションズの主な製品群

▼主な製品ラインアップ

枚葉式洗浄装置
バッチ式洗浄装置
スピンスクラバー
コータ／デベロッパ
熱処理装置
後工程用露光装置
計測装置
検査装置

▼ SCREEN ホールディングス本社

by Jo-01

半導体製造の中でも、ウエハの洗浄は、常に完璧を求められます。

Section

3-20 日本の半導体製造装置メーカー②

半導体産業の中でも独立した分野である半導体製造装置では、日本のメーカーが世界的にも高い評価を得ています。カテゴリによっては世界シェアを席巻しているほどです。

■半導体製造装置の種類

半導体製造装置は「回路設計・パターン設計」「フォトマスク作成」「前工程」「後工程」に分類できます。

「**回路設計・パターン設計**」では、回路設計とともに、シミュレーションを行って効率的なパターンを検討します。

「**フォトマスク作成**」では、半導体ウエハに回路パターンを転写するための原版を作成します。

「**前工程**」には、洗浄、フォトリソグラフィ、エッチング、成膜、イオン注入、平坦化などがあり、「**後工程**」には、ダイシング、ダイボンディング、ワイヤボンディング、モールド、検査などの工程があります。

これらの工程に合わせて、半導体製造装置も「半導体設計用装置」「フォトマスク製造装置」「ウエハ製造装置」「ウエハプロセス用処理装置」「組立装置」「検査装置」「半導体製造装置用関連装置」などに大別できます。

■半導体製造装置の世界的メーカー

半導体製造装置の世界的なメーカーを紹介します。

世界シェア４位の**東京エレクトロン**は、国内トップの半導体製造装置メーカーで、世界の半導体装置市場の2割ほどのシェアを誇っています。

市場に投入している装置としては、微細化加工において注目されているEUV露光用の塗布および現像装置が大きなシェアを占めています。

同社は研究開発も積極的に行っており、投資額の大きさでも注目される存在です。

その東京エレクトロンに次ぐ売上を誇る国内メーカーが、**アドバンテスト**です。同社で注目されるのは「検査装置」で、2019年には「SoCテスター」のニーズが増大したこともあって、検査装置のカテゴリでは世界の中でもトップクラスの位置に立っています。

また、エッチング装置のメーカーとしては、**日立ハイテク**があります。日立製作所の子会社で、エッチング装置のほかに、「計測・検査装置」などでも存在感を放っています。

特に、大規模な製造設備を備えているだけではなく、スマートファクトリーとしての機能を備えている点でも注目されるメーカーです。

さらに、シリコンウエハ切断装置製造企業の**ディスコ**は、主力の「ダイシングソー」が売上全体の6割を占めており、その精密さと加工技術は世界から賞賛されています。

ディスコの製品は、「精密加工装置」と「精密加工ツール」に大別できます。

精密加工装置では、加工素材の多様化に伴い新たな加工方法として登場した「レーザソー」、シリコンウエハや化合物半導体など様々な素材の薄化研削を行う装置「グラインダ」、グラインディングにより発生するウエハ裏面の微細な加工歪みを研磨することで除去し、ウエハの抗折強度を向上させる「ポリッシャ」、ポリッシャと同様の目的で使用される、プラズマを使用したウエハ研磨装置「ドライエッチャ」があります。

日本の半導体装置メーカーの売上高（2023年第1四半期）

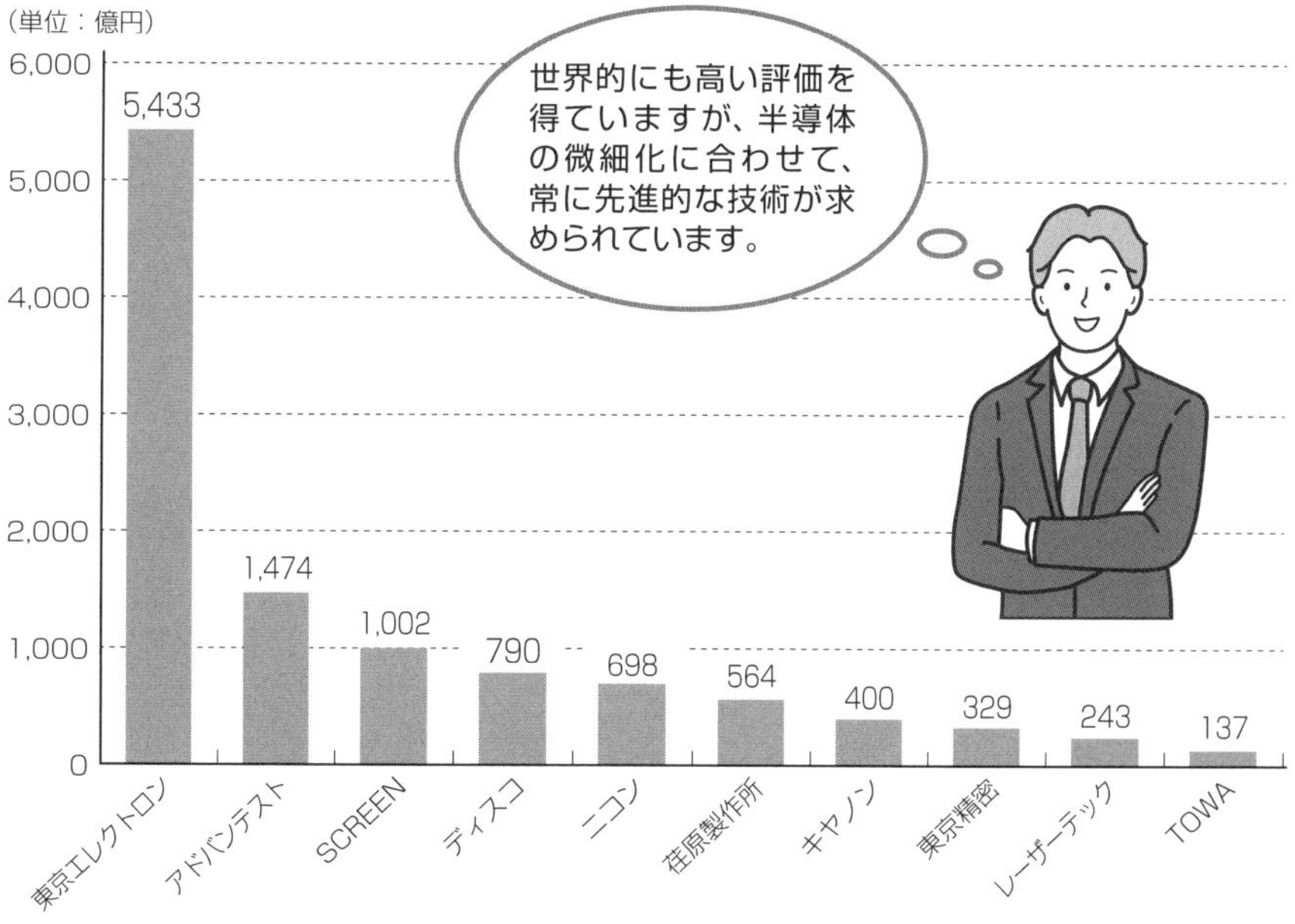

Section
3-21 日本の半導体材料メーカー

半導体素材は地道な基礎研究から生まれます。日本は基礎研究の領域では先進的で、半導体素材の分野でも強みを持っており、それをビジネスにつなげることで世界からも注目されています。

■世界シェアを席巻する日本の半導体素材

2019年の韓国への輸出規制問題によって、「半導体用の素材は軍事転用可能な戦略物質」だということが知られるようになったと思います。

詳しく見ると、取り扱いに繊細な注意を要するものが多く、単純に商用だけではなく安全保障上の国策としても重要な産業であることが明らかになりました。

この問題は、半導体を製造する材料・素材の多くについて、日本の特定企業が世界シェアを席巻していることが原因だと考えられています。

特に、半導体の土台となる「**シリコンウエハ**」では、信越化学工業とSUMCOの国内2社だけでも世界シェアの約6割を占めており、日本メーカーへの依存度の高さがわかります。

さらに、フッ化水素、フッ化ポリイミド、フォトレジストなどの**半導体素材**は、他国の製品では品質が不十分であり、高品質の半導体を製造するためには日本製でなくてはならないと考えられています。

半導体素材は複数あり、次世代の半導体製造のための新しい素材の開発も続けられています。最近注目されているのは、窒化ガリウム（GaN）を使用した製品です。

■注目される半導体素材

代表的な半導体素材である「シリコンウエハ」は、ケイ素（Si）の単結晶のかたまり（シリコンインゴット）を薄く輪切りにしたもので、そのウエハの上に回路パターンの層を形成し積み重ねていくため、ウエハの性能が文字どおり半導体の性能の基盤となります。

微小なゴミや汚染のない「高清浄度」、表面の厚さのバラつきがない「高平坦度」を実現しているためです。

「**フォトレジスト**」は、シリコンウエハをエッチング加工するのに必要な化学薬剤です。

光を当てることで性質が変化する薬品であり、ウエハ表面に回路を焼き付けるために使われます。

光を当てた部分と当てなかった部分とで性質が異なることを利用して、回路の焼き付けを行います。

そのため、正確に素早く回路を焼き付けるためには、高感度で、しかも均一に薄い膜を形成できる材料が求められることになります。

また、不純物の混入は品質低下につながるため、高純度であることも要求されます。

フォトレジストでは、日本メーカーが世界シェアの約9割を占めており、**JSR**や**東京応化工業**、**信越化学工業**などが上位を占めています。

中でも半導体材料の世界大手JSRは、政府系ファンドによって買収されることが決まり、国際競争力の強化が期待されています。

シリコンウエハをエッチング加工するのに必要な「**エッチングガス**」も、日本メーカーが世界シェアの約7割を占め、**大陽日酸**、**レゾナック**などが上位を占めています。

日本の材料メーカーの主な製品群

▼主な製品ラインアップ

●半導体材料
・次世代半導体素材（窒化ガリウムなど）
・シリコンウエハ
・フォトレジスト
・エッチングガス
・フォトマスク
・フッ化水素
・フッ化ポリイミド

この1枚のシリコンウエハには、日本の技術がギッシリと詰め込まれています。

▼エッチング済みのシリコンウエハ

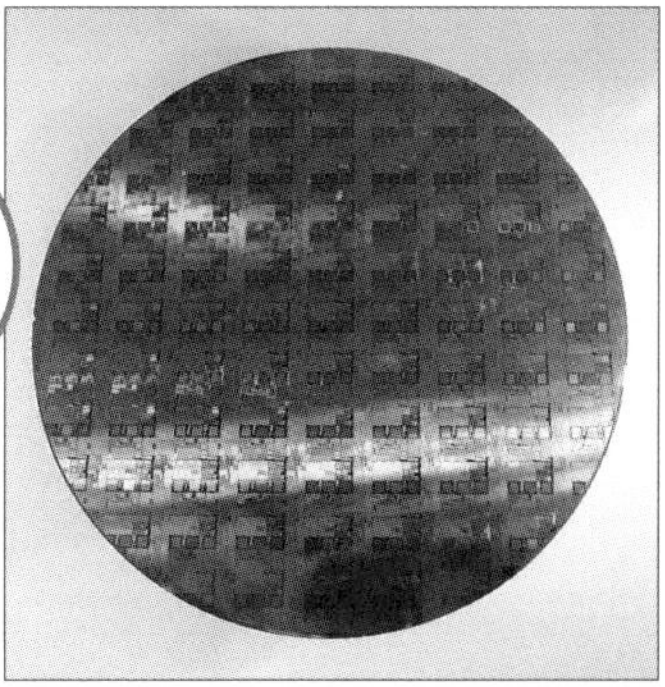

Photo by Peellden

Column

半導体製造装置産業

いかに画期的な開発が行われ、先進的な技術が誕生しても、それを実際に製造に結び付けられなければ、絵に描いた餅のままです。

必然的に、そこには技術を製造に結び付ける装置の存在が必要になります。

半導体の場合、それが半導体製造装置です。

実をいうと、この**半導体製造装置産業**は、半導体産業の関連産業として独立しており、一説では数千社にも及ぶとされる一大企業群を形成するにいたっています。

その規模は半導体市場の15%程度と推察されており、半導体産業が4000億ドルを超えていることから、600億～700億ドル（7兆～8兆円）ほどの巨大な市場が形成されていることになります。

また、製造装置と関連するプロセス材料はさらに裾野が広く、装置産業をしのぐ9兆円あまりの極めて大規模な市場が築き上げられています。

この製造装置産業とプロセス材料業界では、苦戦中の半導体とは対照的に、日本企業が世界中で大活躍しています。

それぞれのカテゴリごとで見ても、全世界でのトップシェアを誇る企業が数多く存在し、世界中の半導体の大半は日本製の装置や材料で生産されているといっても決して過言ではない状況が続いています。

特に製造装置は、トップのアメリカと2位の日本で世界の80%以上のシェアを占めているといわれることから、この2か国によって全世界の半導体生産がコントロールされてしまうという見方もあります。

事実、2022年の半導体製造装置メーカーの売上高ランキングトップ10の中に、日本メーカーは4社がランクインしています。

また、今後見込まれているさらなる微細化も、製造装置が開発されないことには実現できないため、半導体産業における装置産業の影響力が一段と強まっていくと考えられています。

この傾向はプロセス材料の分野でも同様で、特に日本の材料業界全体の売上は、国内半導体全体の売上に匹敵すると見られています。

しかも、研究・開発において海外企業に大きく水をあけていることから、半導体材料の扱い方次第では、日本の半導体産業が世界を再び席巻することも夢ではないかもしれません。

第4章

半導体製造の技術を知る

巨大な設備投資に加え、先進的で革新的な技術を必要とするといわれる半導体の製造には、物理的にも化学的にも最先端のテクノロジーが投入されています。特に、微細加工に関する技術の進展はめざましく、常に小型化と高機能化が求められる半導体製造の基盤を支えています。

Section

4-1 半導体がないと何も動かない

現代の社会生活と半導体は切っても切れない関係です。情報機器や通信機器はもちろん、身の回りの家電製品を含むあらゆる電子・電気機器は、半導体なしには機能しないといえます。

電子機器は半導体が制御している

私たちの生活を取り巻く電子機器の中で最も身近な存在は、**パソコン**や**スマートフォン**に代表されるIT機器でしょう。

中でもパソコンは、半導体の進化とともに演算速度が高速化し、大容量化に対応するだけではなく、ローコスト化やコンパクト化までも達成しています。

「人類初の月面着陸をしたアポロ11号の打ち上げに使われていた管制室のコンピュータの性能は現在のノートPC程度」、「アポロ宇宙船に搭載されていたコンピュータにいたってはかつてのファミコン並みだった」というたぐいの噂話（真偽のほどはともかく）を耳にするたび、その進化のスピードにはただただ驚くばかりです。

しかも、半導体の進化のスピードは著しく、IT機器や産業機器だけでなく、一般的に利用される民生機器にまで搭載され、いまでは家電製品に使用されるコントローラのほとんどが何らかの形で半導体を搭載しているといわれるほどです。

小型化は、**スマートフォン**やタブレットに代表される、様々なモバイル通信端末で実証済みです。特にスマートフォンは、2020年には全世界で約13億台の出荷数を誇るアイテムで、いまや社会生活に欠かすことのできないインフラになっています。

これらの製品に搭載されている**ICチップ**や**マイクロコントローラ**、**フラッシュメモリ**、**SRAM***などは、すべて半導体技術をベースとして成り立っています。

自動車や産業機器も半導体のかたまり

エアコンや炊飯器、冷蔵庫、電子レンジなど、家電製品

SRAM　Static Random Access Memoryの略で、電力の供給によってデータ記憶が行われる揮発性メモリの一種。記憶保持状態で消費電力を抑えられるメモリであるため、モバイル機器などで利用されている。

をコントロールしているマイコン＊だけでなく、近年は蛍光灯などの照明機器の代替製品として**LED**が注目を集めています。

特に白色LEDの登場以後は、省エネルギーやCO_2削減の風潮に乗って急速に普及しつつあり、近い将来にはすべての蛍光灯がLEDに代わることを予感させます。

かつてのLEDライトは、主にその特性である光の直進性を生かした用途に用いられていましたが、その後の拡散技術の向上で、平面的な照明や水銀灯の代替品としても評価されるまでになりました。

一方、自動車産業では機能制御から走行制御、安全制御にいたるまで、半導体が多用されています。それは〝まるで半導体のかたまり〟といわれるほどで、電子機器の多用がバッテリへの負担増になり、電圧の変更を余儀なくされている場合があるほどです。

また、産業機器や医用機器、航空機器など、幅広い分野にまで半導体の活躍の場が拡大されており、半導体がなければ何も動かないとまでいわれています。

半導体は今後も、大容量化、高速化、超小型化、多層化、低消費電力化などの課題を解決しながら、さらなる高機能製品を生み出す力になると考えられます。

半導体を利用した製品

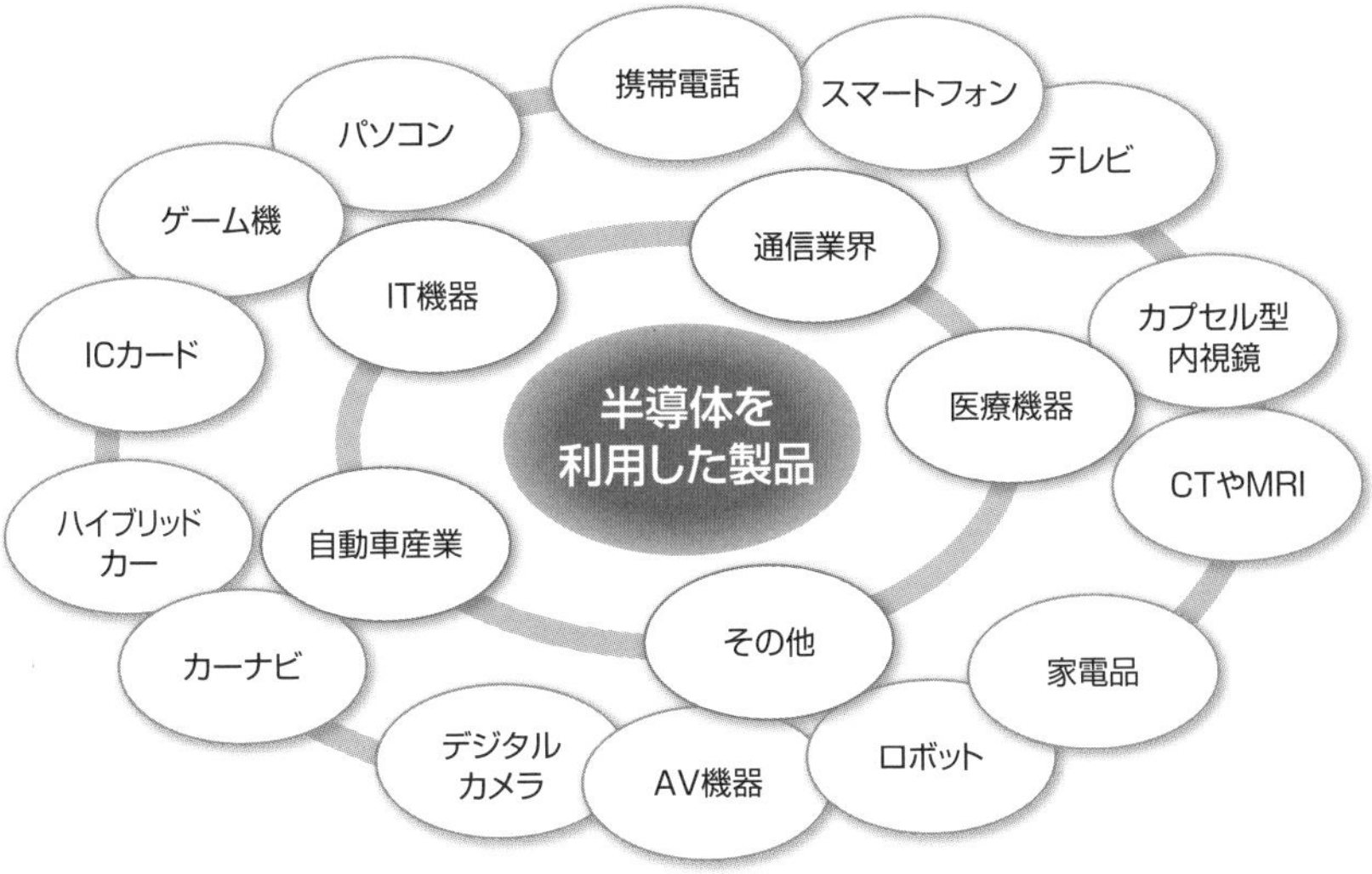

Term

マイコン　マイクロコントローラの略で、電子機器を制御するために最適化されたコンピュータシステムのこと。システムを1つの集積回路に組み込むことが可能で、近年は多くの家電製品にも採用されている。

Section

4-2 半導体の定義と分類

半導体は、その組成や周囲の電場環境、温度などによって電気抵抗率を変化させ、電気伝導率を大きく変えることができる――という特殊な性質を持っています。

■電気抵抗率で決定される半導体

私たちの身の回りにある様々な物質は、図のように電気抵抗率の大きさによって、「**導体**」「**半導体***」「**絶縁体**」に分けることができます。

つまり、鉄や銅線のように電気抵抗率が小さくて電気をよく通すのが「導体」と呼ばれます。

逆に、電気をまったく通さないのが「絶縁体」と呼ばれ、ガラス、ゴム、プラスチック、磁器、空気などがあります。コードの外側のビニールも絶縁体で、送電鉄塔や電柱に設置されている白い陶磁器の「碍子《がいし》」も絶縁体です。

「半導体」は、その中間の性質を持っているだけでなく、周囲の電場*や温度によって、電気の通る量である「**伝導率**」をコントロールしたり変化させたりできる、という特徴を持っています。

このような特徴を持つために、電流の流れの有無やその量をコントロールできる半導体デバイスは、ＩＴ機器や産業機器から家電製品にいたるまで、ありとあらゆる分野の電子機器で幅広い活躍を続けています。

材料としては、ゲルマニウムやシリコンが代表格で、ほかにはスズやセレンなども使われています。

半導体はその組成状態によって分類され、不純物をほとんど含んでいないものを「**真正半導体**」と呼びます。ほかにも、シリコンなどの単一元素で作られた「**元素半導体**」や複数の元素の化合物で作られる「**化合物半導体**」、金属の酸化物を原材料とした「**酸化物半導体**」などがあります。

■N型とP型に分かれる半導体

電子部品で利用される半導体の場合、純粋なシリコンやゲルマニウムなどの半導体では電気抵抗率が大きすぎるた

Term

半導体　半導体と訳された英単語の "semiconductor" は、「半分」という意味を持つ接頭語の "semi-" と、「伝導体」の意味を持つ"conductor" から成り立っている。

電場　電界とも呼ばれており、電荷が存在することによって空間中に発生する電位勾配のことをいう。

め、ドーパントと呼ばれる添加剤が混ぜられています。
これは、不純物を含んだ半導体にすることで、電気の通る量をコントロールし、用途に合わせて最適な特性を備えたトランジスタや集積回路を製造できるようにするためです。

半導体は、その構造によって「**N型半導体**（negative semiconductor）」と「**P型半導体**（positive semiconductor）」に分かれます。

N型半導体は、負（negative）の電荷を持つ自由電子がキャリア＊として移動することで電流が生じるため、Negativeの頭文字をとって**N型**と呼ばれます。

この自由電子によって伝導性を向上させているのが特徴で、自由電子を提供するもととなる不純物を、「**ドナー**」と呼びます。

一方のP型半導体は、正（positive）の電荷を持つ正孔（ホール）がキャリアの多数を占めることから、Positiveの頭文字をとって**P型**と呼ばれます。

この正孔を安定させるために近くの電子を引き寄せていくことで、伝導性を高めているのが特徴です。電子を受け入れる正孔を半導体中に作り立す不純物のことを、「**アクセプタ**」と呼びます。

電気抵抗率で分かれる、導体・半導体・絶縁体

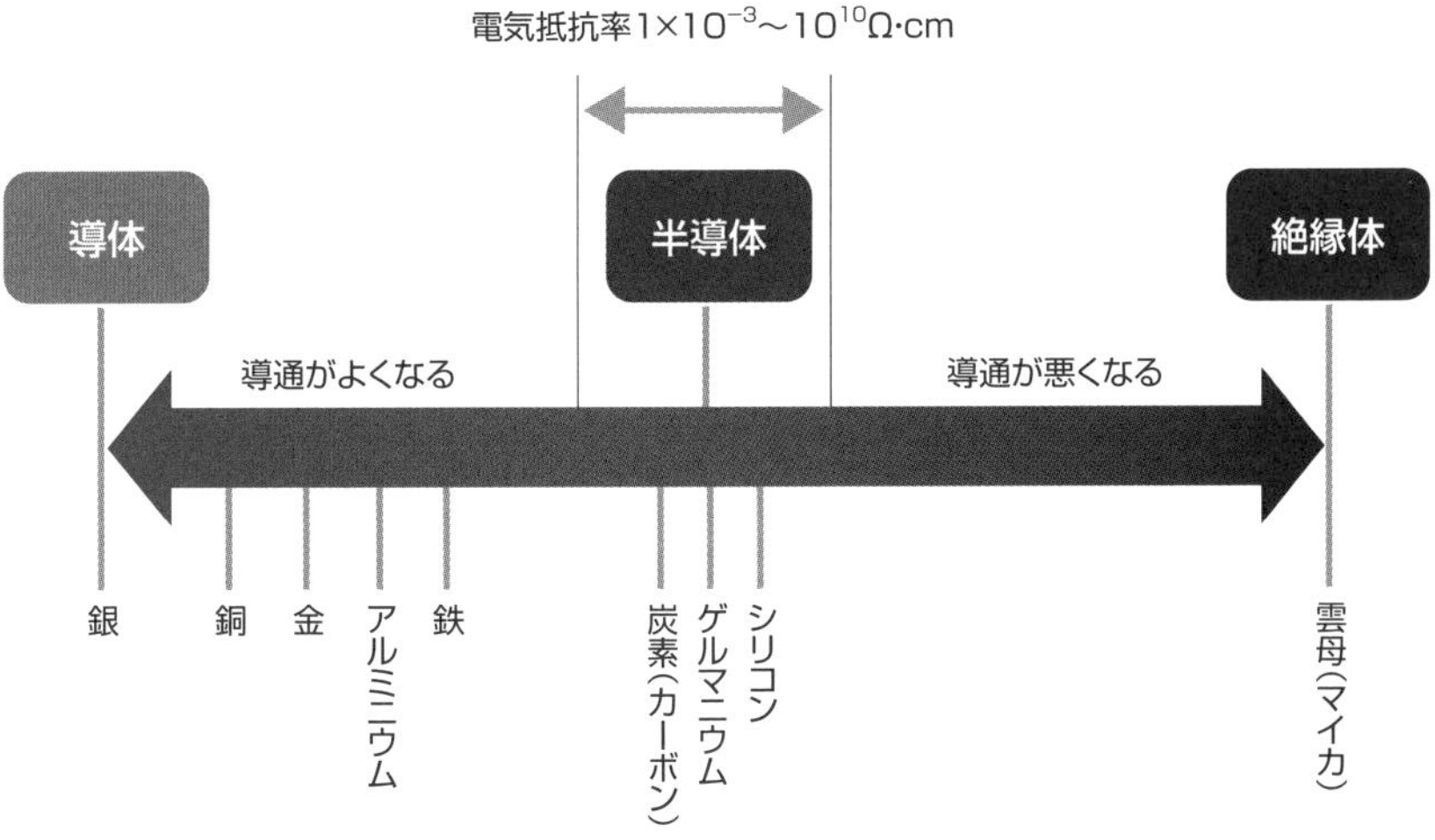

キャリア　半導体内の電荷移動を担う自由電子と正孔を総称した呼び名。これらのキャリアは、電圧を加えられることで電流を発生させる。

Section

4-3 半導体チップができるまで

半導体チップ（集積回路）は、「ウエハの製造工程」と「半導体チップの製造工程」を経てできあがります。このうち半導体チップの製造工程は、ウエハ処理工程と組立工程からなります。

■ウエハの製造工程

シリコンウエハの製造工程は、一般的には①**シリコンの単結晶の作成**、②**ウエハの切断**、③**面取り**、④**研磨**の４工程から構成されます。

①「シリコン単結晶の作成」では、珪石《けいせき》を還元・精留反応によって多結晶シリコンに加工したあと、ほぼ不純物を含有しない純度である「**イレブン・ナイン**」の単結晶シリコンインゴットを作成します。

②「ウエハの切断」（**スライシング**）では、シリコンインゴットを専用マシンでスライスし、枚葉《まいよう》（1枚ずつに分かれた状態）のウエハ形状に切り出します。

③「**面取り**」と呼ばれる「**ベベリング**」では、スライスしたウエハの側面を、ダイヤモンド砥石《といし》などを使用して面取りし、形状を正円に整えます。

④「**研磨**」（**ラッピング**）では、ウエハの両面を研磨材で粗く研磨し、スライシング工程での厚みバラつきや発生した歪み・キズを修正します。

ウエハの製造の際の薄膜結晶成長技術の1つとして、**エピタキシャル成長技術を利用したもの**があります。これは、下地基板の結晶面に揃えて配列する方式で、**MOS**＊ LSIや発光ダイオード、受光素子などの材料として利用されています。

また、CMOS LSIの高速性・低消費電力化を向上させる**SOI**＊**ウエハ製造技術**があります。この技術は、酸化したウエハを重ね合わせてから研磨する方法で、0.3～1μmといった極めて薄い膜を形成できます。

Term
MOS　Metal Oxide Semiconductorの略。
SOI　Silicon On Insulatorの略。
CVD　Chemical Vapor Depositionの略。

■半導体チップの製造工程

半導体チップの生産工程のうち、最初の**ウエハ処理工程**（前工程）では、導電層や絶縁層のパターンを組み合わせ、回路形成が行われます。基板工程では、回路を構成するトランジスタや抵抗、キャパシタ（コンデンサ）などが、製造するLSIに応じて作成されます。

工程としては、**素子分離領域形成工程**、**ウエハ形成工程**、**トランジスタ形成工程**、**ビット線形成工程**、**キャパシタ形成工程**の各ブロックに分かれており、洗浄、酸化、CVD*（化学蒸着）、フォトリソグラフィ、ドライエッチング、イオン注入*、アニール*、スパッタリング、CMP*の要素プロセスが工程に応じて選択されます。

次の**組立工程**（後工程）では、ウエハ処理工程を経たウエハから個々のチップを切り離し、最終的な形状に仕上げます。

工程としては、ウエハの薄さを調整する**バックグラインディング工程**、チップを個々に分離する**ダイシング工程**、チップをリードフレーム*と接続していく**ダイボンディング工程・ワイヤボンディング工程**があります。

バックグライディング工程とダイシング工程では、パッケージに合わせて、チップの大きさ・厚さを調整します。

半導体チップの製造工程

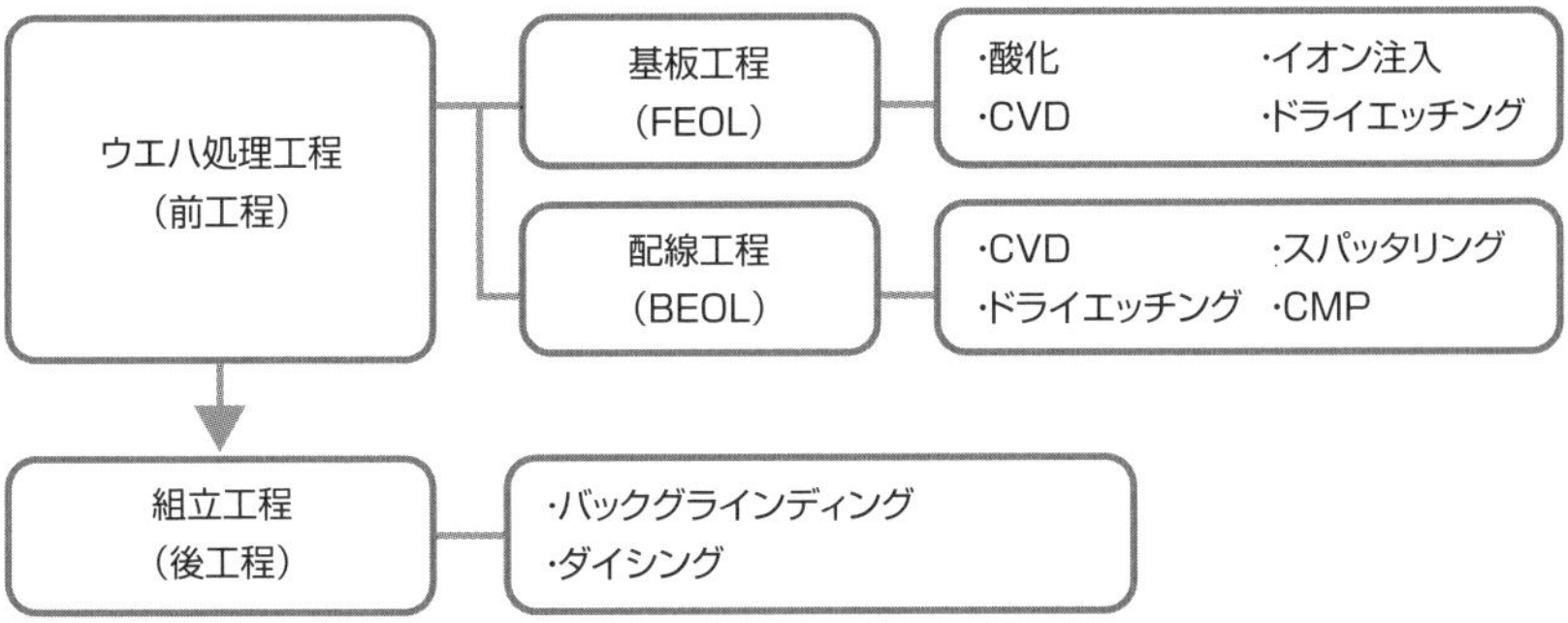

イオン注入　イオン物質を固体に注入する加工方式のこと。固体の特性を変化させることが可能で、半導体の製造で利用されている。

アニール　結晶の中の乱れや応力を減らすために、一定時間、高温に保つ工程。熱を加えることで、結晶をより安定な状態に近づける効果がある。

CMP　Chemical Mechanical Polishingの略で、化学機械研磨の意味。ウエハ表面の平坦化仕上げや回路形成時の配線製造工程などで利用されている研磨技術である。

リードフレーム　ICやLSIなどの半導体パッケージで利用されているもので、半導体チップを支持固定し、外部配線との接続を可能にする部品。

Section
4-4 半導体デバイスの種類と分類

トランジスタは動作原理からバイポーラ型とMOS型に分類できます。また、トランジスタ以外にも半導体を利用したデバイスには様々な種類があり、ダイオードや太陽電池が有名です。

バイポーラ型とMOS型

バイポーラ型トランジスタは、3端子の半導体素子で、それぞれの端子はエミッタ、ベース、コレクタ*の機能を持っています。

電流増幅やスイッチング機能が主な役割で、入手が容易であるため、航空宇宙や防衛、民生機器など、様々な分野で利用されています。

バイポーラ型は、構造によって**NPNトランジスタ**と**PNPトランジスタ**の2種類に分類できます。

MOS*型トランジスタは、モバイル端末をはじめとする情報通信機器のほか、パソコンのICやLSIとして広く利用されています。

電圧制御によって動作するためMOSFETとも呼ばれており、バイポーラ型に比べて集積化が容易という特徴を持っています。

バイポーラ型と同様に3つの端子を持っていますが、それぞれがソース、ゲート、ドレイン*の機能を担っているという点が異なっています。

MOS型の場合、ゲート直下にあるソースとドレインの間に、キャリアが誘起されてできるチャネル領域*があることも特徴です。バイポーラ型と同様にN型とP型があり、**NMOS**や**PMOS**と表記されます。

また、NMOSとPMOSを組み合わせた**CMOS**と呼ばれるタイプもあります。

ダイオード

P型とN型の半導体が接合された**ダイオード**は、一定方向にのみ電流が流れる性質を持ち、電気の整流作用が主な役割です。

Term

エミッタ、ベース、コレクタ　トランジスタの3つの端子を機能ごとに分けた名称。エミッタは電子や正孔を放出する電極であり、放出されたそれらを制御するベースと、回収するコレクタがある。

MOS　Metal Oxide Semiconductorの略。その名のとおり、金属酸化膜を利用した半導体。

様々な種類があり、電子回路で利用される**定電圧ダイオード**や**可変容量ダイオード**が一般的なものとして挙げられます。

現在では応用製品も多数あり、豆電球のように発光する**発光ダイオード**（**LED**）、光通信システムの送信用に利用される**レーザーダイオード**、画像センサとして注目を浴びる**フォトダイオード**などがあります。

特にLEDは、2001年に青色で発光するいわゆる「青色発光ダイオード」が開発されて以来、光の3原色光源が実現できるようになりました。

LEDはその応用範囲も広く、昼間でも明るく表示する必要性のあるサッカー競技場の巨大スクリーンや信号機など、利用の幅が広がっています。

フォトダイオードは、光を検出して電気エネルギーに変換できる半導体素子です。

半導体素材としてはシリコンが多く利用されていますが、ゲルマニウムやガリウム・ヒ素、インジウム、リンを用いた製品もあります。身近な製品としては、テレビのリモコンが挙げられます。

また、フォトダイオードが持つ光起電力効果を応用した半導体デバイスの1つに太陽電池があります。

バイポーラ型／MOS型トランジスタの基本構造

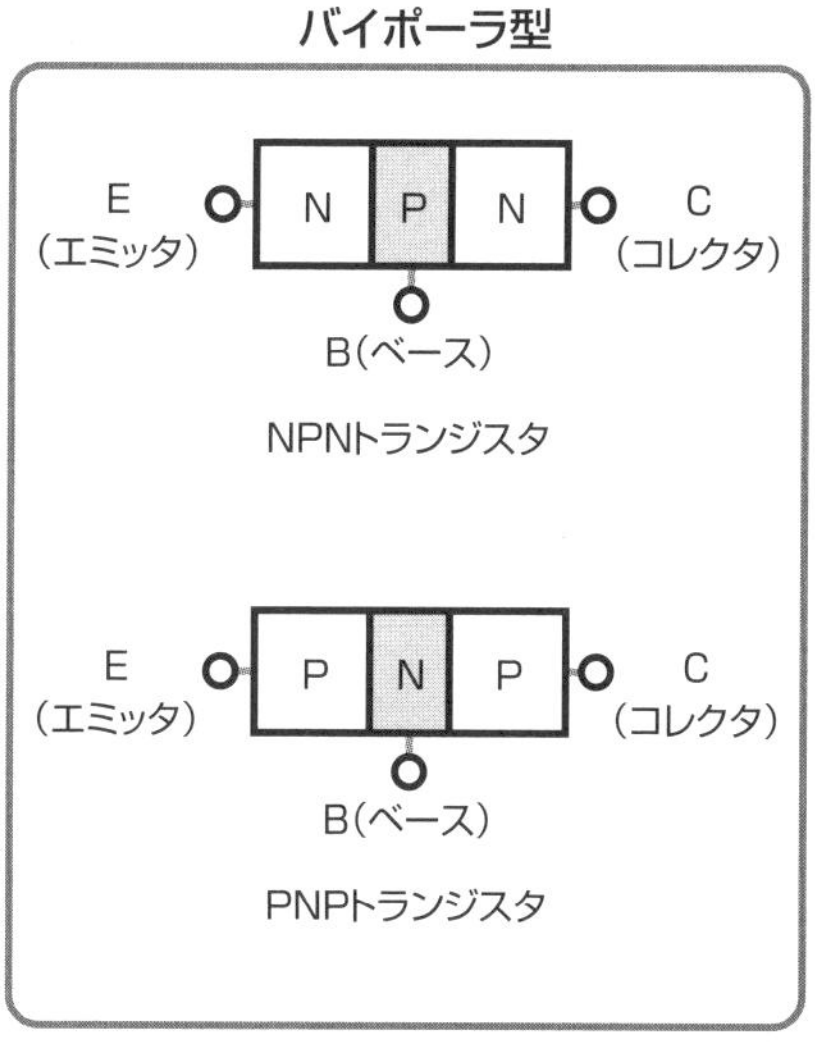

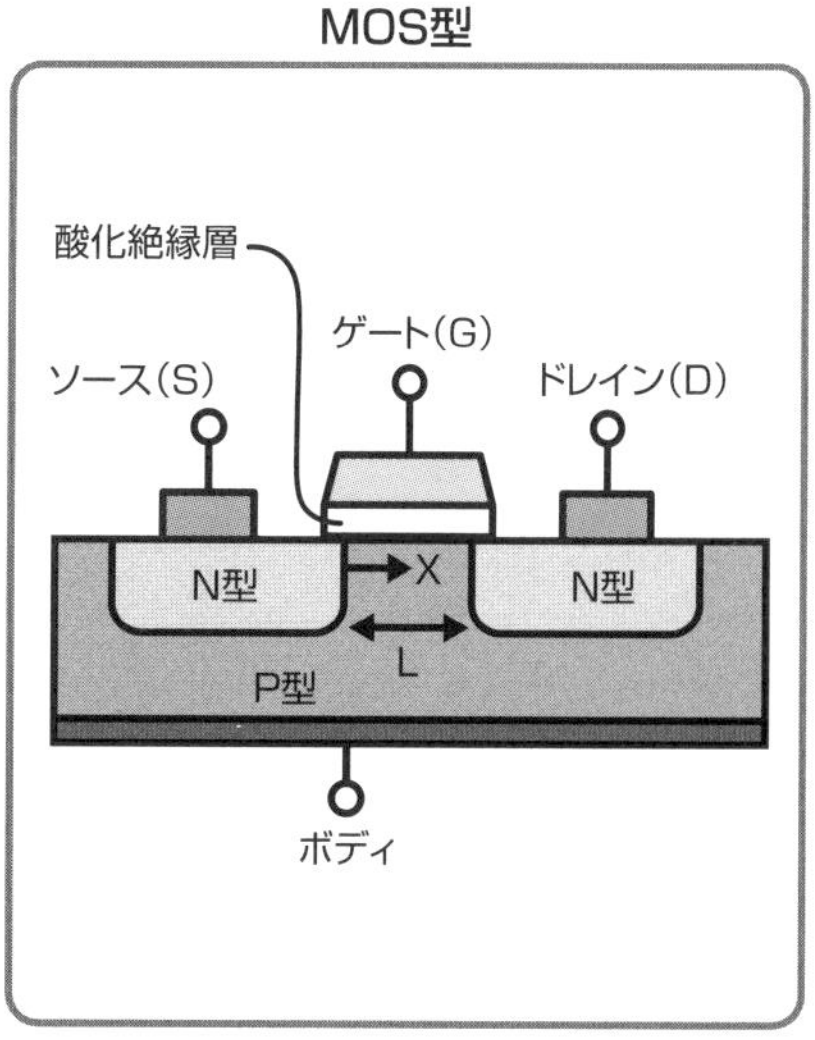

ソース、ゲート、ドレイン　MOS型トランジスタで、ソースはキャリア供給源の電極、ゲートはドレインとソース間の電流を制御する電極、ドレインはキャリアをトランジスタから外部へ排出する電極のこと。
チャネル領域　MOS型トランジスタで、ゲートの直下にあり、ソースとドレイン間を電流が流れる部分。

Section
4-5 集積回路からシステムLSIへ

特定の複雑な機能を果たすために、多数の半導体素子を1つにまとめた集積回路が使われてきました。近年では、マイクロコントローラなどを搭載したシステムLSIが広く使われています。

電子機器システムを1つに統合

システムLSIは、CPUやメモリ、そのほかの電子機器に必要な周辺回路などを1チップに集積した半導体素子です。

SoC＊とも呼ばれており、電気製品の低消費電力化やコスト削減など、集積化による大きな効果を出しています。1チップ化によって、部品点数の削減、小型化、信頼性向上、多機能化などが期待できるため、民生機器分野の大量生産品で広く使用されています。

また、情報家電＊などの複雑なシステムを統合するため、それぞれのメーカーが独自のシステムLSIを開発している例も多く見られます。特に、人と人とのインタフェースを必要とする電子機器では、数多くのシステムLSIが使用されています。

例えば、液晶画面を表示するためには液晶表示システムLSIが使用されており、携帯通信機器のディスプレイなどに採用されています。

また、最適な充電制御を行うため、個々の充電式バッテリにシステムLSIを搭載して管理する、といった方法もあります。さらに、RFタグ＊にシステムLSIを搭載し、履歴情報、検品情報を記録しておくことで、スループット向上によるシステムコストの削減も実現しています。

マクロで形成されるシステムLSI

電子機器のシステムを統合するシステムLSIは、規模の大きな半導体素子になるため、回路の機能によってブロック化＊する手法がとられています。

ブロックを組み合わせるだけで、回路設計の大部分を済ませることができるため、設計時の期間短縮と費用低減に

Term

SoC　System on a Chipの略。

情報家電　携帯電話やデジタルカメラのようなデジタル家電のうち、ネットワーク機能を持ったものを特に情報家電と呼ぶ。信号処理はいずれもデジタル処理。

つながります。

機能ごとの個々のブロックは「**マクロ**」と呼ばれており、設計の自由度によって、「**ソフトマクロ**」「**ファームマクロ**」「**ハードマクロ**」に分けることができます。

ソフトマクロはRTL*やHDL*で記述されており、設計自由度の高さが特徴です。しかしながら、フロアプランやレイアウトは利用者側で設計しなければならないため、時間と手間がかかり、性能も予測しにくいことが問題になっています。

ファームマクロはRTLやネットリスト*で記述されており、フロアプランまで設計が行われています。機能の変更はしにくいものの、中間的な自由度を持っていることが特徴です。

ハードマクロは、RTLやネットリスト、レイアウトデータなど、使用できる形式の種類が豊富な反面、自由度が少ないという性質を持っています。しかし、レイアウトとタイミング設計までが完了しているため、利用者は配置を考えるだけで済みます。

システムLSIのイメージ

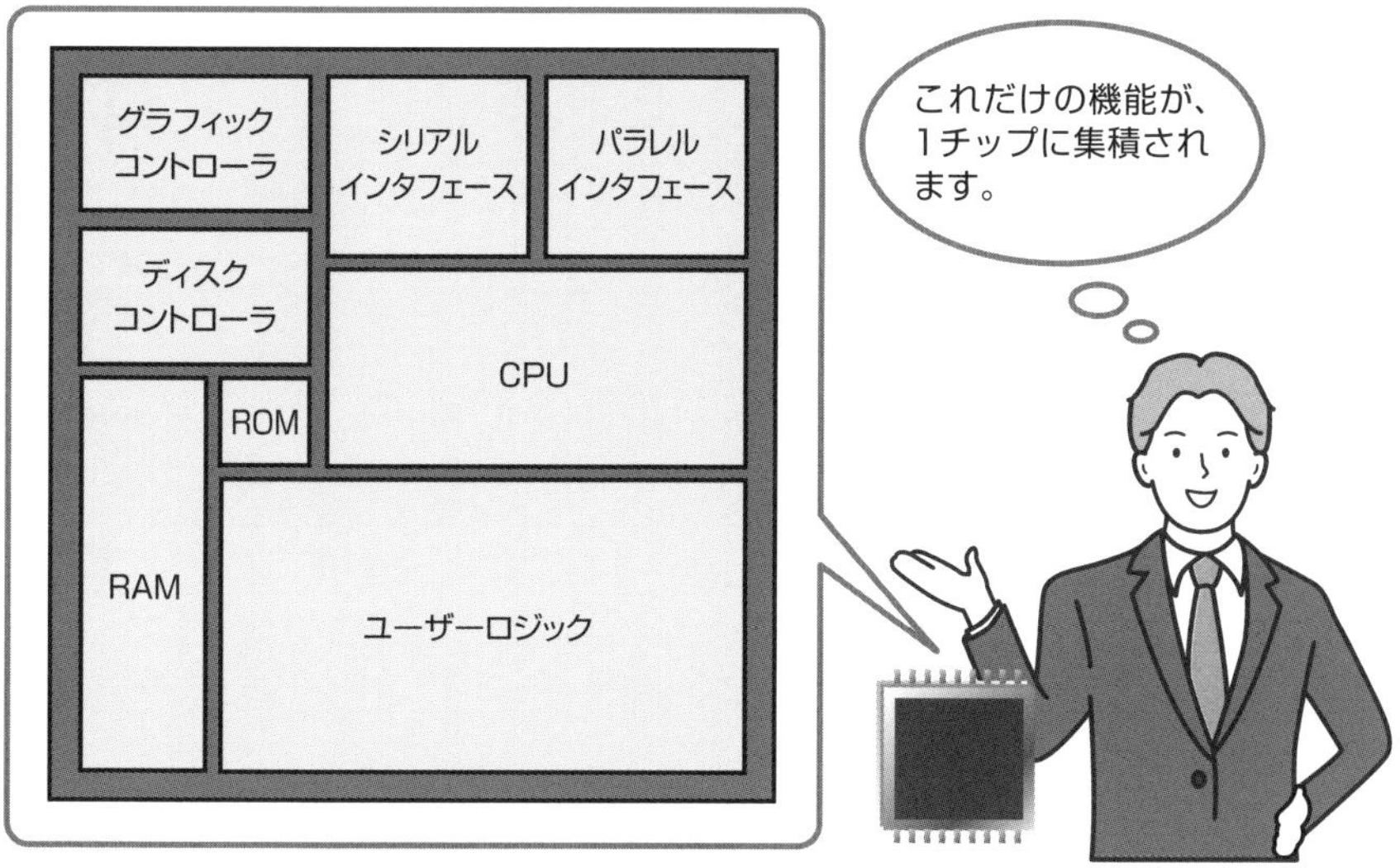

Term

RFタグ　非接触ICチップを使い、記憶媒体とアンテナを埋め込んだプレート状のタグ。

ブロック化　回路を機能ごとに集めて、1つの集合体にしておくこと。

RTL　Register Transfer Levelの略。

HDL　Hardware Description Languageの略。

ネットリスト　ネットデータとも呼ばれ、電子回路の端子間で行われる接続情報のデータを意味する。プリント基板の配線設計などに利用されており、効率的な電子回路データのやり取りを実現する。

Section

4-6 プロセッサのアーキテクチャ

マイクロプロセッサのアーキテクチャ設計手法としては、CISCとRISCの2つが代表的です。コンピュータの中枢部を構成する2つの設計手法の特徴を見ていきます。

■CISCプロセッサの特徴

コンピュータの中枢部分を1チップ化した**マイクロプロセッサ**（単に**プロセッサ**とも）は、1971年にインテルによって開発され、現在ではパソコンやサーバーの頭脳部分として発展を遂げています。

マイクロプロセッサの性能と機能が向上したことによって、今日では、データ転送が頻繁に行われるメモリを管理するICやキャッシュメモリも含めて1チップ化されることが一般的です。

処理するデータ長とバス幅がともに長く（広く）なり、128ビットの製品も登場しているマイクロプロセッサは、CISCとRISCの2タイプがあり、用途に応じて使い分けられています。

CISC（シスク）は、可変長の複雑な命令セットや多種多様なアドレッシング機能*を持つ**マイクロプログラム方式**のアーキテクチャで、Complex Instruction Set Computer の頭文字をとった方式です。

現在の高性能CPUでは、80x86互換プロセッサのみがCISCを使用していますが、古くはミニコンピュータやメインフレームに採用されていました。

柔軟な実行ユニットが実現できる構造を持っていることが大きな特徴で、ソフトウェア側で指定する命令を減らすことが可能です。

また、内部のマイクロアーキテクチャを増強できることも特徴です。

豊富なアドレッシング機能を備えていることから、命令の直交性がよいとされており、レジスタ-レジスタ間演算*やレジスタ-メモリ演算、メモリ-メモリ演算を行うことができます。

Term

アドレッシング機能　「どのデータに対して操作を行う命令なのか」を指定する機能。また、その命令が「レジスタに対してかメモリに対してか」を意味する「直接指定か間接指定か」なども指定できる。

レジスタ-レジスタ間演算　レジスタ同士の間で行われる演算のこと。

内部CPUを万能チューリングマシンとして、外部CPUをシミュレートできるため、パソコンなどの汎用機で利用されています。

■RISCプロセッサの特徴

CPUのアーキテクチャのもう一方が**RISC（リスク）**です。

RISCはReduced Instruction Set Computerの略で、命令の種類を減らし、回路を単純化して演算速度の向上を図った設計手法です。

複雑な命令を多く備えるCISCとは正反対の手法として考案されており、**パイプライン方式***を用いることで処理能力を向上させ、高速処理を実現しています。

RISCでは、CISCのプログラムを解析して使用頻度の低い部分を省き、簡単なものに絞ることで高速化を実現しています。

レジスタ-レジスタ間演算のみに対応するため、メモリ・アクセスのレイテンシ*が悪影響を与えるのを避けることも可能です。

これらの特性から、ワークステーション用のCPUやスーパーコンピュータ、マイコンなどで幅広く利用されています。

CISCとRISC

			CISC	RISC
命令	種類	機能	複雑で高度な機能を実現	単機能の基本命令に限定
		アドレッシングモード	複雑で多様	少ない
		メモリアクセス	命令が豊富	ロード／ストア命令に限定
	フォーマット	命令長	バリエーションあり	32ビット固定が大半
		種類	複雑で多種	シンプル
	実行速度		数クロック	1クロック
	実行回路		・しばしばマイクロROMが使われる ・非パイプライン処理か、単純なパイプライン処理	・ハードワイヤドロジックを使用 ・パイプラインの最適化、スーパーパイプラインやスーパースケーラ技術の導入で命令実行を高速化
汎用レジスタ			8本程度	32本タイプが大半

Term

パイプライン方式　複数の命令を重ね合わせて処理する方式のことで、パイプラインのように、命令を次々に入力すると結果が次々に出力される。汎用コンピュータやマイクロプロセッサなどで利用されている。

レイテンシ　メモリに対してアクセス要求をしてから、その結果が返送されるまでの時間のこと。

Section
4-7 オーダーメードな半導体「ASIC」

ユーザーの要求に応じて回路形成の変更が可能な、オーダーメードの半導体がASICです。ユーザーが求める様々な回路形成に対応しており、多種多様な集積回路を実現します。

オーダーメード半導体ASICの特徴

ASIC*は、特定の用途向けに複数の回路を1つにまとめた集積回路のことで、デジタル回路のみの構成が一般的ですが、アナログ回路を有する場合もあります。

ASICは、単機能ICと高性能演算用ICを除く、ほとんどの半導体製品を含んでいるため、使用用途が幅広く、家庭用、産業用、事務用など、様々な電気製品で利用されています。

通信分野では、高速処理が要求されるネットワーク通信機器で利用されることが多く、ファイアウォールや負荷分散（SLB／NLB）装置*、パケット処理装置などの分野で活躍しています。

画像処理を行うLSIにも利用されており、デジタルカメラやデジタルビデオカメラなどに採用されている画像補正や画像圧縮の処理用として、専用ASICを開発しているメーカーがあるほどです。

ブルーレイレコーダなどの各種レコーダ専用のMPEGエンコーダ／デコーダに対応する製品もあります。

また、CPUやマイクロコントローラなどに代表されるプロセッサにも多く利用されています。

さらに、PCIバスブリッジなどの汎用標準バス制御*にも利用されており、複雑化する情報機器分野において、今後も活躍が期待されている半導体です。

ASICの3つの種類

ASICは製造の手順によって3つの種類に分かれます。半導体製造を行う企業でも、それぞれ得意なASICの種類が異なるのが特徴です。

ゲートアレイ（gate array）は、基本となるゲート回路を

Term

ASIC　Application Specific Integrated Circuitの略。カスタムチップやカスタムICとも呼ばれる。

負荷分散（SLB／NLB）装置　Webサーバやキャッシュサーバなどの負荷を分散する装置。過剰な負荷によってサーバがダウンしたりレスポンスが遅れたりする問題を防ぐことができる。

一面に敷き詰めた「下地」をあらかじめ製造しておく方法で、配線層をユーザーの要求に応じて作っていきます。配線層の製造工程だけでよいため、大量生産が可能で、製造コストの削減が実現できます。

セルベース（cell base）は、ゲートアレイとは異なり、設計済みの機能ブロックが配置されています。個別ロジック回路と配線層を作り込む手法で、集積度および性能をゲートアレイより高くすることが可能です。

そこで、ゲートアレイとセルベースを組み合わせた**エンベデッドアレイ**（embedded array）という手法も考案されています。設計済みの機能ブロックをゲートアレイ下地の一部に埋め込むことを特徴としています。

また、**ストラクチャードＡＳＩＣ**（structuned ASIC）という方法もあります。ゲートアレイの下地に加え、ＳＲＡＭやクロック用ＰＬＬ*、入出力インタフェースなどの汎用機能ブロックが組み込まれているため、最小限の個別設計に対応し、開発時間の短縮を実現します。

製造メーカーで専用配線層を使ってクロック分配回路などを形成するため、ユーザーの設計負担を減らすことが可能です。

ASICの種類

製造方法	ゲートアレイ	セルベース	エンベデッドアレイ
開発期間	小	大	小〜中
開発コスト	小	大	中
搭載機能	中	大	中〜大
生産数量	中	大	中〜大

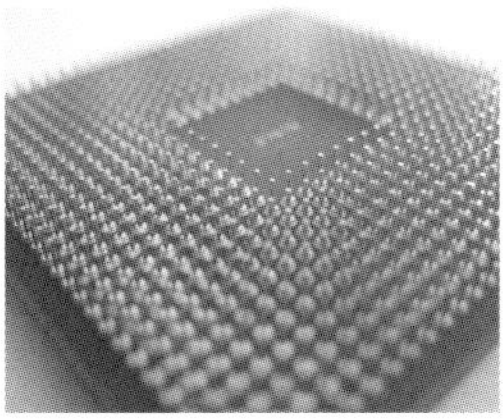

ASICは（左から順に）デジタルカメラ、プロセッサ、ネットワーク通信機器にも使われている

Term

PCIバスブリッジなどの汎用標準バス制御 標準的なバスで制御できるということ。

クロック用PLL 入力信号や基準周波数と出力信号との周波数を一致させる、クロック用の電子回路。入力信号と出力信号の位相差検出や回路のループ制御などで、正確に同期した周波数信号を発信できる。

Section

4-8 メモリの変遷

半導体を利用した製品の1つにメモリがあります。身近なところでは、パソコンで利用されるDRAM*やスマートフォンのデータ格納用に使われるフラッシュメモリが挙げられます。

■揮発性メモリとして利用されるDRAM

半導体を利用した**揮発性メモリ**としては、**DRAM**が有名です。

コンピュータの主記憶装置やデジタルテレビ、デジタルカメラなどの記憶装置として使用される電子部品の一種で、情報処理過程の一時的な記憶を行うために広く利用されています。

今日では、「記憶セル*がDRAMセルの構造になっており、インタフェースが**SRAM**（4-1節参照）と同じになっている」という「疑似SRAM」が一般的で、現在のPCではDDR2 SDRAMおよびDDR3 SDRAMの2種類が広く利用されています。

従来使用されていた**DDR SDRAM**の外部同期クロックを2倍に高めることに成功したのが**DDR2 SDRAM**で、SDR SDRAM*と比べて4倍のデータ転送速度を可能にしています。

動作周波数は400／533／667／800／1067MHzの5種類が用意されており、パッケージ容量は128Mビットから2Gビットまでのラインナップがあります。

また、DDRでの同期クロックを4倍に高め、SDR SDRAMに比べて8倍のデータ転送速度を実現するDDR3 SDRAMもあります。

動作周波数は800／1066／1333／1600MHzで、単体での半導体パッケージの容量も512Mビットや1Gビット、2Gビットとなっています。

現在主流となっているのは、8ビットのプリフェッチ機能*を持ち、DDR3の2倍の転送速度を実現したDDR4 SDRAMになっています。

Term

DRAM　DRAMは、Dynamic Random Access Memoryの頭文字をとったもので、半導体を使った書き込みと読み出しができるメモリの一種。2-3節参照。

記憶セル　データを記憶保持する半導体回路。2進数データとして扱い、様々な情報を記憶。

■データ保管できるフラッシュメモリ

DRAMとは違って書き換えが可能であり、機器の電源を切ってもデータが消えない不揮発性の半導体メモリが、**フラッシュメモリ**です。

1984年に開発されたもので、マイコン応用機器や携帯電話、デジタルカメラなどで利用されています。その構造によって、NAND型やNOR型などに分類されます。

NAND型は、特にデータストレージ用に適しており、携帯電話やデジタルカメラなどの記憶媒体として普及しています。

近年は低価格化や高集積化が進み、小型のハードディスクと競合する動きもあります。

需要の7割以上がメモリカードといわれており、1チップ当たり32GB以上の容量を持つ製品もあります。

また、**NOR型**はマイコン応用機器のシステムメモリに適しており、従来から使用されていたROMの置き換えとして利用されています。

しかも、ファームウェアの更新が、製品の筐体《きょうたい》を開けずに行えるため、組み込みシステムなどの分野でも活躍しています。

RAMとROMの機能を兼ね備えたフラッシュメモリ

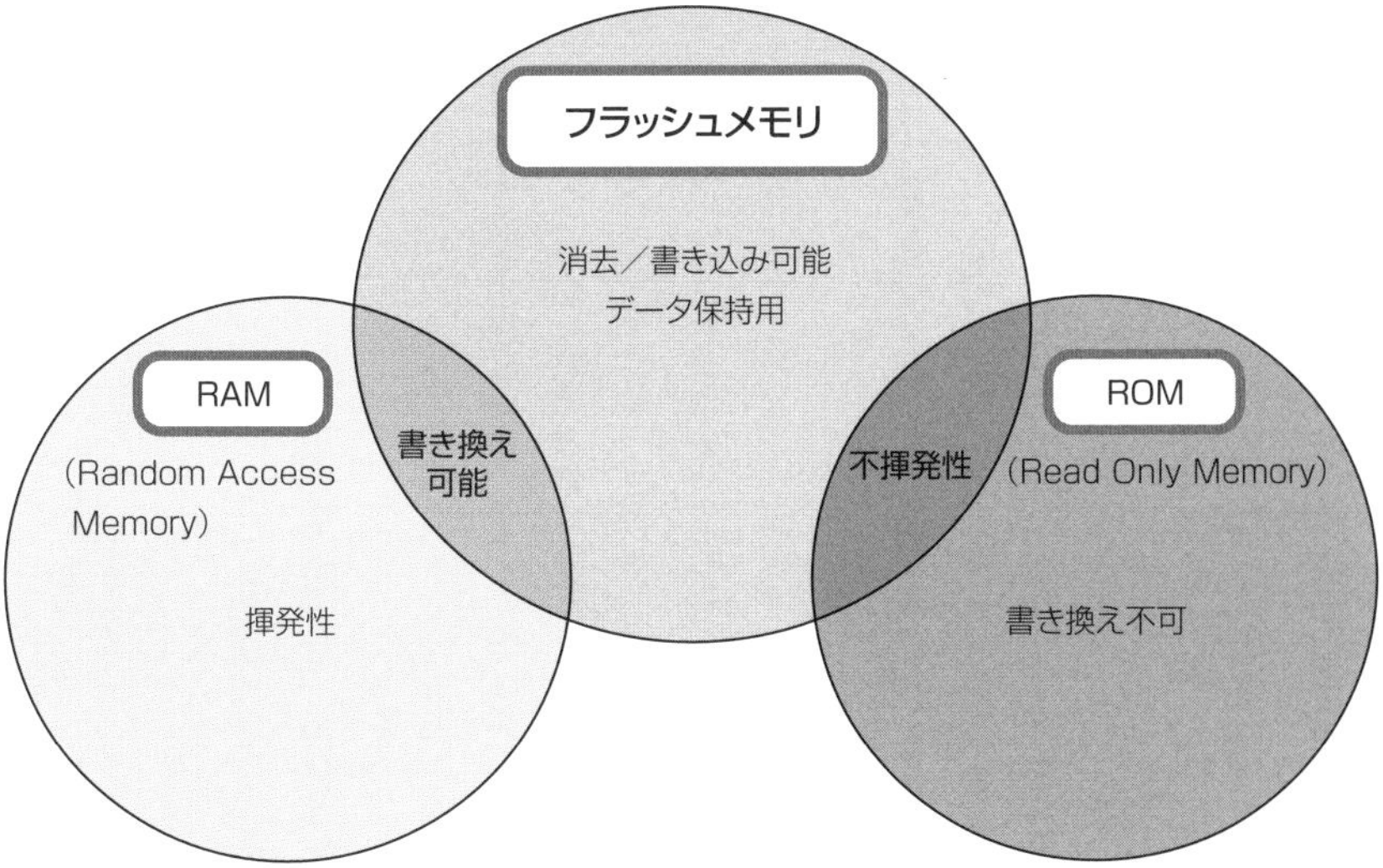

Term

SDR SDRAM　DDR SDRAMに対して従来のSDRAMを指す。

プリフェッチ機能　CPUがデータを必要とする前にメモリから先読みして取り出す機能。

Section
4-9 デジタル信号に特化したDSP

音声や画像、動画などのデータはアナログ信号であるため、ADコンバータ＊を利用してデジタル信号に変換するのが一般的です。このデジタル信号の処理に特化した半導体素子が、DSPです。

■電子機器の性能を向上させたDSP

一般的なマイクロプロセッサやオペレーティングシステム（OS）でも、デジタル信号を処理できます。しかし、消費電力が大きいためにスマートフォンやPDAなどの携帯通信端末では使用しにくい、という難点があります。

DSP＊は、デジタル信号処理に特化したマイクロプロセッサです。

デジタル化された信号の処理に特化することで、より安価で低消費電力、高性能なものを提案できます。

1970年代後半から開発が進められ、トランジスタも開発したベル研究所が1980年に試作品を完成させました。

ところが、具体的な製品化に初めて成功したのは、日本のNECであるといわれています。

しかし、現在の世界市場を席巻しているのはテキサス・インスツルメンツ（TI）ですので、日本のDSP技術の発展が望まれます。

DSPは、少量生産の**FPGA**＊や大量生産の**システムLSI**などに細分化されており、デジタル家電を中心に利用されています。

また、特定の演算処理を高速に行うことを目的に作られていることもあり、音声や画像、動画処理などが必要とされるスマートフォンやデジタルカメラ、デジタルビデオカメラ、電子楽器といった製品に利用されることが多くなっています。

アナログ回路を利用した信号処理ほど多機能ではありませんが、データの圧縮・伸張処理などのデータ加工で大きく貢献しています。

Term

ADコンバータ　アナログ信号をデジタル信号に変換する電子回路のこと。
DSP　Digital Signal Processorの略。

また、メモリ容量の削減や保存されたデータのリアルタイム処理につながっており、オーディオプレイヤの品質向上も実現しています。

そのほかにも特殊用途として、レーダーの信号処理や無線通信回線の変調・復調などにも利用されています。

演算処理を優先した設計

DSPは、制御機能も併せ持つマイクロプロセッサなどと比較して、演算性能を優先したことが設計上の最大の特徴となっています。

デジタル信号処理は計算機能を多用するため、算術演算用ハードウェアの高速乗算器やメモリが内蔵されています。

内部構成は**データ空間**と**プログラム空間**に分かれており、2系統のバスを持っています。

データ空間では、高速乗算器を並列させることによって、演算性能を高めることができます。一方、プログラム空間では、ハードウェアで操作ループを制御しており、処理の時間短縮を実現しています。また、CPUとしての機能も併せ持っているため、プログラムの判断や実行も可能です。プログラムを変更するだけで、様々な動画・画像・音声圧縮フォーマットへの対応を実現します。

DSPによるデジタル信号処理システムのイメージ

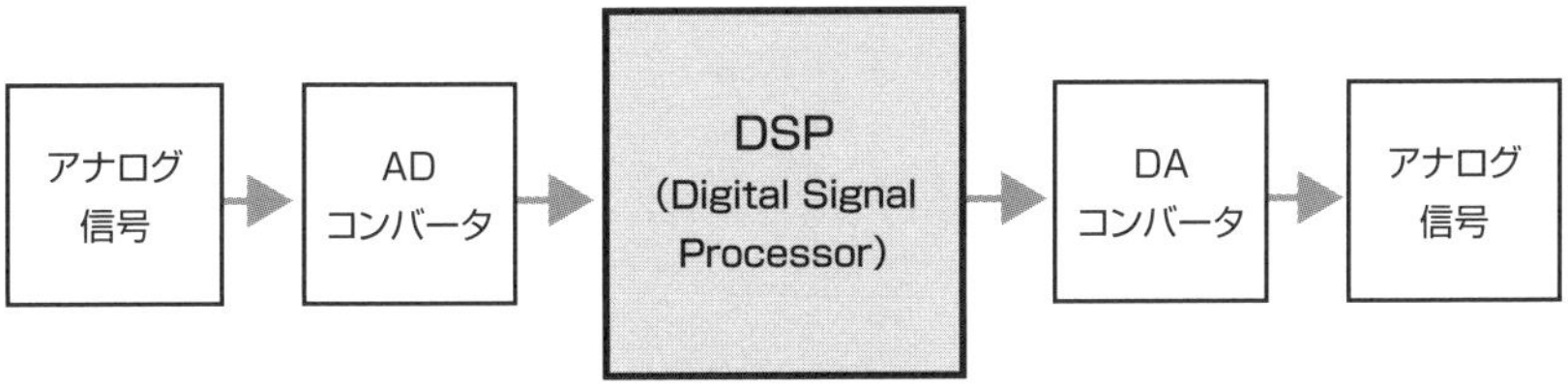

FPGA　Field Programmable Gate Arrayの略で、独自の論理回路の形成が可能な半導体のこと。マイクロプロセッサやASICの設計図を送り込んで、シミュレーションすることが可能である。

Section

4-10 CCDとCMOS

スマートフォンやデジタルカメラには映像用半導体が搭載されています。光を電気信号に変換する方法によって、CCDイメージセンサとCMOSイメージセンサの2種類に分かれます。

■CCDイメージセンサ

映像用半導体は、**フォトダイオード**を利用して、光信号を赤と緑と青の電気信号に変換する半導体素子です。

コピー機のスキャナ部分で利用されるラインセンサ、スマートフォンやデジタルカメラのカメラモジュールで活躍するエリアセンサに配置されており、レンズを通して光画像として読み取っています。

イメージセンサは、集光するためのマイクロレンズ、カラー化するために必要な赤と緑と青の光の3原色カラーフィルタ、受光素子であるフォトダイオード、発生した電気量を出力する回路によって構成されています。

このフォトダイオードとアンプの構成によって、CCDとCMOSの2種類に分けることができます。

CCDイメージセンサの場合は、光を電荷に変換するフォトダイオードとそれを転送するCCD電極を1画素として、画素数分が配置されています。

画像を構成している全受光素子の電荷は、順番に垂直方向へ移動させたあと、水平転送させて外部に出力する「信号転送方式」が利用されています。

フォトダイオードで変換された電荷の正確な反映が可能なため、画質の一定化が図れます。

そのため、デジタルカメラなどの撮像素子として広く利用されていました。

数百万を超える膨大な画素数になっても、電荷を取り出すアンプが1つで済むのが大きな特徴です。

■CMOSイメージセンサ

CMOSイメージセンサは、フォトダイオードとアンプのセットが1画素となります。

それぞれのアンプには5つ以下のトランジスタが内蔵されており、画素ごとに電気信号化することが可能で、読み出し時に発生する電気ノイズを最小限に抑えるという特徴があります。

ただし、画質は各画素のアンプ特性に左右されるため、個々のアンプ回路の性能差によって生じるノイズは、画質低下を招く要因となります。

そこで、ノイズを取り除くノイズキャンセラの搭載が必要です。

アンプやノイズキャンセラなどによって、フォトダイオードが小さくなるため、十分な受光量を確保できない状況では、暗い画像になる可能性もあります。

しかし、CCDイメージセンサと比較して、消費電力が少なく、露光量によっては影響が心配されるスミアやブルーミング*が発生しないという長所があります。

このことから、出荷個数ではCCDイメージセンサに大幅に水をあけていると報告されています。

また、トランジスタ構造を持つCMOSは、システムLSIの機能ブロックとして組み込むことも考えられており、画質の問題が解消されれば、CCDより高い需要が見込めるといわれています。

フォトダイオードで受光するイメージ

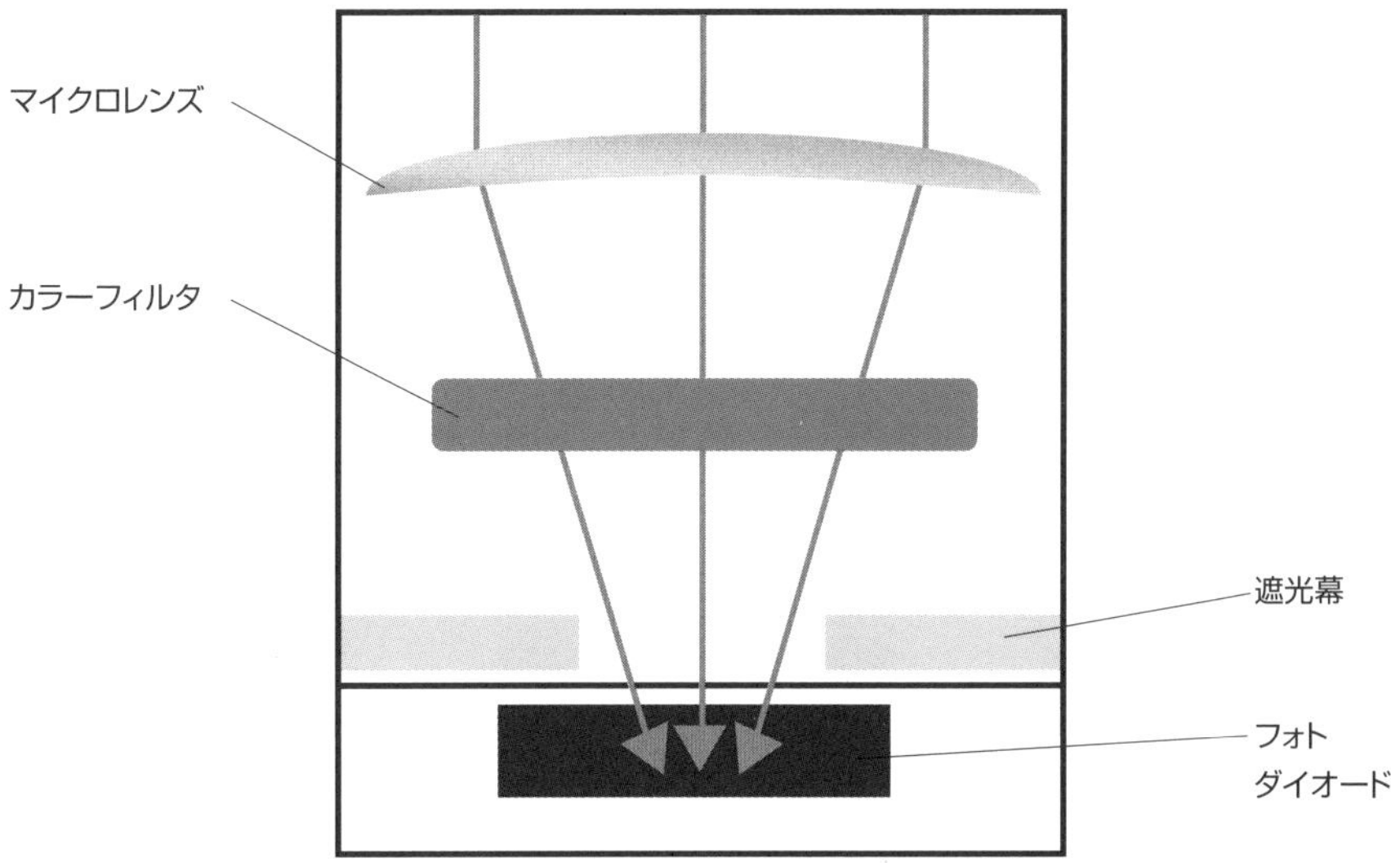

Term **スミアとブルーミング**　いずれもCCDの露光量が多いときに影響が出るため混同されやすいが、原因は異なる。スミアは光がフォトダイオード以外に紛れ込むことで起こるが、ブルーミングは短時間に多量の光を受けたときに発生する。

Section

4-11 化合物半導体とパワー半導体

単一元素で作られ、弱電を制御する半導体とは違い、複数の元素を組み合わせた「化合物半導体」や、電源などの電力を制御する「パワー半導体」にも注目が集まっています。

■複数の元素による化合物半導体

化合物半導体は、材料として2つ以上の元素を組み合わせた半導体です。イオン結合の組み合わせの中で、静電引力が弱くて半導体になるものが選ばれています。構成としては、ガリウムやインジウム、アルミニウムなどの周期律表ⅢB族と、ヒ素やリンのⅤB族の化合物から生成されたＧａＡｓ、ＧａＰ、ＩｎＰが代表例として挙げられます。

また、ⅡB族のカドミウムや亜鉛とⅥB族のセレンやテルルを組み合わせたＺｎＳｅ、ＣｄＴｅなどの組み合わせもあり、それぞれ異なる用途で効果を発揮すると期待されています。

さらに、3つの元素を組み合わせたＩｎＧａＮやＡｌＧａＡｓもあります。

特に、「**カルコパイライト型三元化合物半導体**」は、Ⅱ-Ⅵ族化合物半導体において、Ⅱ属元素を規則的にⅠB属元素とⅢ属元素で置き換えると、Ⅰ-Ⅲ-Ⅵ$_2$族と呼ばれる三元の化合物半導体が得られます。

化合物半導体の大きな特徴は、電子移動速度が**シリコンよりも5倍近くのスピード**になるため、電子回路の高速動作を実現できることです。さらに、シリコン単体では実現できない光を発したり受けたりできることから、発光ダイオードやフォトダイオード、レーザーダイオードなどに利用されています。

高周波を得られることも特徴の1つで、マイクロ波デバイスなどでも活躍しています。磁気特性を持たせることもできるため、ホール素子やＭＲ素子などの磁気センサへの応用もあります。

一方、熱伝導率がシリコンに比べて悪いため、大量の熱が発生する場合には、放熱効果で不利になります。

とはいえ、本体には耐熱性があるため、高温度下での利用に問題はありません。

■電力制御をするパワー半導体

パワー半導体は、高電圧・高電流を扱えることから、電源（電力）の制御・供給を行う半導体で、小さな電力から大きな電力まで幅広く対応できます。

　パワー半導体の主な種類として、スイッチングを行うパワートランジスタやサイリスタ、スイッチングを行わないダイオードがあります。

　パワー半導体には、**直流を交流に変換**、**交流を直流に変換**、**交流の周期を変更**、**直流の電圧を変換**の４つの機能があり、これらの機能によって電力を制御し、供給します。家電のインバータ製品、太陽光や風力発電の電力を効率利用する装置、ハイブリッド車のモータ制御、ＬＥＤなどの照明、といった用途で使用されています。

　さらに、現在主流のシリコン素材よりも電気を通しやすく、電力損失が発生しにくい新素材のＳｉＣ（炭化ケイ素）とＧａＮ（窒化ガリウム）が、**次世代パワー半導体**として有力視されています。

化合物半導体を構成する元素

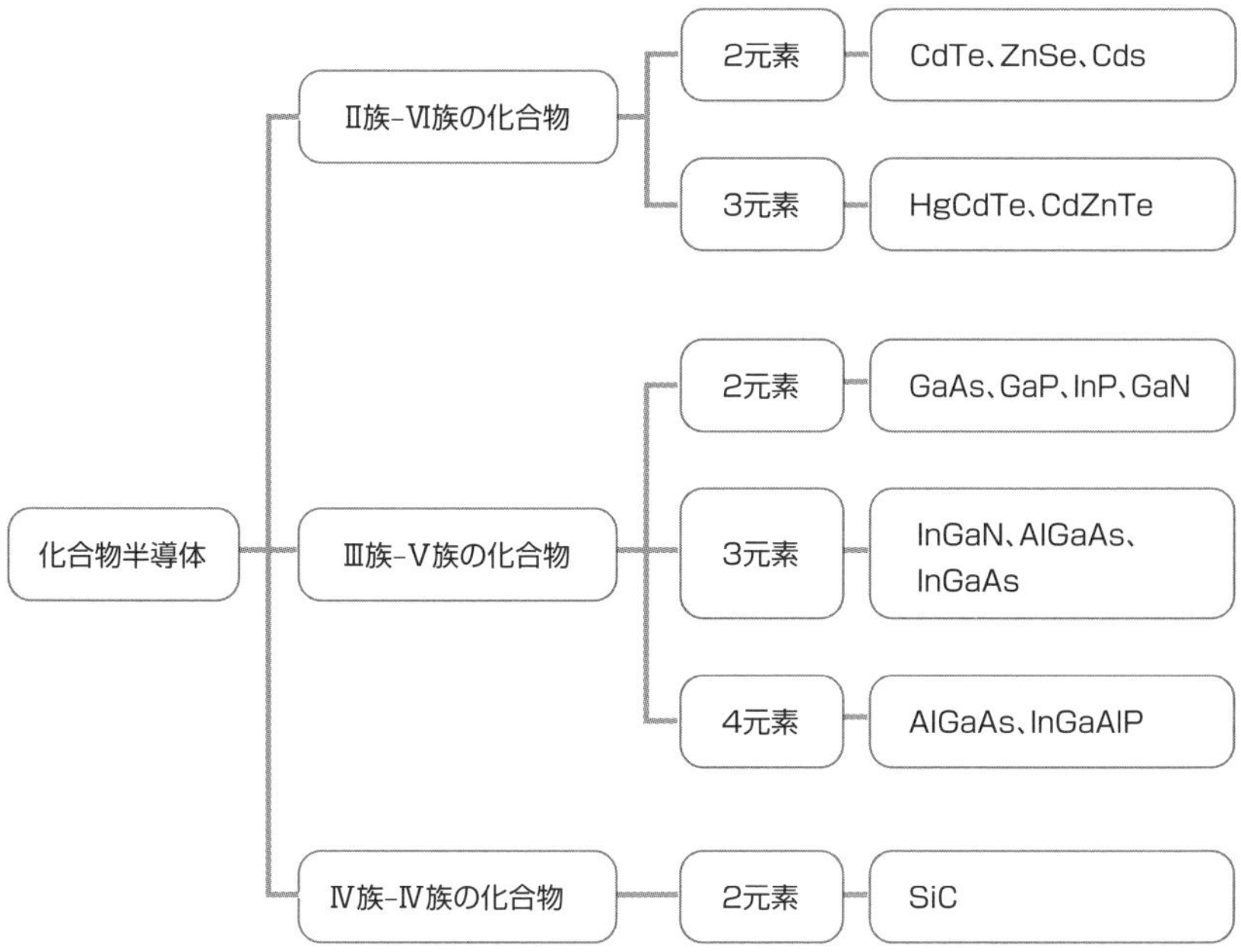

Section

4-12 アナログ技術の重要性

メモリやIC、LSIなど、デジタル信号を処理する半導体だけではなく、アナログ信号に対応する半導体もあります。ここでは、リニアICとミックスドシグナルICを紹介します。

リニアIC

原データの増幅が必要なDVD回路やカメラのセンサ回路、大出力のための電力増幅回路などのアナログ信号の増幅や発振・変調・演算などの処理を行うアナログICの1つである**リニアIC**は、音や光、熱などのアナログ信号を処理する集積回路です。汎用的な機能を持つ**スタンダードリニアIC**と、**特定用途向けアナログIC**があります。

スタンダードリニアICには、アンプやコンパレータ*、AD／DAコンバータ、インタフェース、電圧レギュレータなどの機能があります。

特に、AD／DAコンバータはアナログとデジタルの変換を行うもので、アナログICを構成するうえで重要な部分です。

また、アンプの種類も豊富で、センサから入力された信号を増幅させるオペレーションアンプが代表的です。

そのほかにも、製品部品を駆動させるパワーアンプやドライバアンプ、通信機器で利用される高周波アンプなどがあります。

一方、特定用途向けアナログICの特徴は、アプリケーションを限定することが可能で、要求に応じた様々な機能を実現できることです。

音声のやり取りを行う携帯通信機器をはじめ、自動車や航空機器、産業用ロボット、医療機器などで利用されており、デジタル化が進む現在でも重要な技術です。

ミックスドシグナルIC

ミックスドシグナルICは、電子機器の小型化や製造コストの削減などを実現するために、**アナログICとデジタルICの混載を可能にしたもの**です。

Term **コンパレータ**　回路素子の一種で、2つの入力端子と1つの出力端子を持っている。それぞれの入力端子に電圧を与えてその大きさを比較し、結果に応じて異なる値を出力するように働く。

アナログ・デジタル混載LSIとも呼ばれており、「スタンダードリニアICに分類されるアンプやAD／DAコンバータなどのアナログ回路」と「CPUやメモリなどのデジタル回路」を併せ持つことが可能で、シンプルかつ高性能な半導体を実現します。画像センサやマイクなどによって入力されたアナログ信号をデジタル信号に変換する際、すべての工程を1つのチップに統合できるため、音声・映像関連では必要不可欠になっています。

スマートフォンでは、様々なアクセサリレギュレータや高周波レギュレータ*だけでなく、省電力化を実現するために、各ブロックの電源制御も行うためのミックスドシグナルICが搭載されています。

ミックスドシグナルICの開発・設計では、アナログ部分とデジタル部分を分けて設計し、最終的に統合する方法が採られています。

そのため、統合後にミックスドシミュレーションを行い、アナログ回路とデジタル回路に不具合がないか確認をとる必要があります。デジタル部分の設計においては、統合するためにプロセスを最適化することやアナログ回路にノイズが出るなどの影響がないように配慮することが求められます。

ミックスドシグナルICの適用分野

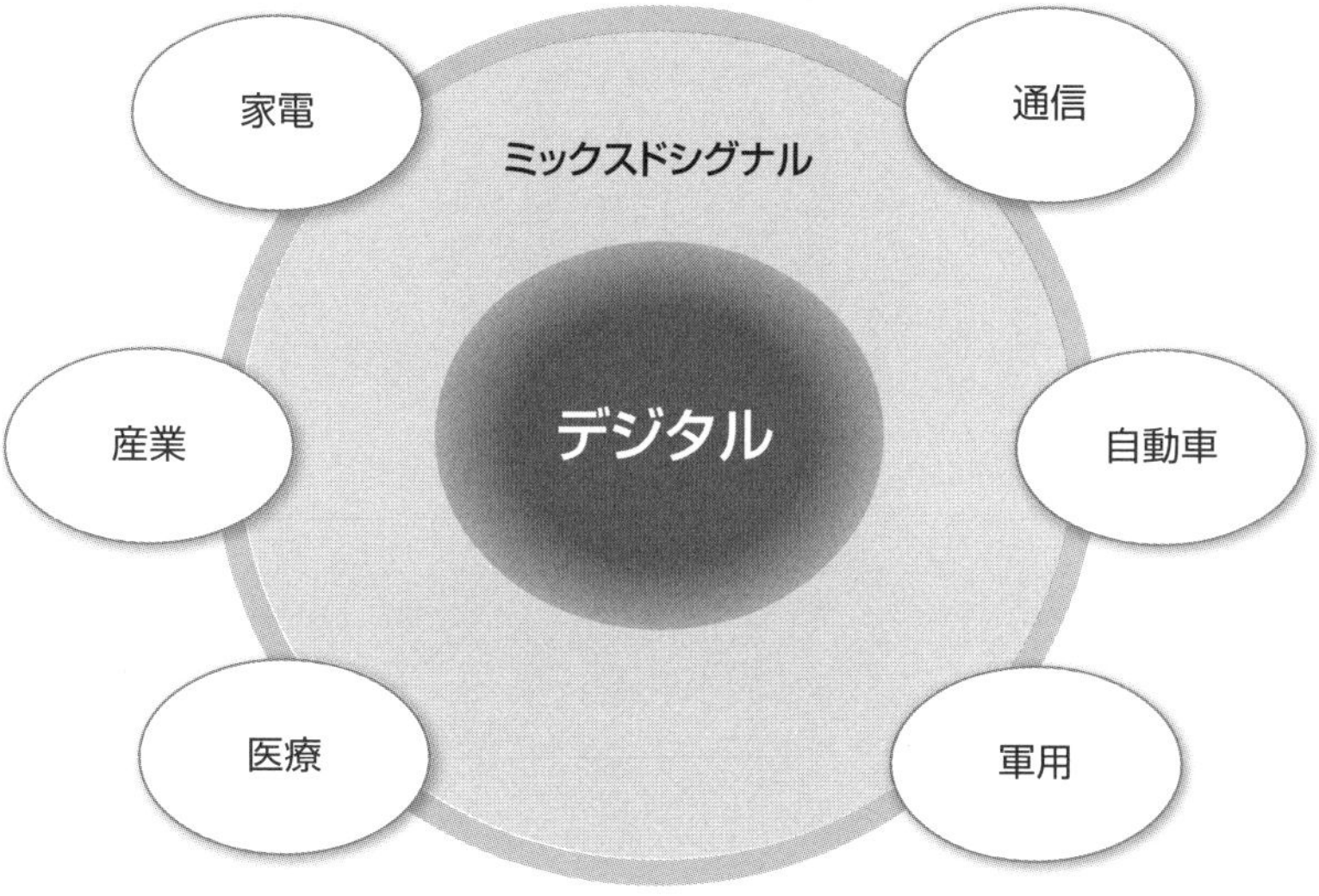

Term **アクセサリレギュレータや高周波レギュレータ**　**レギュレータ**は、出力される電圧や電流、周波数を常に一定に保つように制御する回路のこと。電力負荷などによって、**リニアレギュレータ**と**スイッチングレギュレータ**の2種類がある。

Section

4-13 半導体の製造工程

半導体の製造工程は、前工程と後工程に区分されます。ウエハ上に半導体の回路を作ってウエハ上の半導体デバイスに行うプローブ検査までが前工程、それより後ろが後工程です。

回路形成と配線を行う前工程

半導体工場の設備投資としては、**前工程**の約8割に対して、**後工程**は約2割という比率になっています。

ウエハを加工する前工程（ウエハ処理工程）のプロセスには、300～400工程があるといわれており、前工程全体を**FEOL**（基盤工程）と**BEOL***（配線工程）に大別できます。

使われる装置や材料は多種多彩です。FEOLでは縦型熱処理炉や前洗浄装置などが使われ、BEOLでは金属配線を成膜するCVD装置や、表面を平坦化して多層化における歩留まりを向上させるCMPなどがあります。

MPU*やMCU*のように、ロジックと呼ばれる半導体デバイスは配線層数が多いため、BEOL工程の割合が高くなります。一方、メモリのように配線層数は少ないものの、特殊な構造のトランジスタやコンデンサを形成する必要があるものは、FEOL工程の割合が高くなります。

前工程の半導体製造装置には、数十枚のウエハを一度に処理できる「**バッチ式**」と、1枚ずつ処理する「**枚葉式**」があります。

ウエハ1枚当たりのコストパフォーマンスやスループット*は、大量処理が可能なバッチ式が優れています。一方、最近の傾向である少量多品種生産に対しては、枚葉式の対応性の高さが評価されています。

現在注目されている、多層配線プロセスで使用されるCVDやCMPなどの装置が、いずれも枚葉式装置であることから、枚葉式の比率が増大しているといえます。

コスト競争力が問われる後工程

回路が形成された前工程を受け、後工程（組立工程）で

Term

FEOLとBEOL　前工程の中で、シリコン基板上に回路を作り込む工程を「FEOL（Front End of Line）」、配線を行う工程を「BEOL（Back End of Line）」と呼ぶ。

MPU　Micro Processing Unitの略。コンピュータ内で基本的な演算処理を行う半導体。

は前工程で完成したウエハを1つずつのＩＣに切り分ける**ダイシング**、ＩＣチップをリードフレームにのせる**マウント作業**（ダイボンディング）、そして電極を接続する**ボンディング工程**（ワイヤボンディング工程）があります。

さらに、モールド*などでチップを封入し、最終検査を経て出荷される——といったプロセスを踏みます。

また、組立工程や製品製造の歩留まりに大きな影響を与える**検査工程**、**パッケージング**など、大切な役割を担う工程もあり、コスト競争力が問われます。

特に、テストをより簡単にするため、設計段階からその準備をするケースが増えています。

テスト工程には、サンプル評価と量産テストがあり、量産テストにはチップを選別する前工程のウエハテストと、パッケージ実装後の後工程テストがあります。

このテスト工数の増加とテスト装置のコストの両面から見ると、検査工程への投資効果が収益を左右するともいわれています。

近年は高集積化と高機能化によってテストのための時間が多大になっており、それにつれてテストコストの高騰が製品コストに跳ね返るようになるため、業界としても大きな問題として捉えています。

半導体の製造工程

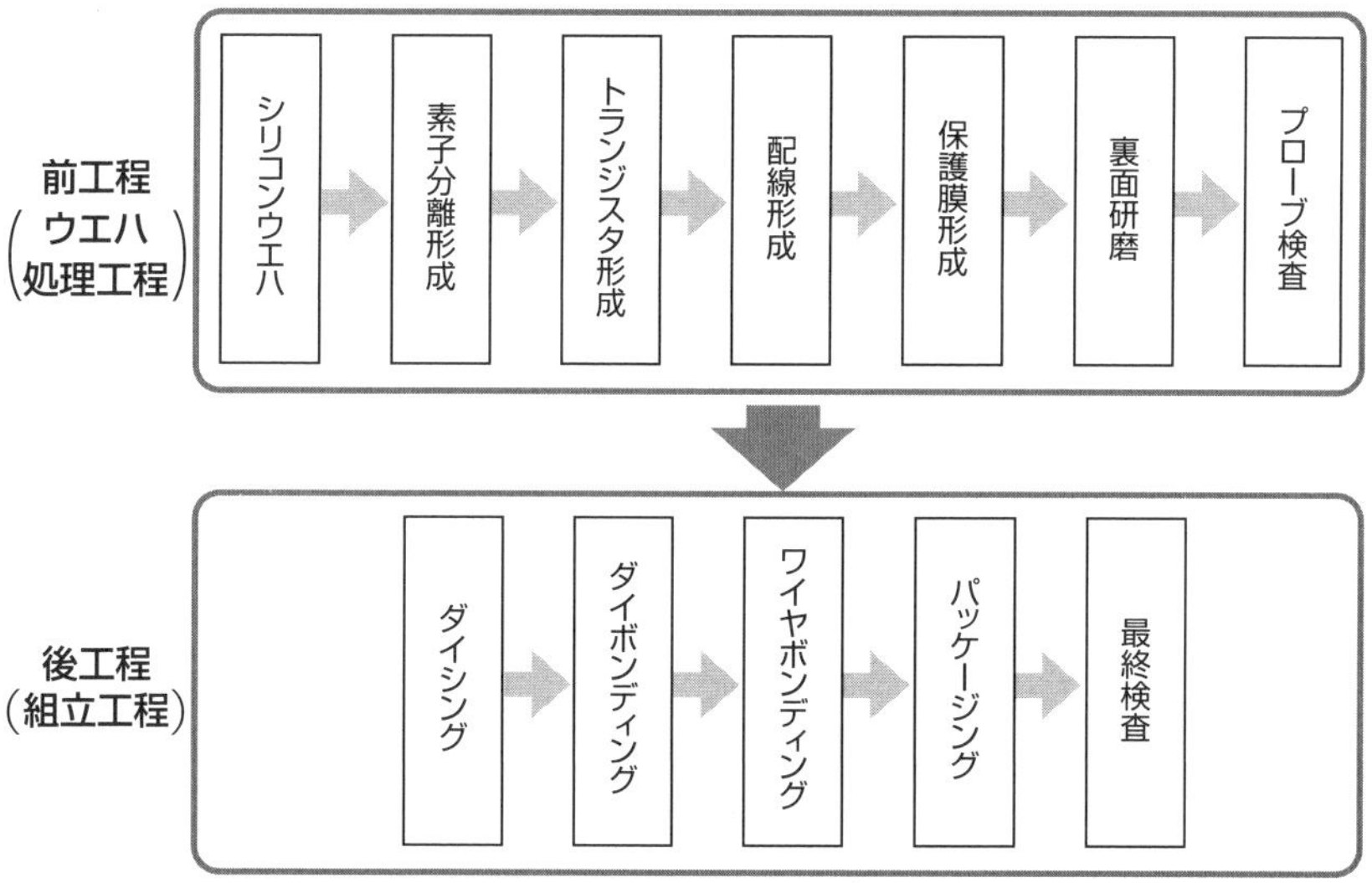

Term

MCU　Micro Control Unitの略で、マイクロコントローラのこと。5-17節参照。

スループット　コンピュータやネットワークが持つ単位時間当たりの処理能力のこと。

モールド　成形物の型のこと。型の素材には金属やプラスチック、木材、石膏などがある。

Section
4-14 薄膜を形成する成膜技術

ウエハの表面に薄膜を形成する技術は、半導体を製造するうえで重要な役割を担っています。ここでは、代表的な成膜技術であるスパッタリングとCVD*について取り上げます。

■スパッタリング技術

スパッタリングは、物理蒸着法（PVD*）の一種で、高い真空度が保たれた密封容器の中にウエハを入れ、グロー放電によって生成したガスイオンを、ターゲットと呼ばれる金属に衝突させて、物理的に薄膜を形成させる方法です。

具体的には、高電圧をかけてイオン化させたアルゴンや窒素などの不活性ガスのプラズマを、金属に衝突させることによって、そのときに飛び出してくる原子をウエハに付着させます。

スパッタリング効率を向上させるための技術も進歩しており、最近では電極の裏側に磁石を設置する**マグネトロンスパッタリング方式**が多用されています。

利用するイオンが持つエネルギーは1KeV程度と小さく、ランダムな入射でウエハに薄膜を形成させるため、深い溝を持つ構造の内部まで効果的にスパッタリングするためには、原子の方向性を制御する装置を使用するケースもあります。

電球のタングステン電極やアルミニウムの金属配線膜の形成など、平坦な表面に薄膜を形成する際に広く利用される技術で、銅配線工程のバリア層やシード層での薄膜形成も実現します。

装置メーカーとしては、世界1位のアメリカ・アプライドマテリアルズをはじめ、オランダのASML、日本の東京エレクトロンなどが参入しています。

■CVD技術

スパッタリング技術とは異なり、化学反応を利用してウエハ上に薄膜を形成させるのが、CVDと呼ばれる成膜技術です。

Term
CVD　Chemical Vapor Depositionの略で、化学的反応を用いた薄膜形成技術のこと。
PVD　Physical Vapor Depositionの略。

成膜手法によって、「**常圧CVD**」「**減圧CVD**」「**プラズマCVD**」などに分類されており、材料となるガスを化学反応させて、雪が積もるように薄膜を形成させます。

膜の形成には、反応させる容器内にウエハを入れ、原料のガスを充填して、熱やプラズマなどのエネルギーを与えるといった方法が採られます。

このときに使用する原料ガスや反応の度合いを変化させることによって、用途に応じた膜を形成させることができます。

従来の成膜には、熱CVDと呼ばれる「常圧CVD」や「減圧CVD」が広く利用されていましたが、現在では200～400℃の温度で短時間に成膜できる「プラズマCVD」が主力となっています。

また、熱処理を利用して酸化皮膜を表面に付着させるCVD技術もあります。これは、酸素や水蒸気などのガスが含まれている高温炉にシリコンウエハを投入し、加熱しながらシリコンの酸化反応を促進させる方法で、500～1000℃の高温を利用します。数分間の工程で均一性と薄膜化を実現できることから、良質な絶縁膜を生成するために利用されています。

素材による半導体の分類

素材による分類	主な素材（元素）
元素半導体（単体元素）	シリコン／ゲルマニウム／セレン／カーボン（炭素）
化合物半導体	ガリウム・ヒ素／ガリウム・リン／ニッケル・アンチモン／インジウム・アンチモン／インジウム・ヒ素
セラミックス半導体	ファインセラミックス
硫化物半導体	硫化カドミウム／硫化鉛／硫化カドミウム・セレン　など
酸化物半導体	酸化亜鉛／酸化鉛／酸化銅／サーミスタ
テルル化合物半導体	テルル化カドミウム／テルル化スズ鉛　など
有機化合物半導体	アントラセン　など

▶炭素

▶スパッタリング

Section
4-15 微細化を支える露光技術

半導体の回路パターンをウエハ上に焼き付けていく露光作業では、フォトリソグラフィ技術が利用されています。半導体の微細化に対応できるリソグラフィ技術とあわせて紹介します。

■フォトリソグラフィ技術

半導体の微細な回路形成を、感光剤（フォトレジスト）および紫外線などによる光放射で実現する技術が、**フォトリソグラフィ**です。

印刷などで利用される写真製版の技術を応用することで、複雑な半導体の回路パターンをウエハ上に転写していきます。

このフォトリソグラフィは、さらに細かい工程に分かれており、「**感光剤およびレジスト***塗付」「**露光**」「**現像**」「エッチング」「**レジスト除去**」の手順で作業が行われます。

「感光剤およびレジスト塗付」では、感光性を持つ樹脂をウエハの表面に塗布し、写真のフィルムに相当する膜をウエハ上に作ります。

写真フィルムのように、この樹脂にも**ネガ型**と**ポジ型**があります。

光が照射された部分が残るタイプが「ネガ型」で、逆になくなってしまうタイプが「ポジ型」になります。

「露光」では、使用される半導体回路のフォトマスクを利用して、パターンを焼き付けていきます。

現在では、縮小投影型露光装置であるステッパを採用することで、投影レンズの縮小率に反比例した転写精度を実現しています。

「現像」では、写真と同様に、露光したレジストを薬液で溶かしていきます。現像によって残ったレジスト部分を**レジストマスク**と呼びます。

このレジストマスクを利用して、露出部分の「エッチング」が行われます。加工処理によって回路形成を行っていき、最後にこのレジストを取り去る「レジスト除去」の工程があり、「フォトレジストを燃やして灰化する」処理方法が採

Term **レジスト**　半導体の製造工程で、イオン注入やエッチングなどの処理を行うときに利用される。被処理物表面の一部を保護する膜のことで、所望する部分のみを加工することを可能にする。

られます。

■微細化を推進するリソグラフィ技術

半導体のゲートの長さが65⬇45⬇32nmと微細になっていくに従って、対応した様々なリソグラフィ技術の開発が進んでいます。

その1つが、「投影レンズとウエハの間を、水などの高い屈折率を持つ液体で満たす」ことによって高解像度を実現する、**液浸（イマージョン）リソグラフィ**という露光技術です。

水は1・44という高い屈折率を持っているため、従来採用していた技術よりも高い解像度を実現できると期待されています。

屈折率1・64の液浸露光用液体を利用すれば、32nmの線幅にまで対応できるといわれています。

さらに、次世代の露光技術として注目されている**ナノインプリント***は、プレス技術とエッチング技術を融合することで、低コストでの量産化を実現します。

アメリカを中心に研究が進められており、半導体に比べて加工に対する制限が少ないMEMSの製造技術として実用化されています。

露光装置の構成

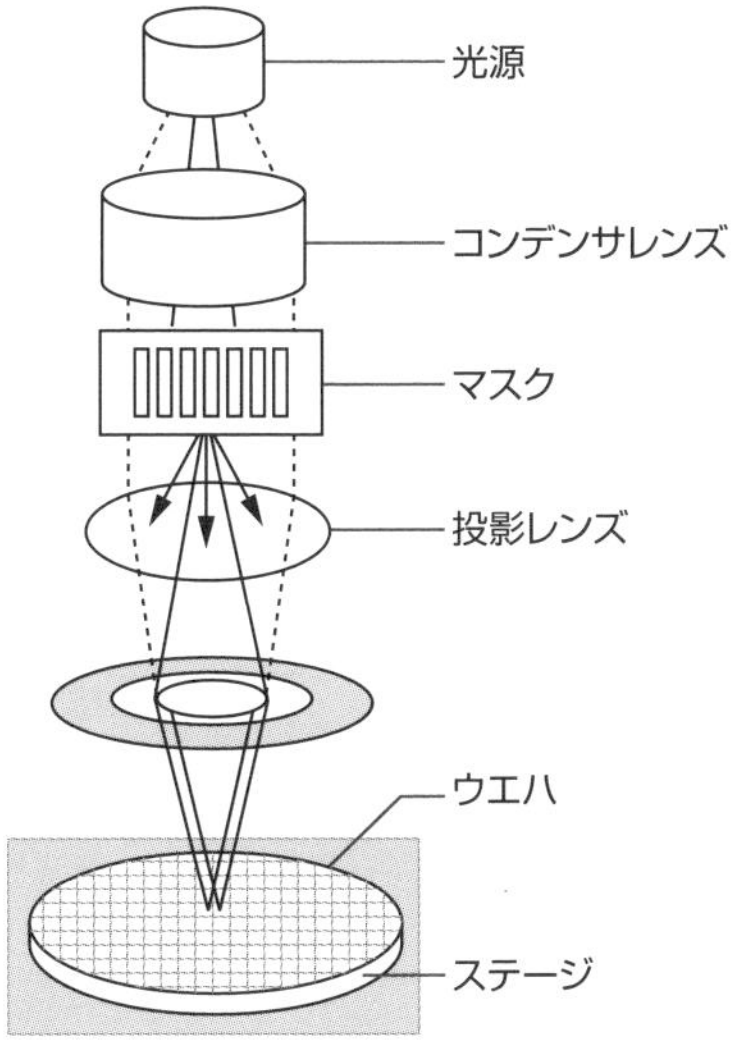

▲ウエハ

Term

ナノインプリント　nm（ナノメートル）オーダーの金型を対象材料に圧着してパターンを転写する方式。リソグラフィ装置に比べ、ローコストで量産化できるというメリットがある。

Section

4-16 ウエハを加工するエッチング技術

リソグラフィで生成されたパターンに沿って、ウエハの加工を行うのがエッチングです。チップとして不要な部分を除去していく技術で、ウェットエッチングとドライエッチングがあります。

■ウェットエッチング

ウェットエッチングは、最も一般的なエッチングの手法です。

硫酸や硝酸、リン酸、フッ酸など、酸性・アルカリ性溶液のエッチング液を使った化学反応によって、形成した薄膜を削り、露出部分を除去して形状加工を行います。

このエッチング工程には、やり残しを防ぐために薬液を攪拌《かくはん》したり、ゴミがつかないように気泡を発生させたりする装置が必要になります。この方式は、ドライエッチングに比べると薬液や装置のコストが低く、同じ薬剤で一度に数十枚のウエハを処理できることもあって、経済性と生産性の高さがメリットです。

また、純粋な化学反応を用いた方法であるため、ウエハに与えるダメージが少ないこともメリットと考えられています。

しかしながら、薬液を使った方法であるため、腐食精度が悪いという問題があります。

エッチングが深くなればなるほど、薄膜上のマスク*材の下部にまで腐食が進む可能性が高くなるため、精度の高い微細加工が困難です。

しかも、あらゆる方向に腐食が進むことでエッチング膜が外側から細くなっていってしまうため、現在のように微細パターンのエッチングが必要な半導体では利用されていません。

この方式は今日では、薄膜を全面的に除去する場合や洗浄工程などで活躍しています。

■ドライエッチング

ウェットエッチングに代わり、現在の主流となっている

Term

マスク　エッチングの際、薄膜の上にのせ、薄膜がパターンどおりにできるようにする材料。樹脂や金属などの材質が使用されている。

方式が**ドライエッチング**です。

エッチング工程の9割以上で利用されており、微細加工に最も適した方式といわれています。後工程で洗浄を必要としない点や、レジストとの選択性が高いこともメリットとして挙げられます。

代表例としては、**反応性イオンエッチング**（RIE*）や**反応性ガスエッチング**があります。

反応性イオンエッチングでは、プラズマ放電を行う電極テーブルが設置された真空容器内にウエハを入れ、ウエハの薄膜材料に合わせたエッチングガスを注入します。そのうえで、電極に高周波電圧を与えてガスをプラズマ化します。プラズマ化されたガスは、プラスの電極に置かれているウエハに衝突していきます。

ガスは垂直方向に加速されて衝突するため、薄膜上のマスクと同一の形状で薄膜のエッチングが行われ、微細加工が実現します。

ただし、ドライエッチングではそのメカニズム上、結晶欠陥や汚染などのダメージ、絶縁破壊、パターンの粗密による速度の相違などが発生しやすいため、こういった問題を解決するための様々な工夫が施されています。

2つのエッチング方式

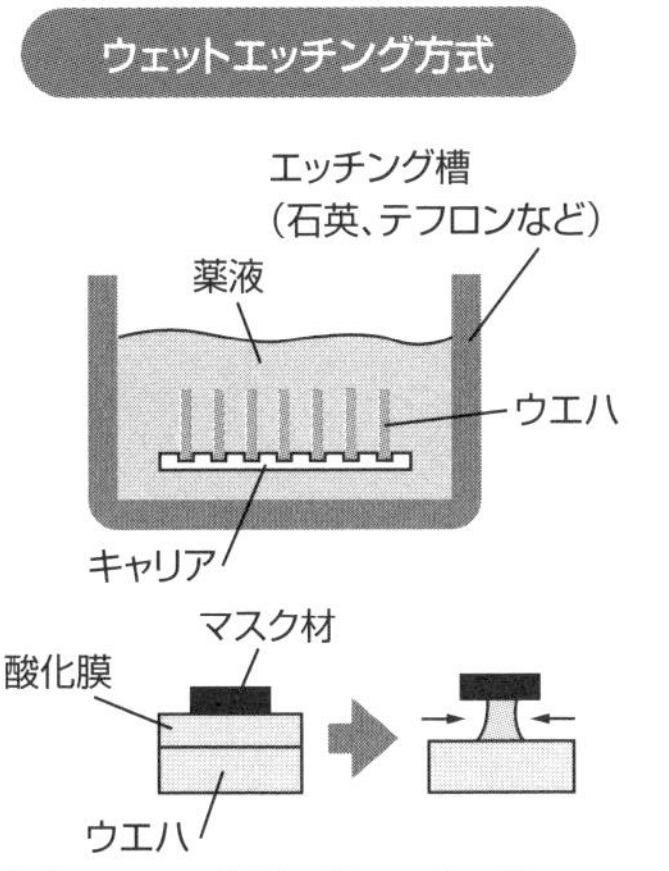

・等方性エッチング（サイドエッチング）
薬液のため、どの方向にも同じように腐食が進む

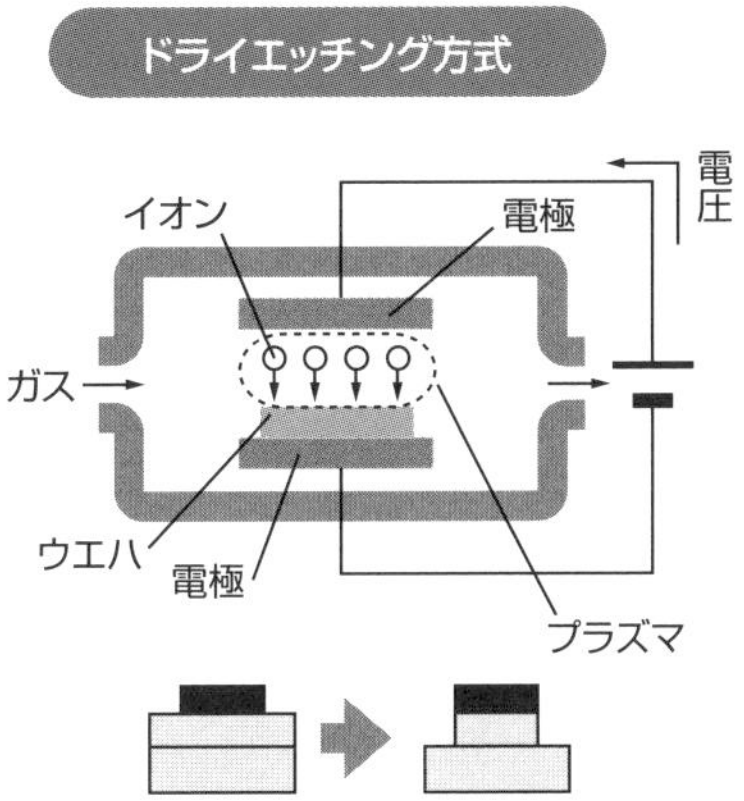

・異方性エッチング
マスク（回路パターン）どおりの腐食が可能

RIE　Reactive Ion Etchingの略。

Section

4-17 不純物を除去する洗浄技術

微細で精密な処理を要求される半導体デバイスの製造では、不純物の粒子や分子を除去するためにウエハの洗浄が行われます。また、半導体の製造は必ずクリーンルームで行われます。

■洗浄技術

洗浄工程は、半導体製造工程の3割以上を占めるといわれています。

ウエハ表面に付着するゴミを除去する洗浄工程では、**パーティクル**＊と呼ばれるゴミだけではなく、金属や有機物の分子も除去の対象になります。

これらの不純物を残したままで作業工程を進めていくと、パターン形状の欠陥やデバイス特性の劣化が発生し、半導体デバイスが本来持つ性能を損なう要因になります。

洗浄方式には、水や薬液を利用する「**ウェット洗浄**」、細部の付着物を除去する「**ドライ洗浄**」などの方法があります。

一般的に使われているのはウェット洗浄で、除去する対象によって薬液を選択します。

粒子洗浄ではAPMと呼ばれるアンモニアと過酸化水素の混合液、有機物や金属ではSPMと呼ばれる硫酸と過酸化水素の混合液が利用されています。

これらの薬液には水も含まれますが、通常の水道水ではなく「**超純水**」が利用されます。

超純水は、水道水などをろ過して電気的な不純物やイオン、微生物を除去することで生成されます。絶縁体であることが特徴です。

ドライ洗浄には機械的な手段が含まれており、超音波や噴流を利用した手法が挙げられます。

洗浄装置も用途に応じて使い分けられるように「**バッチ式洗浄装置**」と「**枚葉式洗浄装置**」の2タイプがあります。

バッチ式洗浄装置では、25～50枚程度のウエハを一度に洗浄できます。一括処理ができるため、生産性の高さが特徴です。その反面、それ以前に洗浄されていたウエハのゴ

Term **パーティクル**　微細な粒子状の異物のこと。ウエハに付着していると欠陥の原因になる。

ミを拾ってしまう可能性があることがデメリットとなっています。

一方、枚葉式洗浄装置は、ウエハを1枚ずつ洗浄処理していくため、ゴミの再付着を回避できます。バッチ式洗浄に比べて生産性の面では劣りますが、細かく制御できることが特徴です。

■クリーンルーム

洗浄工程に限らず、半導体の製造はゴミやほこりをシャットアウトした**クリーンルーム**で行われます。

クリーンルームでは、許容できる塵埃《じんあい》の数を「**クラス**」という単位で示し、作業箇所に応じて最適な環境が設定されます。

さらに、室内の気圧を外部よりやや高めに保持することで空気の侵入を防ぐほか、室内の空気を一定のクリーン度に保つため、HEPAフィルタという特殊なフィルタで空気を常にろ過しています。また、室内の温度や湿度も制御されています。

入室する際は、専用の作業服に着替えることが求められるだけでなく、入り口のエアシャワーなどでゴミやほこりを除去することが必要になります。

半導体の洗浄工程

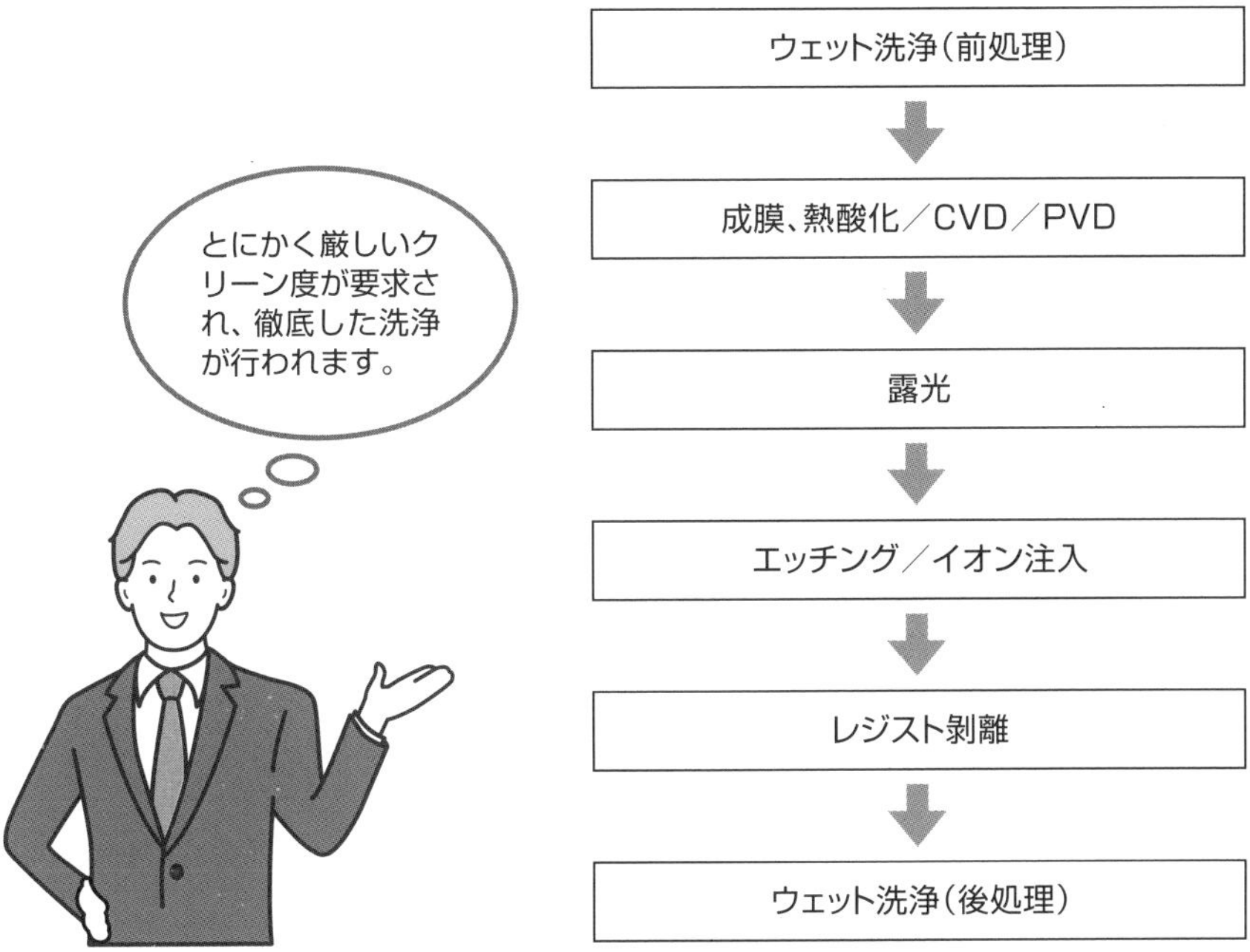

Section

4-18 半導体を切り出すダイシング技術

成膜やリソグラフィ、エッチングなどの工程を経た半導体製造は、ダイシングから後工程または組立工程と呼ばれる段階に入り、半導体を個々のチップに分割する作業を行っていきます。

■チップに分離するダイシング

「ウエハ上に形成されたチップを、個々のチップに切り出していく」作業をダイシング工程と呼びます。

具体的には、シリコン、セラミック、ガラス、樹脂基板などを、超純水をかけながら高速回転させたブレードでチップ（個片）に切り分ける加工です。

ダイシングは「ウエハ貼り付け」「ダイシング」「UV照射」の3つの細かい工程によって行われますが、ダイシングを始める前に、まずウエハの裏面を削り取る**バックグラインディング**（**BG**）が行われます。

これは、半導体の回路形成を行う前工程で、ウエハの厚さが約750㎛となっているために行う作業です。

このとき、形成された回路を保護するためにBGシートを貼り付けて装置にセットします。

このBG工程で、ウエハの厚さを350㎛以上研削してから、次の工程に進みます。

「ウエハ貼り付け」工程では、UVテープと呼ばれる粘着テープ上にウエハの裏面を貼り付けて固定します。

「ダイシング」の工程では、ダイヤモンドの粉を埋め込んだ直径50㎜、厚さ数十㎛のブレード（歯）を持つダイシング・ソー（ダイサ）を利用して、個々のチップに分離していきます。研削時には冷却と洗浄のために側面から水を噴射します。

ブレードの通る箇所には、回路やパターンはなく、ダイシングエリアと呼ばれます。

このエリアでダイシングが行われるため、ブレードの位置合わせに高い精度が求められており、自動パターン認識装置でコントロールするのが一般的です。

個々に切り離されたチップがブレードの研削力によって

飛ばされないように、UVテープの粘着力は強力になっています。しかし、次の工程でチップをピックアップする作業が容易に進むよう、ここで「UV照射」が行われます。UV照射によって、UVテープの持つ粘着力を弱めることが可能になります。

■現在のダイシング技術

ダイシングの方法としては、**「ハーフカット」「セミフルカット」「フルカット」**と、デュアルダイサが必要な**「ステップカット」「ベベルカット」**があります。

現在では、切断時のダメージを軽減するため、「最初にハーフカットを行い、その次にフルカットを行う」という手順が主流となっています。

また、ダイヤモンドブレード以外の方法でウエハを切断する技術もあります。

例えば、レーザーダイサやウォータージェットソー、超音波ブレードなどが用いられます。

特にレーザーダイサは、超純水が不要で粉じんの発生も少ないため、MEMSやLEDなどの分野で注目されています。高価な機械ですが、市場規模が急拡大しており、東京精密やディスコから製品が販売されています。

5種類のダイシング技術

	ハーフカット	セミフルカット	フルカット	ステップカット	ベベルカット
ダイシング方式	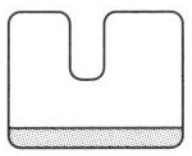	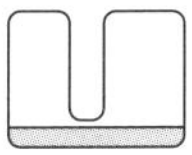	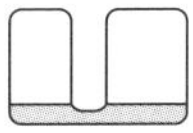	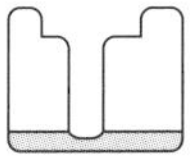	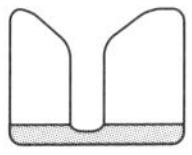
カット速度	100～150mm/s	70～150mm/s	30～50mm/s	100mm/s	100mm/s
ブレード寿命	50～80Kライン	20～50Kライン	10Kライン	—	—
特徴	・ブレーキング工程が必要 ・Si屑飛散により歩留まり低下	・ウエハ裏面にクラック発生	・ブレード寿命低下 ・スループット低下 ・ウエハ裏面にクラック発生 ・Si屑の発生は少ない	・高価なデュアルダイサが必要 ・ウエハ裏面のクラックなし ・フルカットのスループットアップが可能 ・TEG除去が可能	・高価なデュアルダイサが必要 ・ウエハ裏面のクラックなし ・フルカットのスループットアップが可能 ・TEG除去が可能 ・面取りの管理が難しい

Section

4-19 チップを貼り付けるボンディング工程

ダイシングによってウエハから切り出されたチップは、外部との電気的なやり取りを行えるようにするため、マウントからボンディングという組立工程に移っていきます。

■ワイヤボンディング

「切り出されたチップ（ダイ）を、リードフレームのマウントアイランドに貼り付ける」工程を、**マウント**もしくは**ダイボンディング**といいます。

その後、「チップ周辺部のボンディングパッドとリード線をつなぎ、電気的なやり取りを行えるようにする」のが**ボンディング工程**です。

この接続に細い金線もしくはアルミ線を使用するのが「**ワイヤボンディング**」と呼ばれる方式で、パッド同士を超音波で溶接するのが主流になっています。

ワイヤボンディングには、「**ボールボンディング**（Ball bonding）」と、「**ウエッジボンディング**（Wedge bonding）」の2つの方法があります。

接合には所定の温度が必要で、その熱の与え方が異なります。

まず、細い金線の先端を溶かしてボール状にし、それを押しつぶしてボンディングします。これを**ボールボンディング**といいます。

このとき金線を使用するのは、300℃程度まで温度を上げても酸化しないためで、条件が広がることから工程の高速化が可能になります。

リード側の接続に用いられる**ウエッジボンディング**は、ボールを形成せずに、熱、超音波、圧力を使って金線を電極と直接接続する方法です。チップの電極端子と同じ金属のため、接合部が金属接合となって信頼性を確保できるだけではなく、狭ピッチのボンディングも可能にします。

■ワイヤレスボンディング

ワイヤを使わずに、リードとボンディングパッドを直接

Term

TAB　Tape Automated Bondingの略。高分子化合物ポリイミドをベースとして、銅箔（どうはく）のリード線で接続する。インナーリードボンディング（ILB）とアウターリードボンディング（OLB）がある。

多ピン化　ICやLSIで利用される端子が増えていくこと。

つなぐのが「**ワイヤレスボンディング**」方式で、「**フリップチップボンディング**」と「**TAB*ボンディング**」という方法があります。

　フリップチップボンディングでは、チップの表面にはんだや金で小さなバンプ（こぶ）を作っておき、このバンプとリード線を直接圧着します。

　図のように、すべての接合がチップの下側で行われるため、実装スペースを極めて小さくできるといった特徴を持っています。

　また、TABボンディングは、TABテープを使用する方法で、チップまたはTABテープのいずれかにバンプを形作っておいて接着する方法です。

　接合は超音波接合ですが、ワイヤボンディングと同様に接合部が金属結合になるため、高い接合信頼性が得られるというメリットがあります。

　TABボンディングでは、フライングリードと呼ばれる裸の導体を用いますが、最近のTAB製造技術では40μmピッチを下回る精細な加工が可能になっています。

　ボンディングの課題としては微細化が挙げられますが、ワイヤレスボンディングは微細化や多ピン化*の面で有利な方式だと評価されています。

ワイヤボンディングとワイヤレスボンディング

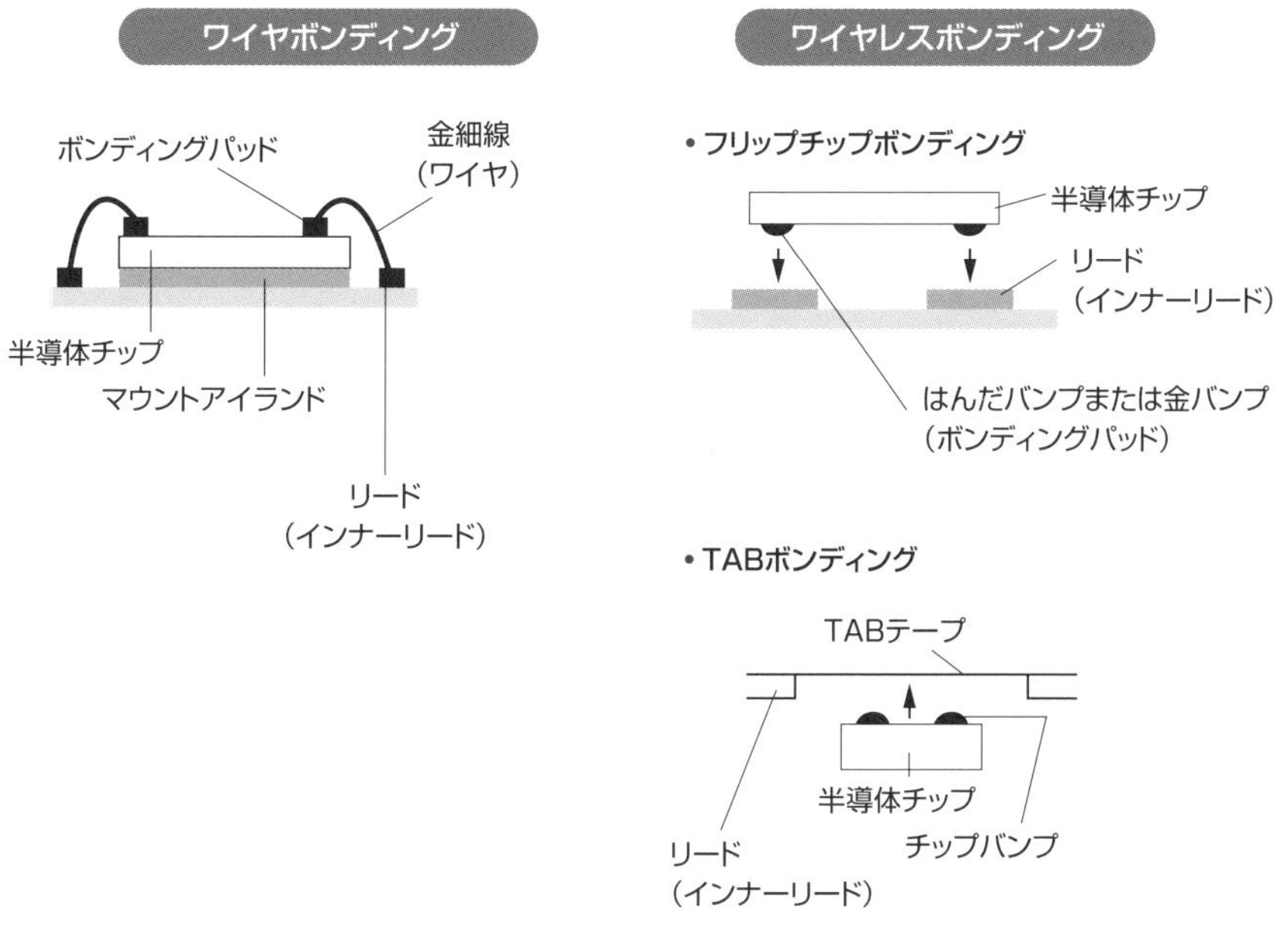

Section
4-20 ベアチップを封止するパッケージ技術

できたてのベアチップ*を、ほこりや水分、圧力などの物理的・化学的な衝撃から守るのが、パッケージング（封止）です。近年は複数のICを搭載する三次元パッケージも実用化されています。

パッケージング素材の変遷

パッケージングには様々なタイプがあり、集積化が高まるとともにそのタイプを変えてきました。

種類としては、「挿入実装用」と「表面実装用」があり、「SIP*」「ZIP*」「DIP*」が代表的です。

パッケージングする素材としては、かつては**エポキシ樹脂***が主流を占めていました。これは、チップをリードフレームごと金型にセットして固める「**トランスファーモールド法**」で使用されていたものです。エポキシ樹脂は安価で扱いやすい反面、水分に対して不安が残りました。

代わって、高い機密性を持ち、水分の侵入を完全に防げる素材として登場したのが、**セラミックパッケージ**です。しかしながら、これも放熱性に劣るという理由から、現在は**プラスチック**が主流となっています。

この変遷には、インテルがMPUのパッケージングをセラミックからプラスチックに全面的に切り替えたことが大きく作用しているといわれます。

また、当初はピン挿入タイプが主流を占めていた半導体パッケージですが、次第に表面実装型に移行しました。

その中でも、パッケージの全側面から接続リードが飛び出しているタイプから、下面全体からピンが出ている**エリアタイプ**へと、その主流が交代しています。

表面実装型のBGAと超小型のCSP

現在のパッケージングで主流となっているのは、端子の配置改革によって実装がすぐにできるといわれる**BGA***と、最終製品の超小型化を実現するパッケージングとして注目される**CSP***です。

BGAは、1990年代にまったく新しい接続構造として

Term
ベアチップ　パッケージに実装されていない、シリコンウエハから切り出されたばかりの半導体チップのこと。
SIP　Single Inline Packageの略。
ZIP　Zigzag Inline Packageの略。

紹介され、一躍主流になったパッケージ方式です。

従来のようにリード線や端子を使うのではなく、パッケージ下面のパッドに小さなボール状のはんだを取り付けたため、端子間隔が飛躍的に広がり、簡単に実装できる方式になっています。

下面にははんだのボールが規則正しく格子状に配置されており、ピッチ間隔も広くとれることから、はんだのショートを回避できます。

また、サブストレート*にTABを使用したTBGAは、はんだボールの数が数百という規模の場合に利用されています。

一方のCSPは、ベアチップとほとんど同じくらいのサイズでパッケージングしたものを指します。

スマートフォンやデジタルカメラをはじめ、超小型化が求められる製品に広く利用される方式で、プリント基板上での大幅なスペース削減を実現しています。

さらに、かつては1つのパッケージに搭載できるICは1つだけでしたが、このCSPの出現によって複数個の搭載が可能になり、**三次元の立体的なパッケージ**を実現できるようになりました。

BGA と CSP

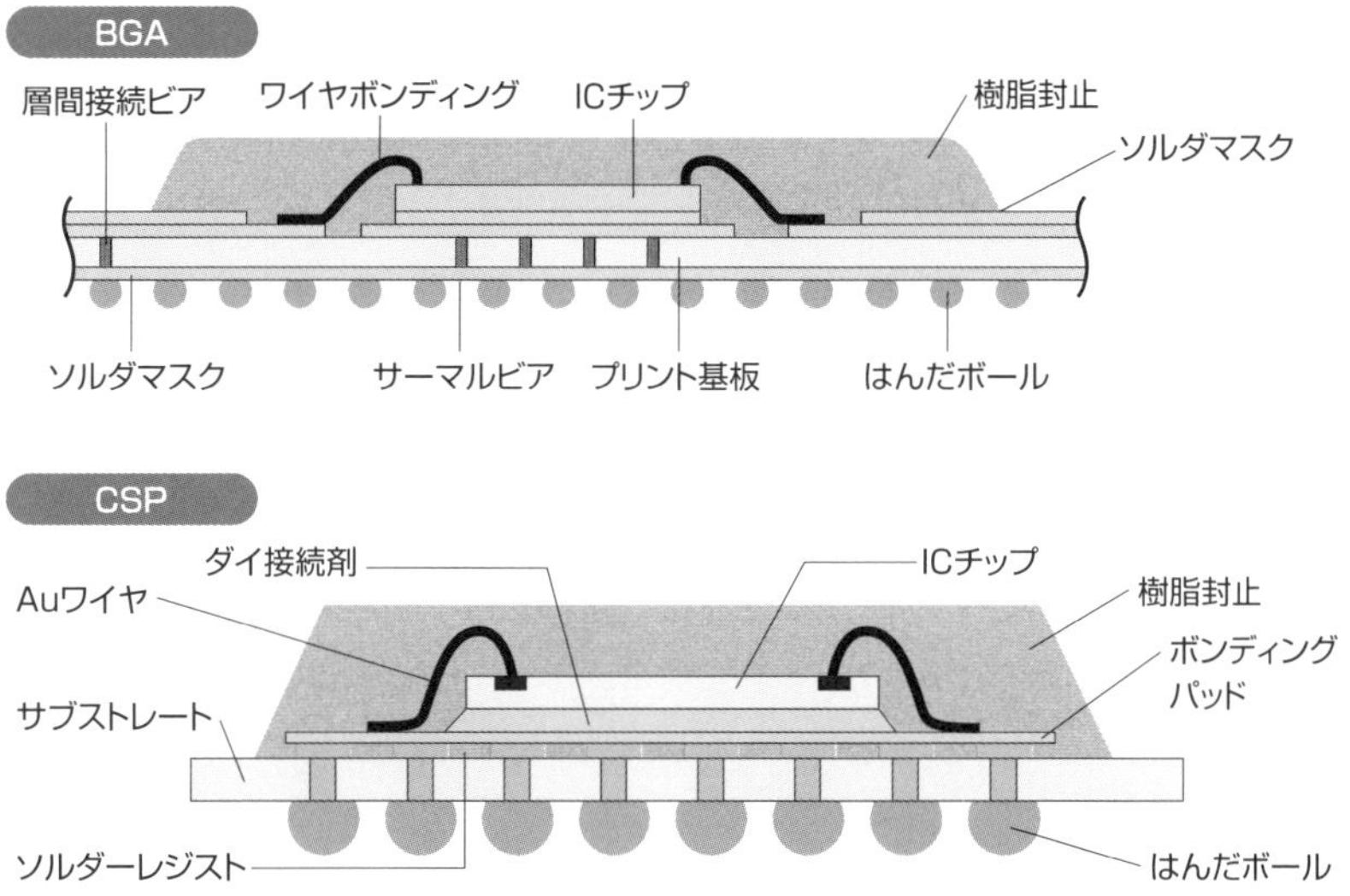

Term

DIP　Dual Inline Packageの略。
エポキシ樹脂　寸法安定性や耐水性、耐薬品性、電気絶縁性において高い性質を持つ樹脂のこと。
BGAとCSP　BGAはBall Grid Arrayの略で、チップの下側全体から端子を出すタイプ。CSPはChip Size Packageの略で、ベアチップとほぼ同じサイズに封止したものを指す。
サブストレート　LSIを作り込む前のシリコンウエハ基板のこと。

Column

知的財産権の戦い

2004年1月30日は、国内の産業界と開発者の両方にとって、衝撃的で画期的な判決が東京地方裁判所で下された日です。

その裁判とは、いわゆる「**青色LED訴訟**」です。記憶している方も多いと思いますが、元・日亜化学工業の開発部員であった中村修二氏が、青色LEDを発明した技術への対価を求めて起こした訴訟で、当時は一審で裁判所が認めた対価の604億円という額や企業側に対して出された200億円にものぼる支払い命令など、その金額の大きさに世間の耳目が集まりました。

しかし、この訴訟は金銭的な問題だけではない、多くの大きな問題を抱えていることに気づくべきでしょう。それは、日本の企業や開発者たちが今までに経験したことはありませんが、世界的に見ればごく当たり前のことです。

つまり、「発明などの知的財産権が企業側に帰属するのか、それとも発明者個人に帰属するのか」ということです。

この裁判のあと、特許法が改正されることになりますが、旧法との違いは、「会社側と従業員が協議し策定した発明対価の基準をもとに、発明者から意見を聞いたうえで対価を算出する」といった仕組みになったことです。

以前は、企業の算定ルールが裁判で反映されないため、巨額の対価を裁判所が認めるケースが続出していたことを受けての改正だったわけです。いずれにしても、企業、立法、司法、発明者を含め、日本国内において発明報酬の体制づくりが急務であることと、世界的な視野でそれを考えなければならないことを気づかせたという意味では、意義の大きい訴訟だったといえるのではないでしょうか。

知的財産権に関しては、このような国内問題のほかに、中国などによる特許の違法コピーといった問題も指摘されています。違法な行為を放置せず、徹底して糾弾することは必要です。しかし、それだけで知的財産の保護がなされるとは思えません。

納得はできないものの、厳然たる事実として違法コピーが存在していることを踏まえたうえで、権利保護を国際的見地で考えていく必要がありそうです。

by oomlout

第5章

半導体を使った アプリケーション

現代生活の中で、半導体はあらゆるところに活用されています。この傾向は将来的にも変わることはないと考えられ、今後ますます私たちの生活と切り離すことのできない存在になろうとしています。特に、自動運転車や先進医療など、生活に密着した分野では著しい発展が見られます。

Section
5-1 携帯通信機器

パソコンに次いで半導体を使用しているのが、スマートフォンに代表される携帯通信機器です。進化は飛躍的で、マルチメディア機器としてICT、IoT社会のキーアイテムになっています。

■高機能化による半導体の需要増

30年ほどの間に急激な成長を続けてきたのが、スマートフォンや携帯電話、タブレットPCに代表される携帯電子機器市場です。

その勢いはパソコンの全盛期をしのぐほどで、出荷台数から推定すると、日本国内での普及率は実に90％以上と、国民のほぼすべての人が持っているといっても過言ではないほどの普及率です。

急成長の陰で、半導体技術が果たした役割は極めて大きく、高機能化・高性能化だけでなく、低価格化にも多大な貢献をしています。

さらに、高集積化によって、小型軽量化と多機能化も進んでいます。

スマートフォンにいたっては、本来はパソコンに通話機能をつけたモバイル通信機器だったものが、単なる通信通話装置の域を超える様々な機能を搭載するようになったことで、いまや社会生活をするうえで必要不可欠なアイテムといわれるほどに成長・発展しています。

半導体の搭載量を見ても、パソコンに次ぐ第2位の位置にあり、全半導体の20％を超えるといわれています。

また、スマートフォンなどに搭載されたカメラの高解像度化が進んでいることと、動画撮影が一般化してきたことによる画像・映像データの大容量化に伴って、メモリ需要も増大しています。

移動通信システムが**5G**＊へと進化したことで、従来の20倍もの高速・大容量通信が可能になったといわれており、以前は送受信に時間がかかっていた映像データや大容量のデータも、ストレスなく高速で送受信できることから、利用範囲がさらに広がっていくと考えられます。

Term **5G**　第５世代移動通信システムのことで、「5th Generation」から「5G」と略される。国際電気通信連合（International Telecommunication Union＝ITU）が定める「IMT-2020」の規定を満足する無線通信システム。現在、次の世代である「6G」の研究開発が進められている。

■マルチメディア端末として進化

スマートフォンが携帯電話と大きく違う点は、携帯電話が「電話」にメール機能やカメラ機能を付加したものだったのに対し、スマートフォンは「パソコン」が持っている様々な機能に電話機能を付け加え、モバイル利用に便利な「**マルチメディア端末**」としたことです。

当初のモノクロディスプレイからカラーディスプレイに変わり、搭載されるカメラも、30万画素程度だった解像度が、いまや2億画素を超えるまでに向上し、発売当初の一眼レフ・デジタルカメラよりも数段高い解像度を実現しています。スマートフォンがあればカメラは必要ないと考えているユーザーも多く、デジタルカメラ市場を圧迫しているとさえいわれるほどです。

さらに、音楽プレーヤやリモコン、ゲーム機能、GPS機能はもちろんのこと、インストールできるソフトウェアも多彩になるなど、搭載機能の急速な広がりは目をみはるばかりです。

特に、ホームエレクトロニクスとの連係により、自宅の情報家電を外出先からコントロールする機能を備えたことで、さらなる用途の広がりが期待されています。

5Gの高速通信が実現する社会

出所：ソフトバンク　ビジネスブログより

Section

5-2 産業機器

自動車産業をはじめ、ロケットやロボットなどの高機能化とともに、安全性への取り組みが本格化しています。また、ICチップの低価格化で、トレーサビリティへの応用が考えられます。

■牽引役はやはり自動車産業

景気悪化やパンデミックの打撃をまともに受ける形となってしまった自動車産業ですが、電気自動車（EV）や水素自動車・燃料電池自動車などの登場で、半導体のトップアプリケーション分野としては、まだまだ先々が明るいという見方は捨てきれません。

それというのも、自動車が「走る」という本来の機能だけではなく、それ自体が1つのオフィスにも匹敵する機能を持つようになると予想されているからです。

現在でもカーナビが搭載されていますが、次世代では**自動車のパソコン化**が進み、各座席にディスプレイを装備することにより、Web閲覧やメールはもちろん、通信機能を活用した様々な情報の授受がどの座席からでもできるようになる、といった構想もあります。

また、走行関連の技術でも、ミラーが小型カメラに代わったり、タイヤの空気圧の自動調整機能が搭載されただけではありません。ほかの車との車間距離や左右の障害物との距離を自動測定して衝突を避け、安全に走行するための機能も搭載された、日本発の先進安全自動車（ASV）もすでに実用化されています。

そこでは、衝突被害軽減ブレーキをはじめ、誤発進抑制制御装置、車間距離制御装置、車線逸脱警報装置、後続車のモニタリングシステム、自動切替型前照灯などの機能が搭載されています。

もちろん、これらの機能の先には**自動運転システム**があることはいうまでもありません。

これらすべての機能やシステムを統合した近未来車の実現には、今以上に高機能・高性能化した半導体が必要になり、使用される数量も飛躍的に増大すると期待されます。

Term **パーソナルロボット**　一般的には、生活上のサービスを補助する個人向けロボットのこと。人型ロボットと混同されがちだが、人間の家事・介助等の労働を代行するものであれば、形は問わない。最近では、コミュニケーション目的のロボットも出現している。

■産業機器の高機能化は半導体が実現

半導体は、微細化技術によって、1個のチップで実現できる機能が驚くほど多くなってきました。

このように飛躍的に能力が向上した半導体チップの産業機器への応用として、最も頻繁に取り上げられるのが「**ロボット**」でしょう。現在でも、生産工程において不可欠な要素となっているロボットですが、今後はそれらの高機能化や多機能化、安全性の強化はもちろんのこと、人間と共存できる「パーソナルロボット*」が、今以上に求められる時代になることは確実です。用途としても、家事の手伝いや介護補助のほか、セキュリティや看護、保育など、幅広い分野での利用が考えられています。

次世代のロボットはこのように利用目的が広がるために、現在よりも数段高い能力が要求されます。情報処理能力だけではなく、人間の五感に当たる部分のセンサや、それらの情報をもとにして動作に移すための筋肉や関節の役割を果たすアクチュエータなど、ありとあらゆる部分に半導体が多用されるようになると考えられています。

また、ICチップの低価格化が進むという予測のもと、家畜の**トレーサビリティ***に利用する動きも顕著です。

ロボットのカテゴリ分類

Term

トレーサビリティ　流通において、生産段階から最終消費段階、廃棄段階までの追跡が可能なシステムのこと。2003年に農林水産省が導入した牛肉のトレーサビリティが有名。食品や工業用品だけでなく、血液製剤やワクチンなどの医療品でも利用されている。

Section

5-3 エネルギー

エネルギー分野の中でも、とりわけ再生可能エネルギーに関しては、半導体との関係がほとんどないように思われがちですが、実は半導体チップにとっても新しい市場となっています。

■半導体技術を利用した太陽光発電

再生可能エネルギーを陰で支えている重要な技術が半導体であることは意外と知られていません。

太陽光発電は、半導体の**p－n接合**を利用したもので、太陽光が当たるとリーク電流として電流が流れるという仕組みになっています。

これは、光が当たると電流が流れる半導体「**フォトダイオード**」の機能そのものであり、直流電力が得られます。

半導体のp－n接合のp側がプラス、n側がマイナスになるように電圧を加えると、「順電流」になって電気が流れます。逆に、p側にマイナス、n側にプラスの電圧を加えると、「逆電流」になって電気は流れません。

p－n接合に電圧を加えない状態では、通常は電気が流れませんが、太陽光を当てることで電気が流れるようになります。この仕組みを利用してエネルギー源としているのが、太陽光発電です。

ただし、太陽光発電は直流電力なので、家庭内で使うには交流100Vに変換しなければなりません。しかも、日本国内では使用する地域によって、50Hzか60Hzにする必要もあります。この「直流電力を交流電力に変換する」役割を担う装置として、「インバータ」もしくは「パワーコンディショナ」が必要になります。

太陽光発電が半導体の原理を利用していることから、ソーラーパネルに半導体が使用されているのはもちろんのこと、電力変換装置にも多くの半導体が使われています。

■スマートシティの蓄電システム

太陽光発電や風力発電に代表される**再生可能エネルギー**で得られる電気は、一般家庭で使用する電圧とは異なるため、100Vの商用電源に合わせるためのインバータが必要でした。

しかし、将来的に**スマートシティ**＊構想をベースとした電力の地産地消時代を迎えると、家庭用にも工業用にも蓄電池を使うようになり、100Vの交流電圧をそのまま送電することが可能になります。

この場合、蓄電池への充電制御と電圧変換を行うためのDC-DCコンバータが必要になってきます。このコンバータにも、半導体ICやパワー半導体が多用されるようになります。

スマートシティの先駆的な例では、バッテリベースで電力ネットワークを構成する分散型電力貯蔵システムに、マイクロインバータを使用しています。

ソーラーパネルにマイクロインバータを搭載しておくと、パネルを拡張できます。

さらに、バッテリシステムであるリチウムイオン電池モジュールにもマイクロインバータを搭載しておけば、バッテリの数を増やすことが容易になるだけではなく、電位変換をせずに100Vの商用電源をそのまま使えるというメリットも生まれます。

ソーラーパネルと追加可能なバッテリモジュールを組み合わせたシステム

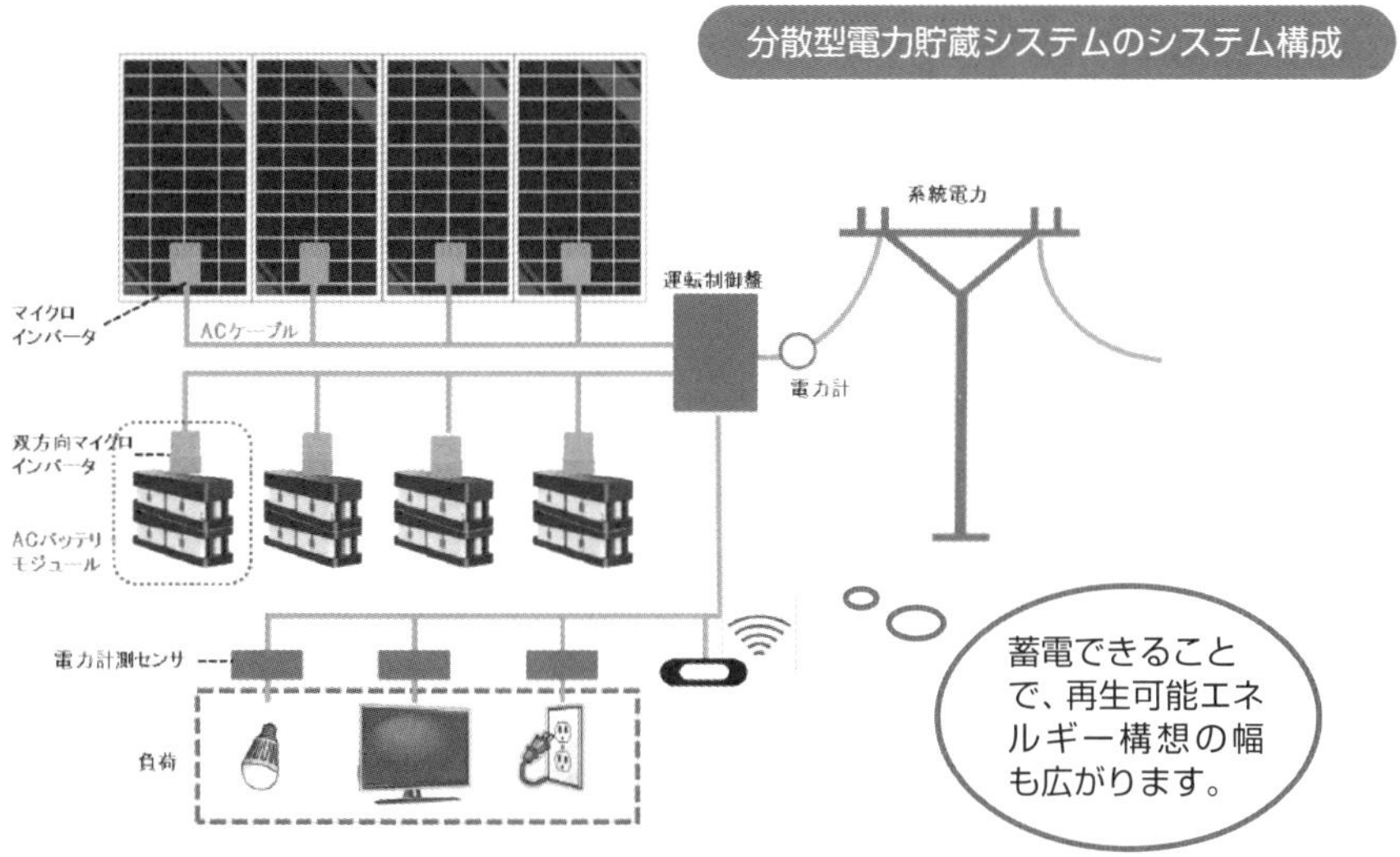

スマートシティ　ICT（情報通信技術）やAI（人工知能）などの先端技術をベースに、消費動向や施設の利用状況などのビッグデータを活用して、エネルギーや交通、行政サービスなどのインフラを効率的に管理・運用する都市の概念。環境に配慮しながら、住民にとって最適な暮らしの実現を図るとされる。

Section

5-4 カーエレクトロニクス

半導体のかたまりといわれている自動車では、安全性と快適性を確保するため、信頼性の高い車載ネットワークが確立されています。ここでは、代表的な車載ネットワークを取り上げます。

■車載ネットワーク―CANとLIN

車に搭載されているほとんどの**ECU***には、通信手段として車載ネットワーク（車載LAN）が搭載されています。

車載LANとしては、情報系LAN、パワートレイン系LAN、ボディ系LANといった形で、転送レートにより複数のLANが使用されています。

CANは、規格が策定された当初は車載系のLANとして開発されたものでしたが、現在ではその信頼性や故障検出機能などが高く評価され、幅広い制御分野で注目されているネットワークです。

CANのアプリケーションとしては、車載用以外にも、産業用ロボットのように外部からのノイズ混入が多いシステムやデータの信頼性が要求される分野において、その特徴を生かして使用され始めており、応用の広がりを見せています。さらに、CANの課題であった通信速度をシステムの高度化に対応させたCAN FDも登場しています。

LINは、車載ネットワークのコストダウンを目的としたシリアル通信プロトコルです。マスター-スレーブ構成で使用される車載用のネットワークであり、マスターはCANに接続されて使用されることがあります。

LINのプロトコルには、SYNC-FIELDという機能があります。この機能によって「マスター側の転送速度がスレーブ側に送信され、その転送速度でスレーブ側がデータを受信する」という仕組みになっています。

LINは、大幅なコスト削減ができるという特性を生かし、単純なコントロールを担当しています。

■世界中から注目されるFlexRay

次世代の安全性に対する要求を満たすためには、データ

Term

ECU　Electronic Control Unitの略。エンジンやブレーキ、通信機器を制御するユニット。

HEVシステム　ハイブリッド電気自動車（HEV）のシステムのこと。HEVはHybrid Electric Vehicleの略。モータとエンジンを状況によって使い分けることで、CO_2排出量削減と低燃費を実現。

量が増加し複雑化する車内の制御システムに対し、より高速で信頼性の高いネットワークが必要です。この要求を満たす次世代の車載用通信プロトコルとして、**FlexRay**が世界中の自動車メーカーから注目されています。

適用分野としては、エンジン、トランスミッションなどのパワートレイン系システムに採用することで、より高度な統合駆動制御を実現します。

また、車外の情報や走行情報をFlexRayによって転送することで、ドライバアシスト制御が可能になり、次世代自動車が求めているアクティブセーフティーシステムが実現できます。

さらに、エンジン、モータ、ジェネレータ、バッテリの各制御装置を協調動作させることで、低燃費・高出力のHEVシステム*が実現できます。

従来は油圧による走行制御でしたが、FlexRayは「ハンドル操作やアクセル操作、ブレーキ操作などの機能について、電気的なアクチュエータやモータを使い、電子制御などによるきめ細かな制御を行うことで、**X-by-Wire*化**が実現できる技術」として注目されています。

X-by-Wireは、次世代自動車において、安全性の向上などを図れるものと位置づけられています。

車載ネットワークの分類

プロコトル	CAN	CAN FD	LIN	FlexRay
アプリケーション	制御系	制御系	ボディ制御、アクチュエーター制御	シャーシ制御
	エンジン、ブレーキ、電動パワステ	EV、エンジン	ドア、エアコン	ステアバイワイヤ
特徴	プロコトルとして主流	CANの高速化	低コスト、簡単なデータ保護(パリティ、チェックサム)	高速通信、高信頼性
最大通信速度	1Mbps	5Mbps	20kbps	10Mbps
送信データ長	8byte	64byte	最大8byte	254byte
ハードウェアインタフェース	差動電圧(2線)	差動電圧(2線)	コンパレータ(1線)	差動電圧(2線、2チャンネル)

Term **X-by-Wire(エックスバイワイヤ)**　油圧などで実現していたハンドル操作やブレーキ操作などを、電気的なアクチュエータやモータ、電子制御などによって実現する技術。メカに比べてきめ細かくコントロールできるので、安全性の向上に貢献すると考えられている。

Section

5-5 自動運転

自動車の車載ネットワークが発達することにより、さらなる安全性の確保が目標とされます。その究極の形は、完全自動運転システムの実現で、近い将来には現実になると考えられています。

安全対策は永遠の課題

自動車は、「安全性と快適性の追求」が大命題になっています。そのため、現在の自動車はほとんどが電子制御されており、車載ネットワークも複雑化が進む一方です。

安全対策は、自動車メーカーの最大で永遠の課題であり、様々な取り組みによってその対応策を模索し、解決に導いている状態です。

安全対策に関しては、「**プリクラッシュセーフティ**」の考え方があります。これは、事故を起こりにくくするのはもちろんのこと、事故が起こったときにも乗員の被害を軽減する、先進の安全技術です。

先行車との距離や位置、速度をミリ波レーダーで測定し、衝突が避けられないと判断したときには、ブレーキ操作と同時にブレーキアシストを作動させて衝突速度を低減させるとともに、シートベルトを巻き取って乗員の拘束性を高める──という一連の動作を瞬時に行います。

また、事故を未然に防ぐため、車に求められる走行性能の向上やドライバをアシストするシステムを徹底させた「**予防安全**」という考え方、そして、事故が発生したときにも乗員が受けるダメージを最小限にとどめるため、衝撃を吸収するボディや強固に保護されたキャビンなど事故発生時の安全対策に配慮した「**衝突安全**」という考え方も広まっています。

これらの安全対策は、かつての「内燃機関としての車」という考え方では達成が困難でしたが、すべての制御や測定、判断などを、車載ネットワークと呼ばれる電子制御システムにしたことで実現されてきました。

さらに、「自動車運転の衝突を回避する制御システム」に関する日本発の国際標準が発行されました。

Term

サブノード的なコントロール　「**ノード**」は制御階層の各項目のことで、最上位を「**ルートノード**」と呼び、それ以外を「**サブノード**」と呼ぶ。CANとLINでは、CANがルートノード的なコントロールになり、LINがルートノードの子ノードに当たるサブノード的コントロールをつかさどることになる。

■次世代自動車の自動運転構想

前述の「プリクラッシュセーフティ」や「予防安全」のための安全走行制御など、セーフティ系での情報の高速伝送が実現されると、次世代自動車による**自動運転システム**も視野に入ってきます。

次世代の車載用LANの構想としては、電子制御化の面ではCANやCAN FDを基幹ネットワークとし、サブノード的なコントロール*はLINが対応して、FlexRayはエンジン制御やABSなどの走行系や距離測定などの安全系をカバーすることになると考えられています。一方、車載1394*やMOST*は、カーナビや音楽再生などの情報系を制御することになります。

このように、一連の制御が電子制御で統一されるようになると、自動車自体が自動的に距離や速度を測定し、安全走行できるようになるため、人手を介さないレベル4やレベル5の完全自動運転も現実味を帯びてきます。

さらに、世界的にも注目されている「空飛ぶクルマ」にも様々な技術や機能が応用されており、路面走行の自動車とは違って三次元的な安全性確保が期待されています。

自動運転のイメージ図

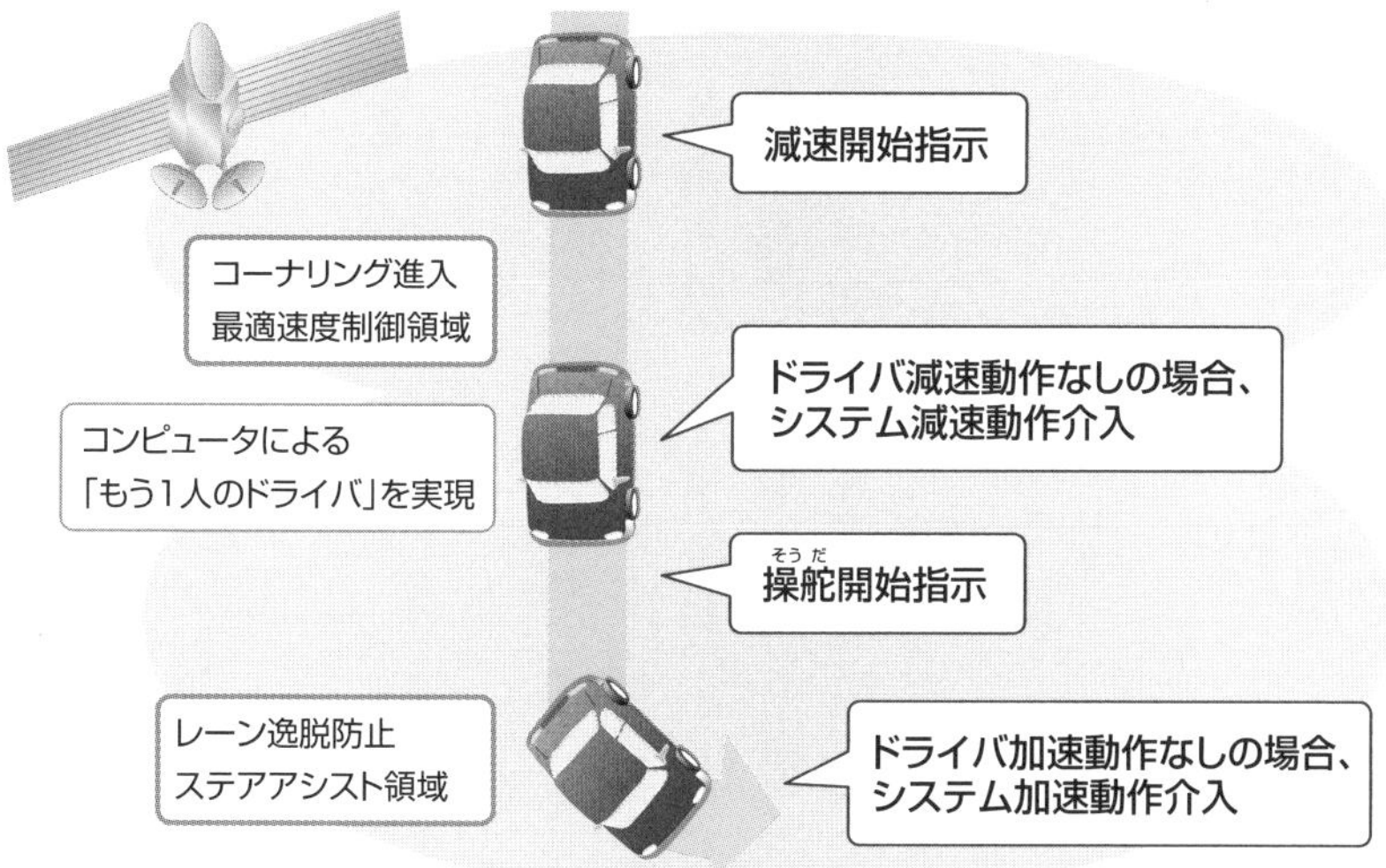

Term

車載1394　車載用のIEEE 1394で、AV機器やコンピュータを接続する高速シリアルバス規格。

MOST　Media Oriented Systems Transportの略。カーナビやITS（Intelligent Transport Systems）のように、インターネットや画像情報を扱う車載LANに使用される情報系通信プロトコル。

Section

5-6 宇宙航空工学

地球の軌道上で活躍している科学衛星は、エレクトロニクスのかたまりといっても差し支えないほどに、半導体（LSI）の果たす役割が極めて大きくなっています。

条件が厳しい宇宙用LSI

日本が官民問わず打ち上げる**科学衛星**に使用される半導体の数は、パソコンに使用される数の10万分の1といわます。

エレクトロニクスのかたまりといわれる科学衛星1基分の半導体は、同じように半導体のかたまりといわれる自動車1台分と比べると圧倒的にその数は多いものの、年に数回程度の打ち上げでは、半導体の総量としては少ないものになってしまいます。

しかし、搭載される半導体に対する信頼性の条件は、自動車や医療に採用されるものの比ではないほどに厳しいといわれています。

特に、放射線に対する耐性には極めて厳しい条件が課されます。起こり得る障害の中心的なものが「**シングル・イベント・アップセット***」で、万が一障害が発生するとLSIに記憶されているデータが書き換わってしまい、誤動作につながります。

人工衛星だけではなく、自動車をはじめ、建設機械あるいは航空機関係では、機械環境や温度環境が厳しいばかりではなく、人命に関わる点からも高信頼性が求められ、その中でも特に高い放射線耐性が強く望まれることになります。

宇宙用の半導体は、「数量は少ないが、要求される仕様は極めて高い」というのが特徴で、この課題をクリアした技術は、その後の民生用をはじめとする様々な分野の半導体に生かされていくことになります。

放射線耐性を強化

宇宙用のLSIを開発するうえで最も重要なことは、仕様を決定するときに、処理速度／消費電力／放射線耐性のトレードオフを考えることだといいます。

Term

シングル・イベント・アップセット　宇宙ロケットのように、高い信頼性が要求される場合、環境放射線がシステム信頼性に与える影響への考慮が不可欠。放射線に起因する信頼性の問題は一般にシングルイベント効果（SEE）と総称され、ソフトエラーであるシングル・イベント・アップセット（SEU）がこれに含まれる。

放射線耐性の強化は、耐性レベルに応じたチップ面積の増大だけではなく、処理速度の低下や消費電力の増大を招くことになり、民生用のLSIの開発にはない難しさがあるといわれています。

最先端技術の粋を結集した人工衛星なら、搭載されるMPU（マイクロプロセッサ）の処理速度も最高速だろう――と考えがちですが、実際には民生用よりも劣っていることもあります。理由は、先述のトレードオフを考慮しつつミッションの要求をクリアする必要があるためです。

科学衛星や惑星探査機に搭載するLSIに要求される性能としては、「三軸姿勢制御を含む自律的な衛星運用機能」や、「膨大な観測データを処理し、可視時間に地上局に転送できる処理速度」、「小型衛星で発生するわずかな電力で賄える消費電力」、「低軌道を周回する宇宙ステーションに要求されるより高い放射線耐性」などがあります。

しかし、そのような高度なLSIは、ほとんどが海外製というのが現状です。前述のように、1基比較では多いものの、年間の使用量は圧倒的に少なく、国内で宇宙用LSIを独自に開発・製造する体制を維持するのは困難であろうと見られています。

マルチ・ジョブラン方式の安価なLSI製造

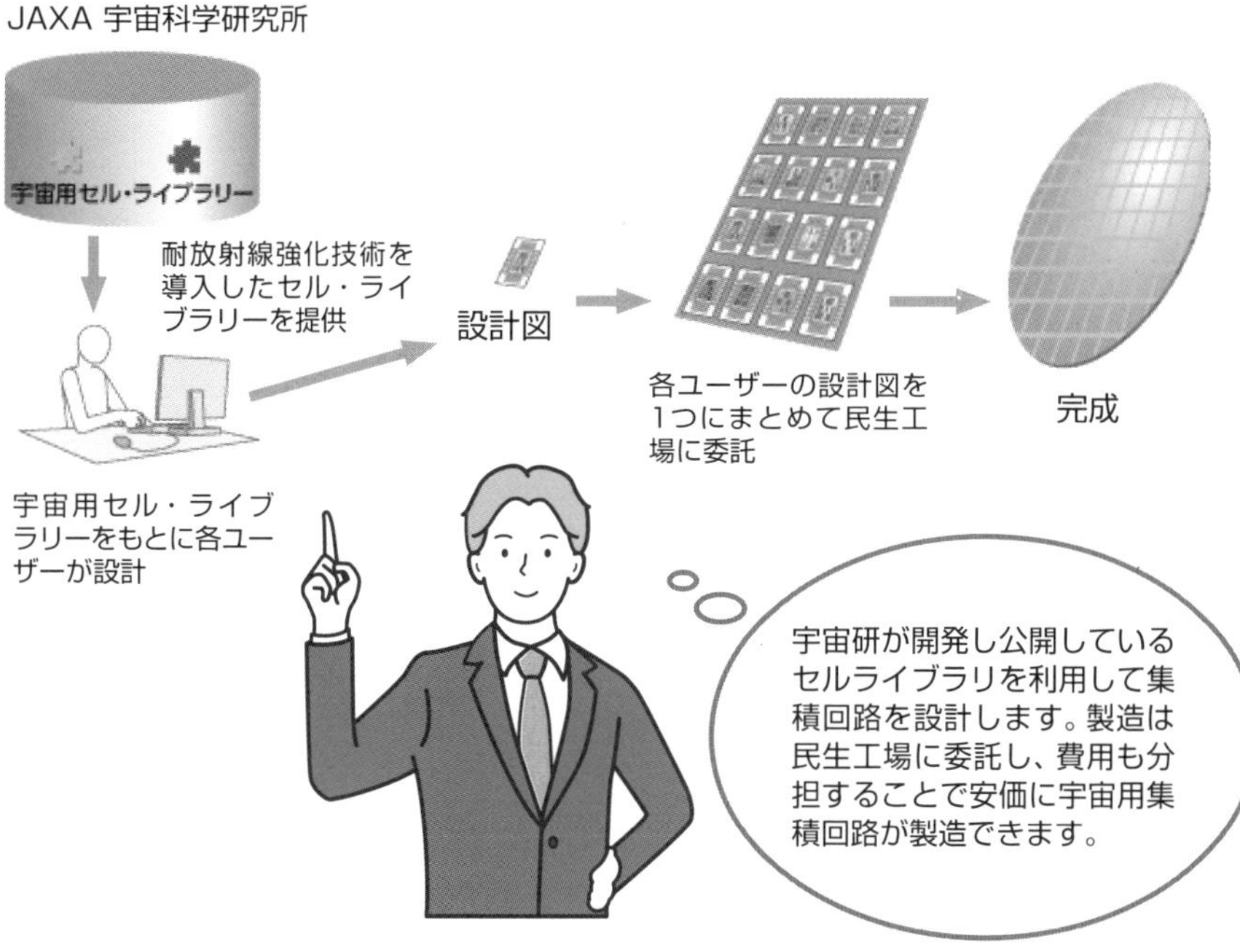
JAXA 宇宙科学研究所
宇宙用セル・ライブラリー
耐放射線強化技術を導入したセル・ライブラリーを提供
設計図
各ユーザーの設計図を1つにまとめて民生工場に委託
完成
宇宙用セル・ライブラリーをもとに各ユーザーが設計
宇宙研が開発し公開しているセルライブラリを利用して集積回路を設計します。製造は民生工場に委託し、費用も分担することで安価に宇宙用集積回路が製造できます。

Section
5-7 パソコン

半導体の技術革新と最も密接に関連しているIT機器はパソコンでしょう。その出現は、産業のみならず日常生活にまで影響を与え、デジタル革命を引き起こしたといわれるほどです。

■パソコンはデジタル革命の旗手

1981年に発売が開始されたIBM PCは、現在のパソコンの基盤となったもので、当時の**デファクトスタンダード**と位置づけられていました。

MPU（マイクロプロセッサ）にはインテルの半導体が採用され、マイクロソフトのOSが搭載されている形は、現在のスタイルとほぼ同一です。

このIBM PCがリリースされた80年代から今日まで、約40年にも及ぶ間に半導体の技術革新を推進してきたのは、パソコン自体はもちろんのこと、その周辺機器や関連製品であるといっても過言ではないでしょう。

半導体の進歩がパソコンの高性能化や高機能化を推進するとともに、低価格化に拍車をかけ、パソコン市場の活況をもたらしたことは周知のとおりです。

最も活況を呈していた時期には、パソコンを中心としたコンピュータ分野で、半導体産業全体の50％以上を占めるほどの勢いでした。

蜜月時代の相乗効果は、半導体とパソコン業界にとどまらず、広く社会現象になるまでに影響力が大きくなり、産業界だけではなく、一般の社会生活や日常生活にまでその影響をもたらしたほどです。

「**デジタル革命***」と呼ばれたのもそのころで、そのインパクトは、われわれのライフスタイルまでも変革するほどに強烈なものでした。

その流れはその後も衰えず、パソコン自体の販売量は減少したものの、デジタル化に端を発し、社会構造を大きく変革するDX（デジタル・トランスフォーメーション）へという、社会の大きなうねりを巻き起こすことにつながります。

Term **デジタル革命**　1990年代に入り、それまでアナログ情報処理であった分野が、次々とデジタル処理に移り変わっていったことを称した言葉。この革命は、デジタルコンピュータの出現と発達、パソコンやインターネットの登場によって準備された。

半導体が低価格パソコンを実現

いまや1人1台になっているパソコンですが、この急激な普及を支えたのは、**技術革新と低価格化を両立**させてきた半導体産業であるといっても過言ではないでしょう。

パソコンの頭脳であるマイクロプロセッサや大量の情報を保存するメモリのDRAMなどは、半導体の急速な進歩により、高性能化および高機能化・大容量化と低価格化という相反する課題を克服していきました。

そして、その結果は決して悪い方向には向かいませんでした。パソコンのあとに台頭してくる携帯電話をはじめとしたデジタル機器は、この恩恵を十二分に享受し、当初から低価格で高機能を実現できることになったのです。近年のICTの急速な進化がもたらす社会へのインパクトにとっても、その効果は絶大です。

その代表ともいえる、パソコンやスマートフォン、タブレット端末、ソーシャルメディア、クラウドなどは、そのめざましい普及によって、ライフスタイルやワークスタイルに大きな変化をもたらし、「誰でも、いつでも、どこでも」の環境を実現しています。

代表的なパソコン用マイクロプロセッサ（インテル Core）の変遷

登場年	製品名	特徴
2010 年	（初代）Core プロセッサ	メモリコントローラがダイレベルで統合、GPU がパッケージレベルで統合
2011 年	第 2 世代 Core プロセッサ	GPU が CPU にダイレベルで統合
2012 年	第 3 世代 Core プロセッサ	第2世代の微細化版
2013 年	第 4 世代 Core プロセッサ	新しい消費電力機能の追加、チップセットを CPU パッケージに統合
2014 年	第 5 世代 Core プロセッサ	第4世代の微細化版
2015 年	第 6 世代 Core プロセッサ	さらなる省電力機能の追加
2016 年	第 7 世代 Core プロセッサ	第6世代の改良版
2017 年	第 8 世代 Core プロセッサ	モバイルに CPU4 コア版を追加。CPU6 コア版を追加
2018 年	第 9 世代 Core プロセッサ	10nm で製造された最初の製品、GPU が Gen10 に。Wi-Fi 機能の統合。CPU8 コア版を追加
2019 年	第 10 世代 Core プロセッサ	GPU を従来の 2 倍の性能を実現する Gen 11 に強化、TB3 コントローラを統合、Wi-Fi 6 に対応。モバイルに CPU6 コア版を追加
2020 年		デスクトップに 10 コア版、パフォーマンスノート PC に 8 コア版の CPU を追加
2021 年	第 11 世代 Core プロセッサ	Tiger Lake マイクロアーキテクチャ (Mobile 向け)（10 nm SuperFin プロセス）
		Rocket Lake マイクロプロセッサ（14 nm++ プロセス）
	第 12 世代 Core プロセッサ	Alder Lake マイクロプロセッサ（Intel 7 プロセス）
2023 年	第 13 世代 Core プロセッサ	Raptor Lake マイクロプロセッサ（Intel 7 プロセス）
2024 年	第 14 世代 Core プロセッサ	Raptor Lake Refresh マイクロプロセッサ

Section
5-8 モバイル機器

通信の高速化は、快適なモバイル環境を生み出しました。オフィスだけでなく、生活とも密接に結び付いたモバイル機器は、社会生活やライフスタイルまでも一変する力を秘めています。

■モバイル環境が快適化

携帯電話／スマートフォンの普及と発展に歩調を合わせるかのように、モバイル環境でも通信速度が第４世代から第5世代へと移行し、大幅に高速化しています。

自宅やオフィスで、**ブロードバンド**が一般的になり、高速通信が当たり前になったことから、モバイルでの通信速度の高速化が求められたとはいえ、技術的な進歩が大きく寄与したことはいうまでもありません。

通信インフラが進化した社会では、様々な技術によって、スマートフォンやノートＰＣ、タブレットＰＣなど各種の多様な**モバイル機器**が接続されることになります。

しかも、それらの機器が高度に接続されることで、個々のモバイル機器が有機的に結び付き、「誰でも、いつでも、どこでも」という接続環境を生み出すことができるようになります。

Ｗｉ－Ｆｉをはじめとするモバイル環境での通信インフラの整備ならびに高性能化・高速化には、半導体技術の進歩が大きく貢献しています。

また、高速通信を実現したモバイル環境を活用することで、留守宅の情報をスマートフォンなどに送信するサービスが利用できるようになり、セキュリティ分野などでのさらなる応用の広がりが期待できます。

ことに、半導体のさらなる進化が実現した**5G**（第5世代移動通信システム）は、デジタル化社会においてモバイル技術の進化を加速度的に推進する力になっています。

モバイル技術の進化は、ほぼ10年ごとに転機を迎えており、２０３０年ごろには次世代の**6G**のサービスが開始されると考えられています。

■Wi-Fiでさらに広がり

かつての無線LANでは保証されていなかった、異なるメーカーの機器間の相互接続を保証したのが、無線LANの規格の1つであるWi-Fiです。

Wi-Fi Allianceによって認定され、Wi-Fiロゴがついた製品であれば、異なるメーカーの機器間でも、アクセスポイントからインターネット接続ができるようになり、利用環境が快適になるだけではなく、その利用の幅も大きく広がることになりました。

それにより、コンピュータ、フィーチャーフォン、スマートフォン、タブレットPCなどの多様な機器が接続できる環境が構築されたことになります。

アクセスポイントでインターネット接続できるホットスポットの拡充により、室内にとどまらず外出先の駅や公共施設、飲食店などでもWi-Fiの利用が可能になり、ビジネスでの利用の幅も広がっています。

なお、Wi-Fi規格では、アクセスポイントなどを経由せずに通信端末同士を直接接続する**P2P**（ワイヤレス・アドホック・ネットワーク）というモードがあり、家電やゲーム機などで活用されています。

モバイル機器の種類と用途

端末の種類	機能	用途	備考
携帯電話（フィーチャーフォン）	電話、メールなど	移動通信システムの代表格。通話機能だけでなく、インターネット接続も可能で、限りなくスマートフォンに近づきつつある。	
スマートフォン	電話機能＋コンピュータ	携帯電話＋コンピュータで、本格的なネットワーク機能やスケジュール管理、情報管理など、多彩な機能を持つ。	携帯電話機能があることから、次世代の主力製品と目されている。
ノートPC	コンピュータ	モバイルコンピューティング用途に適したコンピュータ。通信用のデバイスを装備することで、フィールドでもデスクワークと同等の作業が可能になる。	
Pocket PC	コンピュータ	組み込み機器向けOSのWindows CEをベースに開発されたデバイス。携帯電話機能が搭載されたことで、スマートフォンとほぼ同等の性能を持つ。	小型・軽量・低価格を実現。
タブレットPC	コンピュータ	スマートフォンと同様に、タッチスクリーンを指（またはペン）で操作するコンピュータ。立ったままでも操作できる点がすぐれている。	フィールドワークの多いビジネスマンに向いている。
ネットブック	ネット機能	Web閲覧や電子メール、チャットなど、基本的なインターネット上のサービスを利用できる。	スマートフォンより視認性でも勝っている点が特長。

Section
5-9 医療機器

半導体技術が生活に最も密着しているのは、医療機器でしょう。その技術はカプセル型内視鏡や在宅検査システムなどに生かされ、私たちの健康管理に役立っています。

■体内を探査するカプセル型内視鏡

内視鏡には、主に食道から胃部までを観察する上部内視鏡（胃カメラ）、大腸の診断に使用される下部内視鏡（大腸内視鏡）、そして肺を診断するための気管支鏡などがあります。

しかし、管式の内視鏡では小腸を診察することはできませんでした。

1966年製作のアメリカ映画『ミクロの決死圏』は、医療チームを潜水艦ごとミクロ化し、体内に送り込んで手術するというストーリーでした。半世紀以上を経た今日でもそんなことはさすがに無理ですが、現代の医学には**カプセル型内視鏡***があります。

カプセル型内視鏡は、管式内視鏡の弱点をカバーし、患者にとっても負担の少ない装置として、近年、急速に導入が進んでいます。

人が食事を摂って排泄するまでの全過程をくまなく観察でき、従来は不可能だった小腸の診察もできるようになりました。

さらに、小型カメラに代表されるイメージセンサの高機能化のほか、制御システムや分析センサなどの半導体技術の進展により、カプセルを自走させるだけでなく、外部から自在にコントロールすることも可能になっています。

体内での姿勢制御については、MEMSを応用したアンテナと**ジャイロコンパス**をカプセル内に装備することで、外部からの電波によるコントロールを可能にしています。

また、センサと分析装置を搭載することにより、体内で一定の分析ができるようになるだけではなく、その場での診断とカプセルを利用したある程度の治療も可能にする方法が考えられています。

Term **カプセル型内視鏡**　小型カメラを内蔵したカプセル状の内視鏡。口から飲み込んだカプセルが、食物と同様に消化管を移動しながら、その内部を撮影する。近年、その移動を外部からコントロールできるタイプも出現している。

自宅に居ながらにして健康管理

メタボリックシンドロームが生活習慣病として注目され、メタボ診断が義務づけられるようになっています。

健康ブームは、様々な**家庭用の測定器や診断装置**を生み出しましたが、半導体技術の進展により、日常の測定や診断をホームシステムとして提供できるまでに進化してきました。このシステムを家庭内に設置すると、日常生活を送りながら、体調管理のための各種測定が自動的にできるようになります。

出かけるときと帰宅時には、玄関に設置した体重計で体重を測定するとともに、非接触型の体温計で体温測定も行います。またトイレでも、通常の排泄行為で糖や尿酸値などを測定できるようになります。さらに、血圧や脈拍数、心電図なども測定できるシステムがすでに考案されており、医療施設などから順次、実用化段階に入っています。

測定したデータは、個人認証できるように、RFIDを利用したICタグなどと連係し、サーバ上で管理できるようになるだけでなく、一定時間ごとに自動送信することで、医師の診断を仰ぐことができ、介護設備や老人医療などへの発展も考えられています。

在宅で自動測定できる主な健康管理項目

測定項目	装置の主な設置場所	考えられる測定方法
身長	玄関、居間など	玄関に設置した光学管の遮断等で測定
体重		玄関マット下などに設置した測定器で測定
体脂肪率		体重測定と同時に測定し、各種指数や率を算出
筋肉率		
内臓脂肪率		
BMI 指数		
血圧	居間、寝室、トイレなど	腕時計タイプの手巻き測定器で測定し、データを転送
脈拍		
体温		
血糖値		
尿酸値	トイレ	排泄時に、測定機能付きのトイレで測定
尿タンパク		
潜血		
糖尿値		
歩数	玄関、居間など	玄関では、帰宅と同時に歩数計のデータを転送

Section
5-10 ヘルスケア機器

健康維持・増進や体調管理のための健康管理には、様々な測定器が必要になります。それらの測定機器にも、半導体のセンシング技術が応用されています。

■健康の数値化はセンサのおかげ

血圧・脈拍計や体温計、歩数計や活動量計、体重体組成計、睡眠計などの健康管理機器は、そのほとんどが行動やその時々の状態をセンサによって測定したりカウントして数値化しています。

例えば歩数計の場合、かつては重りの移動をカウントしていたため、手で振っても歩数としてカウントされましたが、現在は半導体素子などを利用した加速度計を組み込み、実際に一定距離を移動しなければカウントされない仕組みになっています。

しかも、歩幅も設定できるため、歩いていないと判断できる範囲の場合にもカウントされないように設計されています。

また、歩幅のほかに、身長や体重、年齢なども設定できるため、歩数から歩いた距離や時間、消費したカロリーなども算出して表示・保存することができます。

保存された1日ごとのデータは、スマートフォンやパソコンなどに自動転送して、自身の個人健康データとして集計・管理することも簡単にできるようになっています。

同様に、他のヘルスケア機器も、測定対象や測定部位に適したセンサを活用して変化や状態を数値化し、表示するとともにデータとして保存できます。

データは歩数計と同様に転送して集計・管理できるので、それぞれのデータをもとに健康状態をグラフ化して管理したり、ヘルスケアの方針を決めるのに役立てることができます。

さらに、高速通信の5G回線を利用すれば、出張・旅行先でのデータ収集や、遠隔医療などのデータ収集にも、これらのシステムが活用できます。

■スマートハウスのヘルスケア

スマートハウス（5－19節参照）におけるヘルスケアでは、毎日の行動に合わせた自動計測が行われます。

例えば体重測定は、洗面所に立った時点で床下センサによって行われ、顔認証によって家族の誰のデータかを特定して、データ保存することになります。

同じように、トイレでの尿検査を自動的に行ったり、体温測定などを行うことも考えられます。

血圧や脈拍、呼吸数などのデータは、室内のアクセスポイントで自動的にデータを吸い上げることができるため、その都度転送する必要もなくなると考えられます。

また、「勤務先や外出先から帰宅したときに、歩数計から歩数や行動量などのデータを自動的に吸い上げる」システムが構築されていれば、1日の健康管理データが自動的に収集・蓄積・集計されることになります。

収集されたデータは、家族やグループの単位で管理されるとともに、食事データもスマート家電から収集・集計されます。そして、取得カロリーや消費カロリーなどのデータから食事の偏りや必要な運動量などのアドバイスが表示され、健康維持の参考にできるようになるでしょう。

総合医療情報システムのイメージ

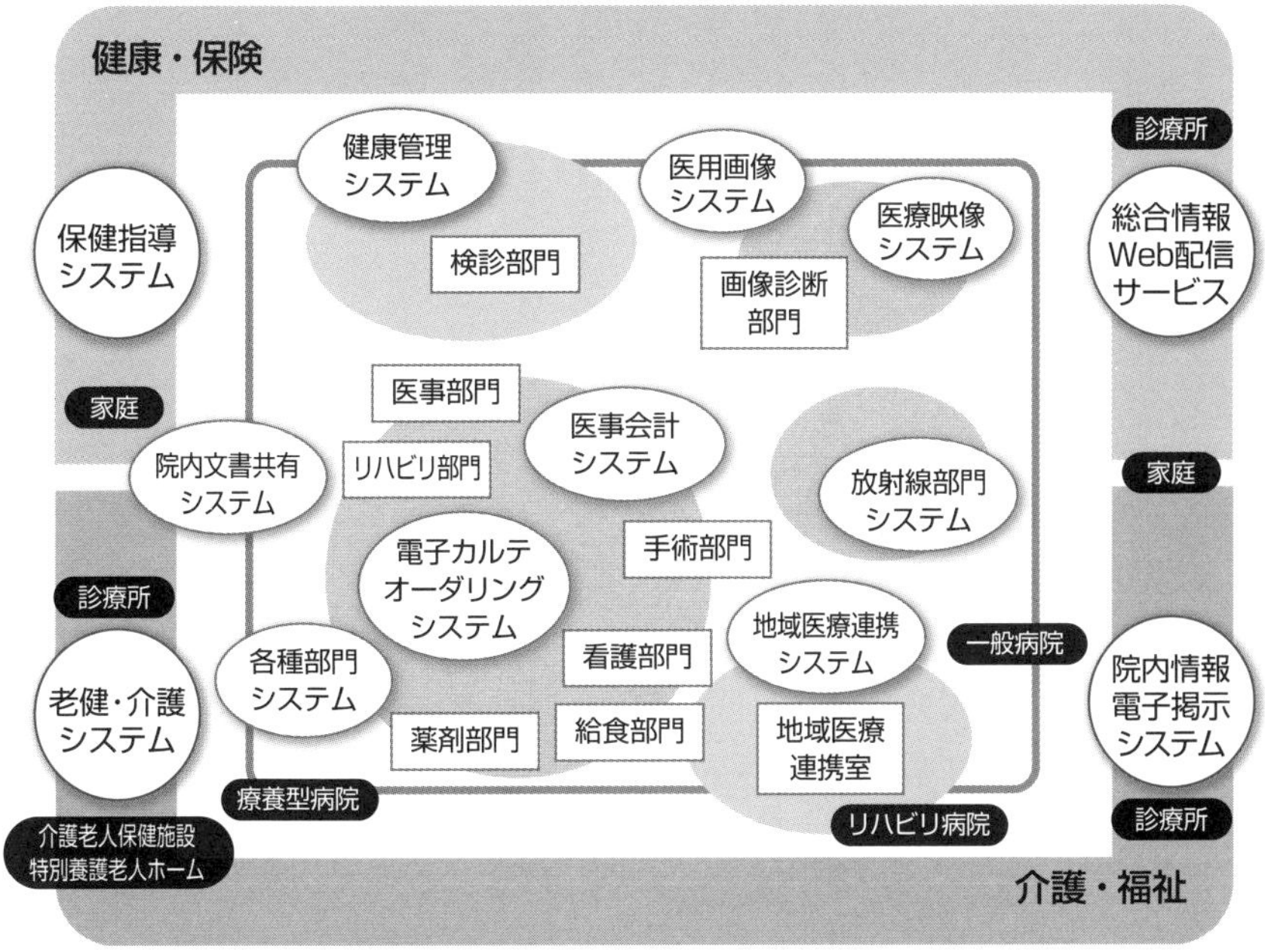

Section

5-11 XR

第5世代移動通信システム（5G）の普及で本格化したのが、VR、AR、MR、SRなど、「XR」と総称される新世代のインタフェースです。

■リアリティ体験を表現するXR

VRは「Virtual Reality」の略で「仮想現実」、**AR**は「Augmented Reality」の略で「拡張現実」、**MR**は「Mixed Reality」の略で「複合現実」、**SR**は「Substitutional Reality」の略で「代替現実」と訳されています。

いずれも**第5世代移動通信システム**＊（**5G**）の普及で本格化した新世代のインタフェースで、これらを総称して「**XR**」といわれます。

「XR」の「X」は未知数を示すもので、「X Reality」という意味合いも含まれているようです。

VR、ARといったそれぞれの技術は、現実世界と仮想世界の融合の度合いが異なるために大きな違いがあるという捉え方がある一方、使用方法や使用目的などからすると、同種の体験を提供するものだという考え方もできます。

例えば、ARのアプリケーションにVRのコンテンツを組み合わせた場合は、どちらの呼び方をすればいいのか、もしくは新しくMRというべきなのか、その境界が難しくなっているという現実もあります。

実際に、このXR技術を導入してデジタル化を進める企業も増えており、実用段階に移行したと考えられます。

実用例としては、VRを活用したデザインレビューや、製造現場を仮想空間上に再現して体験するなどといったものがあります。

さらに、熟練技術者の動きを映像化し、作業者のトレーニングや研修に役立てているケースもあります。

今後、さらに新しい技術が出現すると、新しい体験を適切に表現することが難しくなることもあり、「広範なリアリティ体験」という広い概念をXRという言葉で表現することで、その汎用性の高さを表しているといえるでしょう。

Term

第5世代移動通信システム　送信時最大480Mbps、受信時最大4.2Gbpsで、「高速大容量」「高信頼性・低遅延通信」「多数同時接続」を実現する。高精細映像のライブ配信やXR体験などが可能になるほか、遠隔技術の応用によって「遠隔手術」や「自動運転」の実用化が期待できる。

より現実に近い映像は半導体が実現

VR、AR、MR、SRのいずれをとっても、ヘッドマウントディスプレイ上で映像表現することには変わりありません。

したがって、現実の映像と、コンピュータが作り出した映像とが、時間的にも描画的にもまったくズレのないものでなくては没入感は生まれず、産業用やビジネス活用シーンにおいては危険性すら生じてしまいます。

仮想世界と現実世界を重ね合わせ、融合させるための技術や概念が進化したからこそ、個別の技術ではなくこれらを総称する「XR」が注目されるようになってきたのです。

その新しい世界観を実現するためには、半導体の高性能化や高機能化、高速処理能力など、パフォーマンスの向上が絶対条件ということになります。

さらに、既存の表現に加え、AIなどによって生み出されるバーチャル世界やキャラクターとの自然なコミュニケーションが、次世代移動通信システム5Gによってより身近なものとなろうとしている現在、エンターテインメントから産業分野まで、広い意味での現実体験を変化させていくことになると考えられます。

XRでフィジカルとデジタルを融合

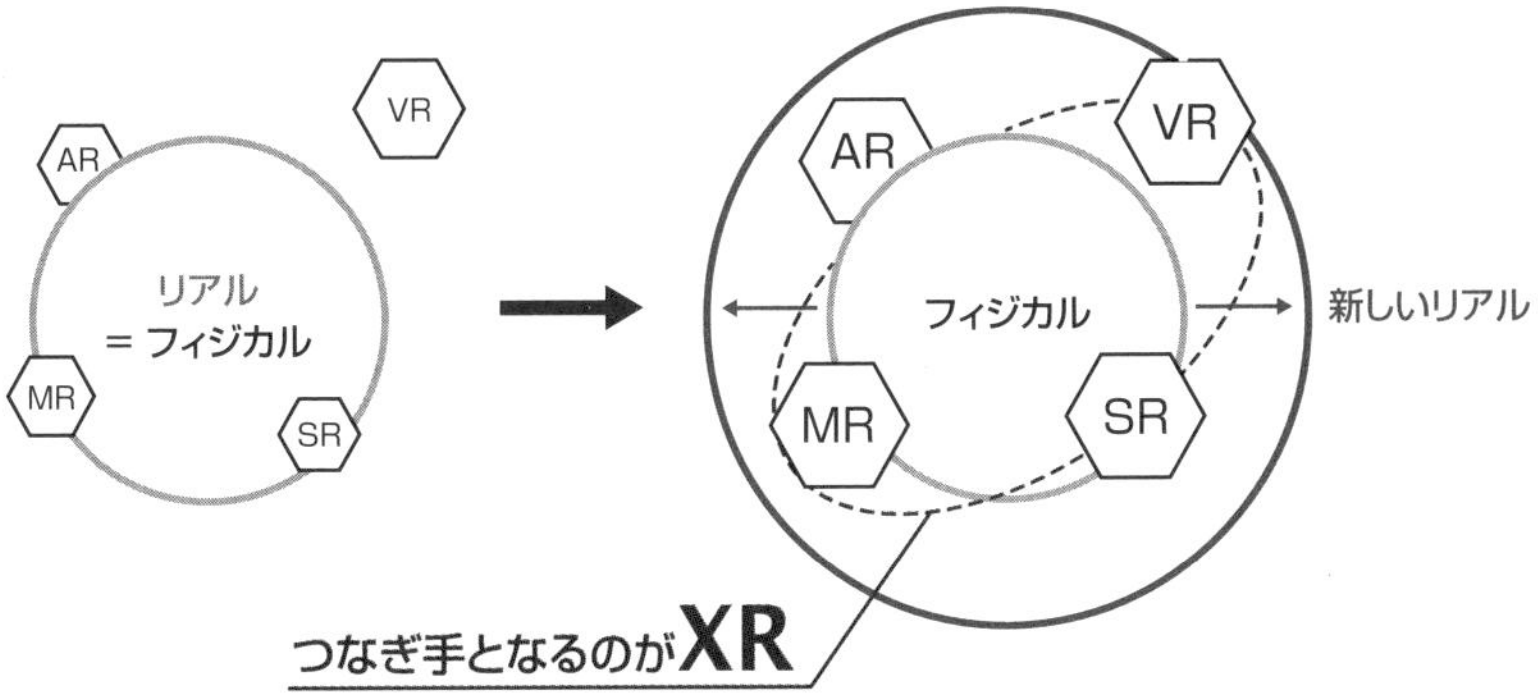

[いままで]
現実（リアル）は、イコール
物理空間（フィジカル）だった

[これから]
フィジカルとデジタルが融合し、
現実という境界が広がり、塗り変わっていく

Section
5-12 ゲーム機

1983年に任天堂がファミコンをリリースしてから、驚くほどの勢いで全世界に広まった日本発のゲーム機。三次元画像とスムーズな動画には、先進のシステムLSIが用いられています。

三次元のスムーズな動画を実現

デジタル家電としてのゲーム機は、単なるゲームマシンではなく、実際にはコンピュータといえるでしょう。

つまり、最近のゲーム機は、「ゲーム専用コンピュータ」といったほうがよいほどに、CPUをはじめとする高機能・高性能な半導体電子部品によって組み上げられた、一種のIT機器と考えられます。

したがって、半導体の技術や製造技術の進歩がゲーム機市場の成長に果たした役割は大きく、**三次元動画**で、現実と見まがうほどなめらかな動作を表現できるのは、半導体チップの高性能化と高集積化がもたらした結果といっても過言ではありません。

特に、日本はゲーム機市場で世界的に優位に立っており、世界シェアも一時は90％を超える勢いを示していました。

出荷台数が増大すれば、必然的に半導体の搭載数量も増加することになり、技術革新と販売数量の両面で、それぞれの業界が成長していきます。その関係を裏づけるように、ゲーム専用のプロセッサやメモリなども開発され、ゲーム機の機能拡充や高速化によるプレー時のストレス解消、高精細画像による大画面対応などを実現しています。

中でも、CPUとGPU＊（＝画像処理装置）を1つのデバイスに収めたAMDのAPU＊は、製品の小型化にも貢献しています。

システムLSIで高速処理を達成

ゲーム機にとって必要不可欠な要素として、なめらかな画面表示やスムーズな結果処理などがあります。

ゲーム機では三次元動画表示が当たり前となっているため、画像表示の高速化が求められます。また、対戦型ゲー

Term
GPU／APU　GPUはGraphics Processing Unitの略。APUはAccelerated Processing Unitの略。
ラムバスDRAM　Rambus社が設計したシンクロナスDRAMの一種。NINTENDO64をはじめとしたゲーム機で使用され、高速転送速度を提供した。

ムのように、ゲームアクションの結果が、ストレスを感じさせない速度でスムーズに表現されなければならないという課題もあります。これらの厳しい要求にはパソコンやテレビなどのデジタル家電をしのぐものがあり、それによって半導体技術が高度化したことも事実です。

これらの要求をすべて満たすにはハイレベルの高速処理の実現が不可避で、複数のLSIチップを集積した「**システムLSI**」が多用されることになります。ゲーム機の頭脳ともいえるCPUにはゲーム専用に開発されたプロセッサが搭載されていますが、ゲームの高次元化によって64ビットから128ビット、そしてそれ以上の性能へと、要求はとどまるところを知りません。また、高速化を実現するDSPや画像処理に最適なメモリとして**ラムバスDRAM***など、最先端の半導体が多数採用されており、これらの機能ブロックを1チップ化したシステムLSIが力を発揮しています。

ゲーム機の変遷

第1世代	1970年代前半～中盤	1972年に、初の家庭用ゲーム機として、アナログ回路の電子ゲーム機能を実現した「オデッセイ」が発売された。
第2世代	1970年代後半～1980年代前半	1976年にフェアチャイルドがROMカートリッジを採用したチャンネルFを発売。マグナボックスも1978年にOdyssey²を発売し、アタリも1977年にAtari 2600を発売した。学研の「テレビボーイ」もこの世代。
第3世代	1980年代前半～中盤	ゲームパソコンが出現。米国のコモドール64、欧州のZX Spectrumが代表格。任天堂の「ファミコン」、セガ、カシオ、バンダイ、トミーなどが参入。
第4世代	1980年代後半～1990年代前半	ROMカートリッジに代わりCD-ROMを媒体に使用した機種が出現。PCエンジン、メガドライブ、スーパーファミコンが代表的な機種。
第5世代	1990年代中盤～後半	大容量の光ディスクが主力になり、音質の向上やムービー再生による演出の幅が広がる。3Dグラフィックス機能が搭載されたゲーム機も出現し、映像表現に広がりが出る。NINTENDO64はこの世代。
第6世代	1990年代末～2000年代初頭	3Dグラフィックスの表現力が向上し、インターネット通信や5.1chサラウンドにも対応し始める。メディアはDVDが主流。ソニーのPlayStation 2や、マイクロソフトのXboxが参入する。
第7世代	2000年代中盤～後半	任天堂がWiiリモコンという体感型のコントローラを搭載し、ハイデフィニションに対応。PS3用のPlayStation MoveやXbox 360用のKinectも発売される。コンテンツのダウンロード販売も行われるようになり、ビデオ·オン·デマンドでXbox 360がスマートテレビのデファクトと目される。
第8世代	2010年代前半～中盤	スマートフォンの普及により、モバイルハードウェア・ソフトウェア技術がゲーム機に転用され始める。新興企業による企画・開発も相次ぐ。
第9世代	2010年代後半～2020年代前半	任天堂がハイブリッドゲーム機としてNintendo Switchを発売。ゲームハードのさらなる高性能化、動画配信サイトの普及によりゲーム実況の人気が高まる。クラウドゲームサービス・プラットフォームも注目を集め、Google、Amazon、Facebook、NVIDIAも参入。

Section

5-13 AV機器

テレビのデジタル放送だけでなく、カメラや音響・映像機器などAV機器のほとんどがデジタル化し、半導体の高性能化とともに、高画質化・高音質化と高性能化・高機能化が進んでいます。

■デジタルで、高画質・高音質

テレビはアナログからデジタルに全面移行し、大画面でも高画質を享受できるようになりました。しかし、大画面になるほど1画素当たりの面積が大きくなるため、画素の粗さが目立ち、画面全体がシャープさに欠けるという課題がありました。

この課題を解決するのが、超高精細が魅力の4Kや8Kのテレビです。

4Kならフルハイビジョンの4倍、8Kなら16倍の画素数を実現しているので、大画面にしたときの画素の粗さという問題を解決できます。

また、音楽プレーヤの高音質を支えているのが、デジタル信号に特化した半導体である**DSP**＊です。

DSPは、デジタル化された音声やオーディオ、映像データなどに対して、フィルタリングや解析・演算を高速に行うプロセッサです。

無線LANやWiMAXのように高い周波数帯域の信号を扱う通信機器、スマートフォンなどのモバイル機器、通信ネットワークの基地局のほか、デジタルカメラの画像処理やサウンドカードの音声処理などにも利用されており、システムLSIにもしばしば搭載されるようになったことでも注目を集めています。

性能向上と低消費電力化によって、AV機器への応用はさらに広がっています。携帯型マルチメディア機器では、オーディオ用として、**MP3**＊以外にも様々なタイプの音声圧縮方式などが提案されており、これらに対応するためにも、プログラム変更だけで利用できるDSPソリューションが多用されています。

Term
DSP Digital Signal Processorの略。
MP3 MPEG Audio Layer-3の略。デジタル音声のための圧縮音声ファイル形式。音声データを、最小限の音質劣化で圧縮できるため、音源をパソコンや携帯音楽プレーヤなどに取り込む際に普及した形式。

半導体レーザーで映像を録画・再生

CDやDVD、BD（ブルーレイディスク）などの装置で、光ディスクの読み出しや書き込みを行う「光学ピックアップ」のパーツが**半導体レーザー**です。

CDやDVDには赤色半導体レーザーを使用しますが、BDには青紫色レーザーを使用します。赤色半導体レーザーの650㎚に比べて青紫色レーザーは405㎚と発振波長が短く、焦点を小さくできるために、BDはDVDと比較して3倍以上の大容量記録が可能です。この半導体レーザーには、複数の元素を利用し、それ自体が発光する特性の「化合物半導体」を使用します。

また、テキサス・インスツルメンツによって開発されたMEMSデバイスの**DMD***は、多数の微小鏡面（マイクロミラー）を平面に配列した表示素子で、このDMDと専用信号処理技術を用いたプロジェクタ方式を**DLP***といいます。電子プレゼンテーションに用いられるデータプロジェクタでは、小型軽量で高輝度・高解像度の製品を実現できるほか、「スター・ウォーズ」シリーズに代表される、デジタル制作による映画の上映にも使用されています。

半導体レーザーの応用製品

カテゴリ	応用製品	備考
映像機器	CD	光ピックアップ
	DVD	
	BD	
	ゲーム機	
事務機器	コピー機	露光部
	レーザープリンタ	
	パソコン用マウス	
通信機器	光ファイバ	
医療機器	歯科用レーザー	
	レーザーメス	
その他	レーザーポインタ	
	測量機器	
	レーザー加工機	

▲レーザープリンタ

Term
DMD　5-15節参照。
DLP　Digital Light Processingの略。

Section
5-14 AI（人工知能）

画像認識や音声認識への活用が期待されているAIは、学習するためのセンサや演算をつかさどるコンピュータの多くが、半導体の高性能化・高機能化に支えられています。

■人の知的能力をコンピュータで実現

AIは「Artificial Intelligence」の略で、「**人工知能**」と訳されます。

私たち人間が、「目」や「耳」から得た情報を脳内で処理し、判断や推測を行っている「知能」といわれる部分を、コンピュータに担わせて、学習や再現をさせるのが、AIと呼ばれる技術です。

AIには、人の力を頼らず自ら考え判断できる「**汎用型AI**」と、顔認証や音声認識など特定の処理を行う「**特化型AI**」がありますが、「汎用型AI」が実用化された例は今のところ報告がないとされています。

「特化型AI」については、前出のほかに、「自動運転車」で採用されているように、車両に搭載されたセンサで前方車両などの情報を取得し、データに変換して人工知能に運転制御の処理をさせるなど、実用化に向けた活用が進んでおり、空飛ぶクルマの飛行制御や安全性確保にもその機能が役立つと期待されています。

AIの学習方法には、「機械学習」と「**深層学習**（**ディープラーニング***）」があります。機械学習は、過去のデータ（いわゆる「経験」）をもとにコンピュータが学習する方法で、判断や推測の精度を自ら向上させていくアルゴリズムです。機械学習は人工知能の中でも特に注目されている分野で、ビジネスでの活用シーンが増えています。

しかし、機械学習ではコンピュータに「特徴量」と呼ばれる学習のヒントを人間が与えなければならず、事前準備が大変でした。そこで、この課題の解決策として登場したのが「深層学習」です。この方法では、脳の働きをモデル化した何層もの「ニューラルネットワーク」によりデータを処理することで、特徴量を自ら検出することができます。

Term **ディープラーニング** 「深層学習」のこと。人工知能を実現する方法の1つ。「機械学習」が、過去のデータである「経験」をもとにコンピュータが学習するのに対して、「深層学習」は、脳の働きをモデル化した何層もの「ニューラルネットワーク」によってデータを処理し、特徴を自ら検出できる。

AI進化のカギを握る半導体

AIというと、人の「目」なり「耳」となるセンサからの大量の情報を、高速で処理する「ソフトウェア」のイメージが強いと思います。

しかし、その演算を根底で支えているのは、「ハードウェア」である「半導体」なのです。言い換えれば、半導体こそが、AIのさらなる進化のカギを握っているといえます。

また、現在のコンピュータシステムよりも格段に高速な処理が可能で、AIの能力を大幅に高められると期待されている**「量子コンピュータ」**にも、半導体による制御が不可欠だといえます。

AIでできる代表的なこととして、「物体認識」「画像認識」「音声認識」「チャットボット*」があります。個々の機能を採用したロボットなども開発されていますが、すべての機能を結び付けることで、さらなる発展が期待される分野でもあります。

2022年11月に一般ユーザー向けに公開された**「チャットGPT」**は、ユーザーが入力した質問内容を理解し、あたかも人間が書いたかのような自然な文章で答えを提供してくれるAIとして注目されています。

AI 主要 8 市場の規模推移および予測（2018 ～ 2024 年度）

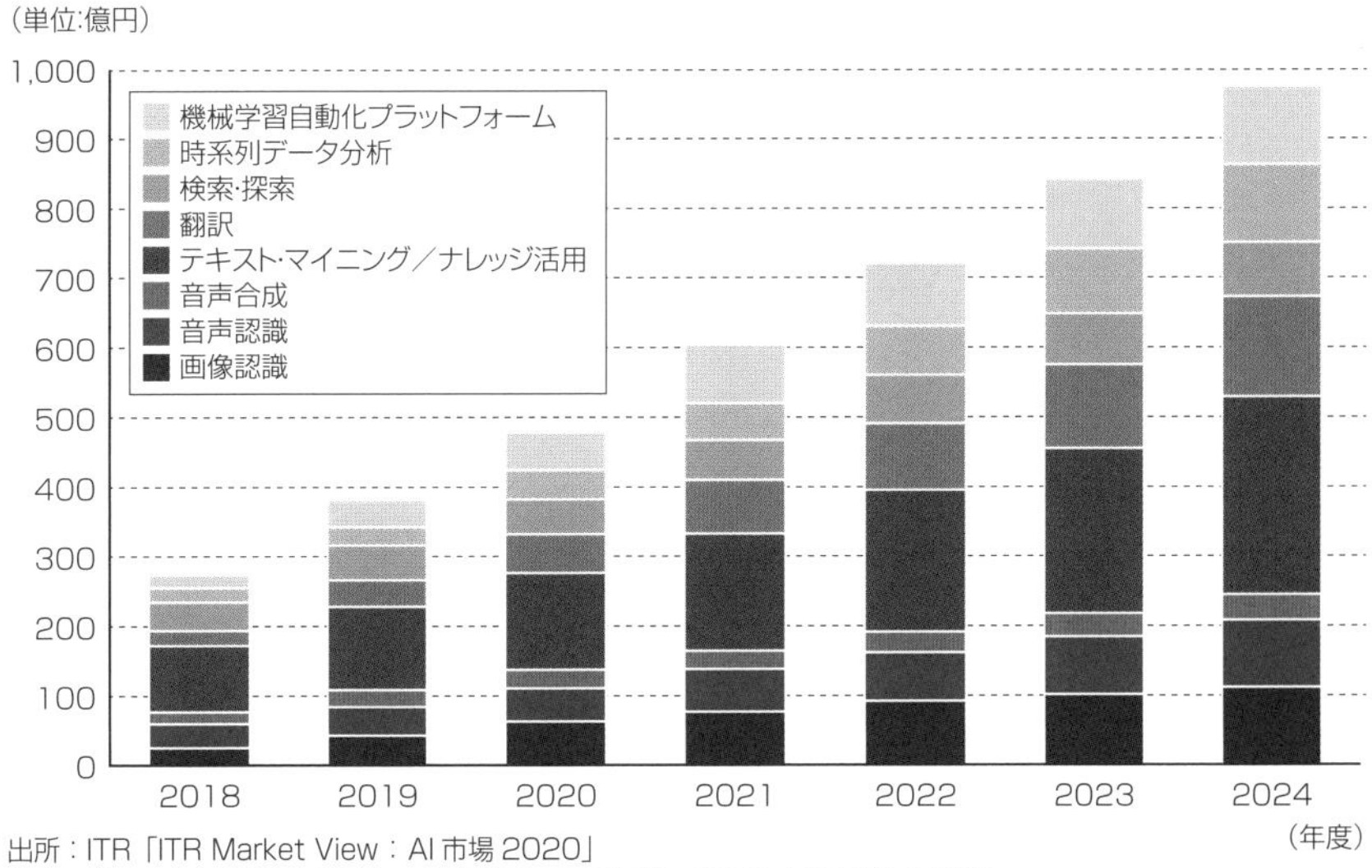

出所：ITR「ITR Market View：AI 市場 2020」
*ベンダーの売上金額を対象とし、3 月期ベースで換算。2020 年度以降は予測値。

Term
チャットボット　人間の質問や依頼に対して人工知能が受け答えして、コミュニケーションをとる技術。会話ロボットが代表的で、対話者からの多種多様な問いかけに対し、蓄積されたデータをもとに人工知能が自然な回答文を生成して対応する。

Section

5-15 MEMS

MEMSは、メカトロニクス技術の究極の微小化を可能にする技術で、センサや医療分野、バイオテクノロジーなどの分野で活用されています。

自動車の安全に寄与するMEMS

MEMSは、Micro Electro Mechanical Systemsの略で、実用化されている例としては、プロジェクタ用光学素子の1つである**DMD**＊や、インクジェットプリンタのヘッドノズルなどがあります。

またMEMS技術は、自動車の横滑り防止システムとして注目されている**ESC**＊などにも応用されています。

ESCは、事故を未然に防ぐことができる予防安全やアクティブセーフティと呼ばれる考え方に基づいたもので、安全な車づくりに欠かせない技術として注目されています。

ESCでは、加速度センサや角速度センサ、圧力センサにMEMS技術を応用し、急なハンドル操作や滑りやすい路面の走行中に、車が横滑りする状況を感知できます。

ヨーロッパやアメリカでは、4・5トン以下の車に対して導入が義務化されており、アジアでも標準化が進むと期待されている市場ですので、その拡大に伴ってMEMS製品の需要も伸びていくと見られています。日本でも、ESC向けの3軸センサを1チップ化し、エンジンルームに搭載できる耐熱性や振動耐性を持たせたセンサの技術を開発しています。

医療現場で利用されるMEMS

医療分野では、微量サンプルの解析や計測を行ったり、小さな構造物を分析するために、微細構造を持たせることが可能なMEMS技術が大きな役割を果たすと期待されています。

その例として、血液中のがん細胞を分別するMEMSチップがあります。がんで死亡する原因の9割はがん転移によるものですが、それは、がん細胞が血液中に入り込んで人

Term **DMD** Digital Micromirror Deviceの略。CMOSプロセスで作られた集積回路上の平面に、MEMS技術を応用して可動式の微小鏡面（マイクロミラー）を多数配列した表示素子のこと。1個のマイクロミラーが表示素子の1画素に相当する。

体の様々な箇所に移動するからです。MEMSチップによって、わずか数mLの血液中から、転移するがん細胞であるCTC*を分離することができます。また、採取した血液に触れずに解析できるという利点もあります。肺がんや乳がん、すい臓がんなどを発生源とするCTCの分離に適用し、50%以上の割合で検出できたというデータも出ています。

同様に、エイズウイルス（HIV：ヒト免疫不全ウイルス）の感染状況を検査するMEMSチップも注目されています。HIVが感染する「CD4+T細胞」の数を10μLの血液から計測することが可能で、従来に比べて簡便な検査を実現します。

また、目標とする患部に薬物を効果的に、しかも集中的に送り込む技術である「**ドラッグ・デリバリーシステム**（**DDS＝薬物輸送システム**）」に、MEMSを活用することも考えられています。

小型カプセルに、電源・体液採取用と薬液投与用の2つのタンク、ポンプ、弁、観察用のレンズとピント調節機構などを備えたもので、診断と治療、投薬を体内で行う「汎用ロボット」という考えです。

医療分野で利用されるMEMS技術

内容	詳細	利点
血液中のがん細胞を分別	新開発のチップを利用すると、わずか数mLの血液中から、がん細胞(CTC*)を分離できる。	採取する血液の分量がわずかで済む。採取した血液をそのまま（一切触れずに）CTCの検出に回せる。
エイズウイルス(HIV)に感染している状況を検査	エイズウイルスに感染している状況をMEMSチップで検査する。	検査に必要な血液の量は極めて少ない。エイズの診断や治療の経過観察などで必須の検査項目とされる「CD4+T細胞」のカウントを、従来に比べて非常に安価で簡便に実行できるようになる。
緑内障の診断を目指す圧力センサ	緑内障の原因の1つに眼圧の異常な高まりがあるが、眼球近辺に圧力センサを直接埋め込み、眼圧を常時測定できるようにする。	抵抗とコンデンサ、コイルによる共振回路で構成された圧力センサで、外部読み取り器のコイルとセンサコイルの誘導結合によってセンサの測定値を読み取る。

Term
ESC　Electronic Stability Controlの略。
CTC　Circulating Tumor Cellsの略。

Section
5-16 セキュリティ機器

防犯・防災に加えて記録や見守りなどにも使用される監視カメラをはじめ、セキュリティ機器は半導体技術の進化とともにその性能を飛躍的に向上させています。

■高解像度を実現した監視カメラ

セキュリティ機器の代表的なアイテムである**監視カメラ**は、その利用目的によって「防犯カメラ」と呼ばれたり「防災カメラ」と呼ばれたりします。

また、その用途も監視目的に限らず、介護センターなどでの「見守りカメラ」や、動物の夜間行動を記録する記録用のほか、観光地などの「今」をリアルタイムで届けるネットワークカメラとしても活用の場が広がっています。

しかも、半導体技術の進化とともに撮像素子であるCCDやCMOSの解像度が飛躍的に向上したことで、初期とは段違いの高画質になり、鮮明な画像として捉えられるようになりました。

結果的に、すべての活用シーンにおいて、画面から得られる情報量が飛躍的に増大し、画像認識の正確さが向上することで、顔認証や行動認証なども高い精度で実現できるようになっています。

カメラの種類も多様化し、暗視カメラや赤外線カメラをはじめ、360度を1台でカバーできるカメラやチルト&ズーム機能付きカメラ、水中カメラ、防爆対応カメラなど多岐にわたっています。

さらに、解像度の向上は画像解析技術の発達にも寄与し、防犯目的にとどまらず、様々な活用シーンで的確な情報提供を実現しています。

その一例として、顔認証技術を活用した**ウォークスルー入場**があります。事前に登録した顔写真をもとに、イベントなどへの入場口で「顔パス入場」を実現しています。

■センサ技術で守るセキュリティ

カメラと並ぶ主要なセキュリティ機器に「**センシング機**

器」があります。一般的なものでは赤外線センサなどが有名です。

防犯対策の分野では「**人感センサ**」が注目されていますが、ここにも半導体技術が生かされています。

例えば、人の体温を感知する温度センサは、室温との微妙な温度変化を捉えることで不正な入室を感知するのに役立ちますが、別の用途として、室内における人の過密度合に応じたエアコンの温度・風量コントロール用のセンサとしても用いられています。

また、床の微妙なひずみを感知するセンサでも人の入室を感知することができ、その変化を解析することで入室者の行動や現在居る位置を特定することもできます。

この技術も別の応用として、洗面所の床や玄関などの出入り口に設置しておけば、いつでもまったく意識することなく自動的に体重測定できるシステムとして活用できることになります。

このように、セキュリティ機器はセンサの技術によって様々な角度から監視・察知して安全性を高めますが、その同じ技術を別の分野で活用することで、私たちの生活に密着したスマートホームの一部にも適用できるものとして注目されます。

住居へのセキュリティ機器の設置例

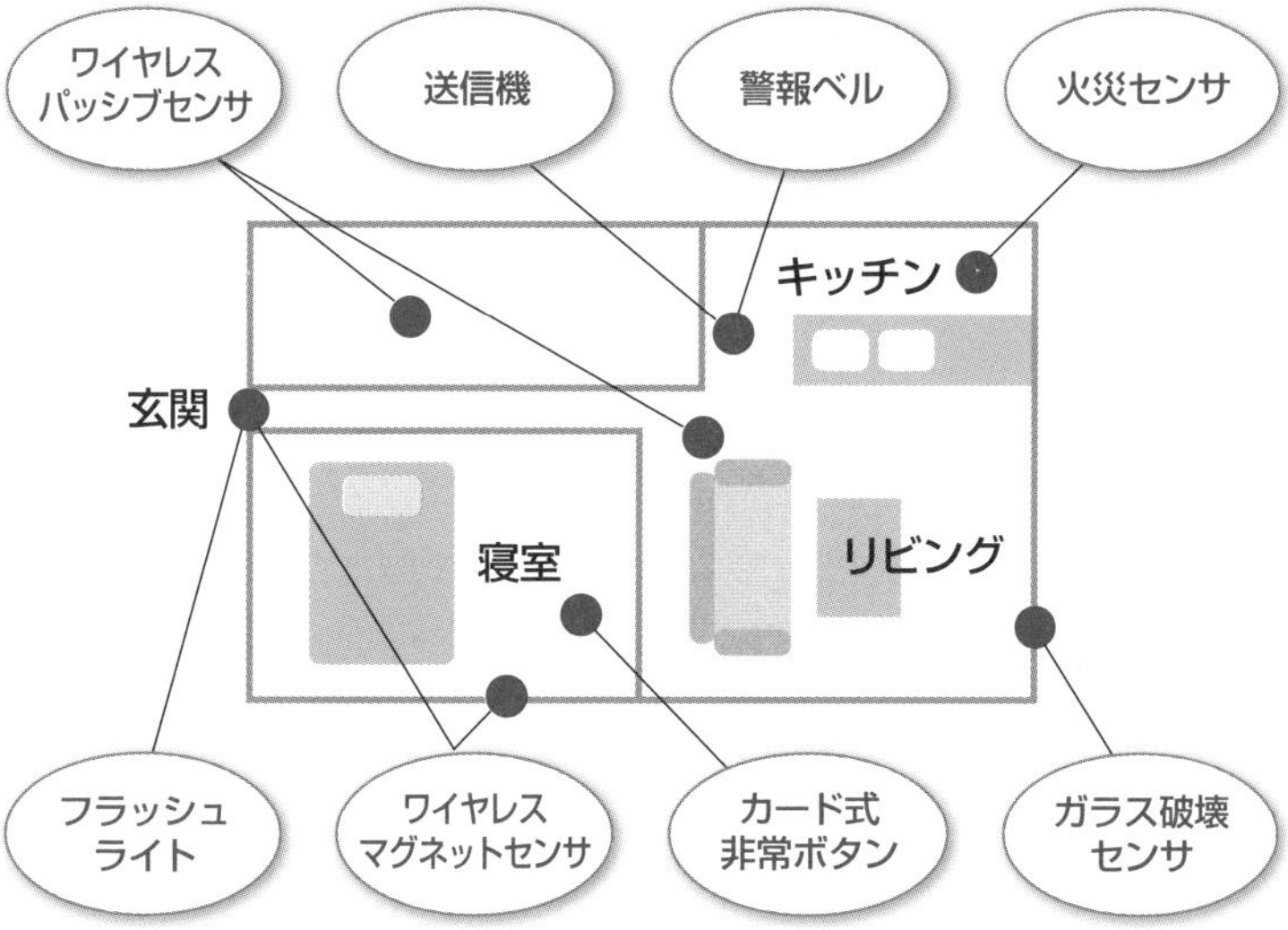

Section
5-17 ICカード

交通機関をはじめとする様々な分野のプリペイドカードに、ICカードが利用されています。近年では電子マネーや電子錠へと用途が広がり、生活に最も密着したカードになっています。

■交通機関で普及したICカード

ICカードには、カードに組み込まれた半導体チップの中にメモリ（記憶用IC）だけを内蔵したタイプと、CPU（中央演算処理装置）とメモリの双方を内蔵したタイプの2種類があります。

また、プリペイドカードとして利用されているICカードは、非接触型のタイプが多く、リーダとライタの距離によって、「密着型」「近接型」「近傍型」「遠隔型」の4タイプに分類することができます。いずれも国際的な規格で標準化されており、内蔵されたMCU*やメモリなどを利用してデータのやり取りを行っています。

4タイプの中では特に近接型が普及しており、オランダのフィリップスエレクトロニクスが開発した**Mifare**《マイフェア》とソニーが開発した**Felica**《フェリカ》の通信方式が標準化されています。

プリペイドカードとしてICカードが利用されるようになったのは、1984年から販売しているヨーロッパのテレホンカードが最初です。意外にも日本はICカード後進国で、1990年代後半から公共交通機関などでICカードが普及し始め、その後、急激に浸透していきました。

現在では、JR東日本で2001年から導入されているSuica《スイカ》やJR西日本で2003年から採用されているICOCA《イコカ》、私鉄のPASMO《パスモ》など、交通機関で利用が拡大しています。

その後、クレジットカードやポイントカード、キャッシュカードなどでもICカードが採用されるようになり、便利さとともに利用範囲も拡大されています。

また、1枚のカードに複数の機能を持たせた**マルチアプリケーション**への発展も顕著です。例えば、Suicaに

Term
MCU　Micro Controller Unitの略で、産業機器用のマイクロコンピュータ（マイコン）を指す。

クレジットカードやポイントカードの機能を持たせることで、ショッピングに利用したり、たまったポイントをほかのサービスに変換したり、といったサービス展開も可能にしています。

生体認証システムとの融合

セキュリティカードとして活用されるICカードは、パスワードなどによって高いセキュリティ性が確保されているとはいえ、暗号化したデータが解読される危険性もあるため、指紋認証、手の甲の静脈認証、虹彩認証などの**生体認証**と併用することが勧められています。

72文字に制限されている磁気カードに比べ、ICカードは大きな記憶容量を持つため、様々なアプリケーションを採用できます。総合認証環境を構築することによって、情報漏えいや個人データの改ざん、パスワードの盗み出しなどの被害を最小限に食い止めることが可能になります。

さらに、暗号の危険性の問題を解決するRSA暗号*や米国政府が策定したAES暗号*に対応するだけでなく、認証やデジタル署名などに利用されるハッシュ関数のSHA256*などを搭載したセキュリティ効果の高いICカードもあります。

非接触型ICカードの種類と特徴

タイプ	通信距離	方式	特徴	主な用途
密着型	2mm程度	電磁誘導方式	リーダに密着させて読み取らせるタイプ。	認証用、金融決済用など
近接型	10cm程度		最も利用されているタイプで、利便性も高い。	電子乗車券、運転免許証、住基カード、ICテレカなど
近傍型	70cm程度		一定の距離でも読み取れるため、ホルダから取り出すことなく入室などが可能。	入退室カード、ID認識用、社員カード、カードキーなど
遠隔型	数m	マイクロ波方式	遠距離に対応しており、駐車場などでも車から降りる必要がない。	駐車場カード、入退室カード、カードキーなど

Term **RSA暗号／AES暗号／SHA256** RSAは、発明者の頭文字から命名された公開鍵暗号。AESは、アメリカの暗号規格（Advanced Encryption Standard）の頭文字をとった共通鍵暗号。SHA（Secure Hash Algorithm）は、アメリカ国立標準技術研究所（NIST）によってアメリカ政府標準のハッシュ関数として採用。

Section
5-18 ICタグ

RFIDを利用した小型の情報チップとしてICタグがあります。ゴマ粒チップと呼ばれるほどの大きさで、セキュリティやトレーサビリティなどの用途で注目されています。

物品管理を担うICタグ

個人認証をはじめとするセキュリティや電子マネー、定期券などのように人が利用することが多いICカードに対して、**ICタグ**は様々な物品を管理するために使用されています。

いわば電子的な荷札のようなもので、バーコードに代わるものだといえますが、バーコードと違って複数のICタグを一度に読み取れるため、「カゴごとレジを通過させる」といったことも可能になります。

ICタグは微小な無線ICチップで、自身の識別コードなどの情報が記録されており、電磁波（電波）を利用して情報のやり取りを可能にしています。

このように、無線（RF）を使ってIDを読み取ることから、「**RFID***」とも呼ばれています。

耐環境性に優れているという特長があり、水に濡れても読み取り機との通信に支障をきたす心配がありません。また、近年発達した非接触電力伝送技術によりアンテナ側から電力を供給するため、電力を搭載せず半永久的に利用できます。ラベル型、カード型、コイン型、スティック型などのタイプがあり、取り付ける物品の大きさや形状、用途に応じて選べます。

1960年代に自動車の盗難防止用として技術開発がスタートし、1980年に製品化を実現。その後も周波数の高帯域化とチップの小型化が進み、それに合わせて利活用の範囲が飛躍的に広がりました。

小型化に関しては、0.05㎜角のICチップが2007年に開発されており、2009年6月には日立製作所が0.075㎜角のICチップの量産技術を確立したと発表しています。

Term
RFID　Radio Frequency IDentificationの略。ID情報が埋め込まれたタグから、電磁波を用いて情報のやり取りを行う技術を指す。3-9節参照。

超小型のICタグは、折れたり曲がったりする可能性が低いため、衣類や書籍などの管理、工場での各種機器の点検、スーパーマーケットやコンビニエンスストアなどでの商品管理とレジ対応……といったように、産業用途だけでなく、私たちの身近なところでも広がりを見せています。

トレーサビリティへの活用

ICタグは、食の安全に関わる**トレーサビリティ**への活用も考えられており、狂牛病などの影響を回避するため、肉牛をはじめとした家畜への導入が進んでいます。また、商品識別や管理技術などだけでなく、IT化や自動化を推進する基礎技術としても注目されています。

図書館の蔵書管理にICタグを使う例などはすでにありますが、将来的にはあらゆる商品に微小なICタグが取り付けられて、世界的な流通インフラになると見られています。

さらに、「食品にICタグを取り付けておき、冷蔵庫の中に入れると自動的に種別が識別される」システムが構想されています。保存中の食品のリストを表示したり消費期限を知らせたりしてくれる冷蔵庫のような、インテリジェントな機能を持つIT家電の登場が期待されます。

ICタグの種類と用途

形状	大きさ	特徴	主な用途
ラベル型	大	ラベル表面に印刷・印字が可能。	紙製品、書籍の管理など
タグ型	小	取り付け、取り外しが簡単にでき、取り付けスペースの狭いものにも取り付け可能。	衣類等の販売管理用など
カード型	大	薄さと取り扱いやすさを兼備し、持ち運びが簡単。	ID カード、名札など
コイン型	小	耐久性があり、耐水性もあることから、洗濯やアイロン、乾燥などにも対応。	リネン、ユニフォームなど
スティック型	中	取り付けスペースの狭いものにも取り付け可能。	衣類等の販売管理用など
板型	大	ラベル型と同様に印刷もできるが、ボード状なので貼付しても剝がれづらい。	木工製品、樹木管理など
金属対応型	小	対象物が金属でも、有効な通信距離を確保。	金属製品の管理用など
プラスチック対応型	小	プラスチック製の物品への貼り付けが可能。	プラスチック製品の管理用など
ガラス封入型	小	耐水性、耐熱性、耐紫外線、耐薬品性を実現。	化学実験用の機材、薬用ビンなど
キー型	中	実際のキーに取り付け可能。	ドアキー、自動車用キーなど
アクセサリー型	中	外装素材に特殊ゴムを使用したソフトタイプ。柔軟性と屋外で使用できる耐久性を実現。	携帯電話、筆記具など

Section

5-19 スマート家電

高度に発展した情報通信技術を搭載したスマート家電は、自動制御だけでなく、スマートフォンとの機能連携による遠隔操作などもできる次世代家電として注目されています。

■家電をネットワークで接続

スマート家電は、情報通信技術（ICT）を搭載することで、ネットワークに対応したり、電力メーターなどと接続して連携したりする家電製品の総称です。

「IT を使って電化製品を制御し、エネルギー消費を最適化する『**スマートハウス**』の一部となって自動制御を行う家電」を示す場合と、「スマートフォンとの機能連携によって遠隔操作を実現する〝**スマホ家電**〟」を指す場合とがあります。

スマートハウスの一部としてのスマート家電は、電化製品や電力メーターなどがネットワーク接続され、運転状況や消費電力量などの情報を相互連携させることで、それぞれの状況に応じて最適なコントロールを自動的に行うシステムです。

したがって、スマートメーターやスマートグリッドのような大規模なインフラ構築を必要としますが、次世代のエネルギー戦略として大いに期待されます。

一方、スマートフォンとの機能連携を実現するスマホ家電では、スマートフォンに専用アプリをインストールすることで、家電の操作や運転状況の確認などが手元でできるようになります。すでに製品化されており、家電の操作がどこからでもできる時代になったといえます。

スイッチをうっかり切り忘れて外出してしまっても、出先から電源をオフにできるので安心です。帰宅時間に合わせて出先からエアコンをコントロールして室温を快適な状態にしたり、風呂や食事の準備をしたりすることもできます。

また、テレビやレコーダをネットにつなげば、デジタルカメラで撮った写真を送信する、外出先から番組の録画予約をするといったことも可能になるなど、将来の家電の方向性を示すシステムとして注目されています。

■スマートな生活を実現

家庭内にある電化製品や健康管理機器がネットワークにつながることで、生活がより一層スマートになるといわれています。

例えば、ご飯の炊き方ひとつでも、家族それぞれの好みをスマートフォンなどに登録しておけば、炊飯器のアイコンをタッチしてデータを送信するだけで、自分好みのご飯が炊き上がることになります。

電子レンジで調理する場合は、レシピを登録しておけば好みに合わせた調理が実現できます。洗濯機なら、洗剤や柔軟剤の量のほか、洗濯コースを設定しておくこともできます。

また、体重計や血圧計、脈拍計のほか、体調管理機器などの健康機器と連携させると、スマートフォンをタッチするだけで、毎日の体調データや体の状態を自動的にグラフ化したり、提携している病院やクリニックにそのデータを転送することもできるようになります。

スマート家電の利用形態

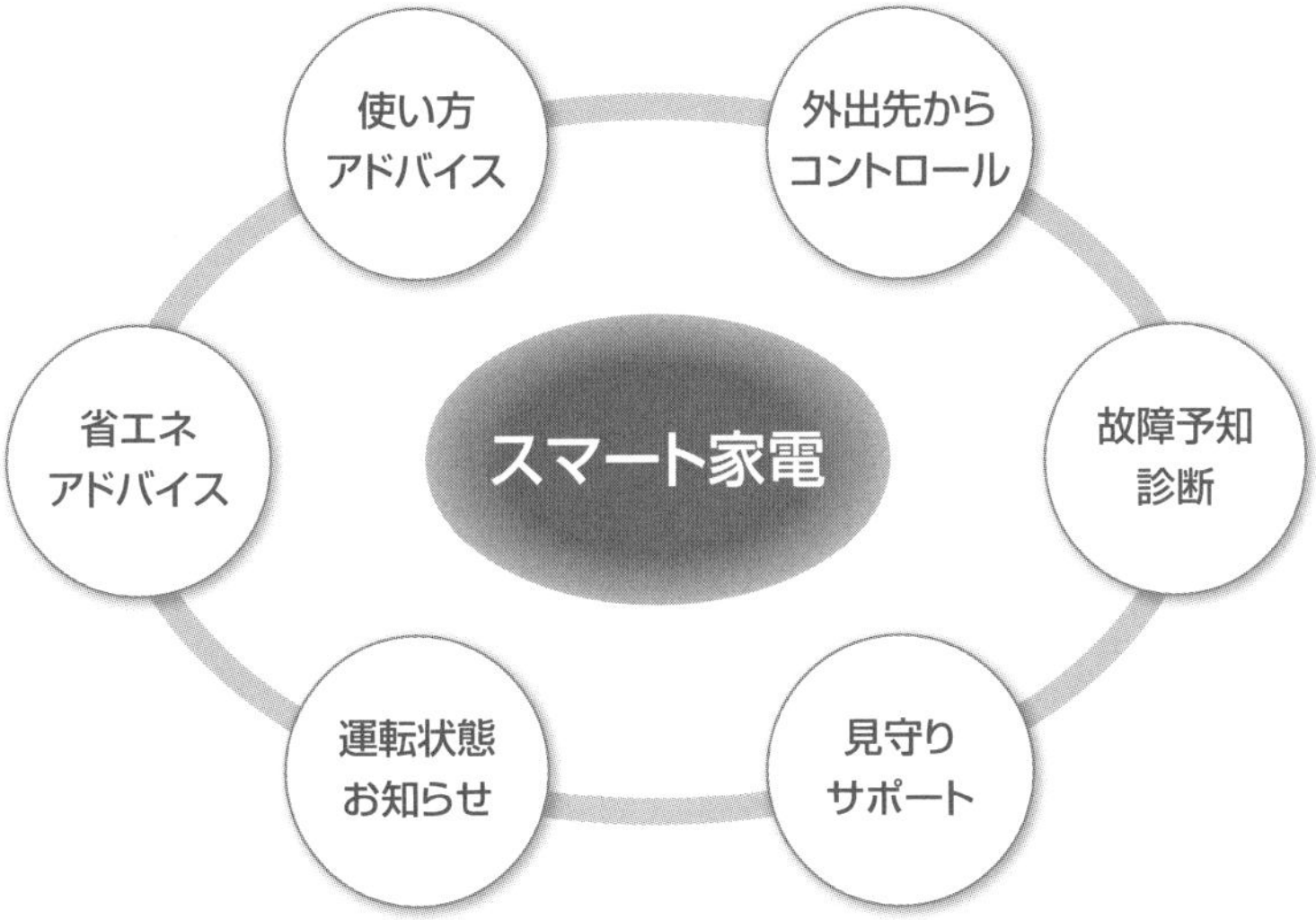

Column 力加減を感じ取る、触覚デバイス

人には「視覚」「聴覚」「嗅覚」「味覚」そして「触覚」の五感が備わっています（より正確にいうと、実際にはもっと細分化されて、「痛覚」や「温度覚」など20以上の感覚があることもわかっています）。

この五感を機械に代用させようとしたものがセンサに代表されるアイテムで、視覚にはカメラ、聴覚にはマイクが、それぞれの感覚に代わるセンサとして知られています。また、嗅覚には臭いセンサがあり、味覚には味覚センサがデバイスとして開発されています。

ところが、触覚に代わり得るデバイスの開発は最も遅れており、ロボット工学や医療機器の分野でその開発と実用化が進められています。

では、なぜロボットに**触覚センサ**が必要なのでしょうか。それは、ロボットが物ではなく人を相手として働く場が生まれてきたためと考えられます。つまり、介護用ロボットに代表されるように、人との関わりを持つ場合、力加減を触覚センサで感じ取りながらでないと、安全性を確保できないということと関係があります。

例えば、要介護者をベッドから抱き上げようとする場合、体に沿わせてロボットアームを差し入れるようにしなければ、余計な負担をかけたり、けがをさせたりしてしまう危険性も考えられます。その繊細な動作を実現するためには、微妙な隙間感覚を触覚で捉えられることが必要になり、ロボットアームに触覚センサを備えることが求められるのです。このことが、人と同じように適切な力加減で動作させるための条件で、実現できれば介護負担の大幅な解消が見込めると考えられます。

触覚センサは、手術ロボットを活用した遠隔手術などを行う医療の分野でも注目されています。手術現場でロボットが患部に触れた感触を電気信号に置き換え、遠隔地でそのロボットを操作する術者の指先に実際の感覚と同じように届けられれば、患部の触診による判断ができ、より的確な手術が可能になると考えられるからです。

いずれの用途でも、すでに実用化が始まっていますが、さらなる進化によって、より人の感覚に近い動作をロボットに行わせることができる時代が来ると思われます。

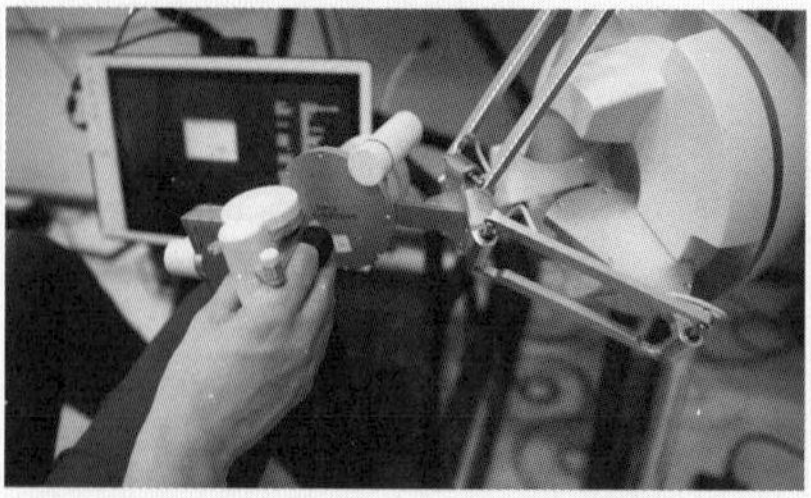

▲宇宙で働くロボット　by ESA-G. Porter

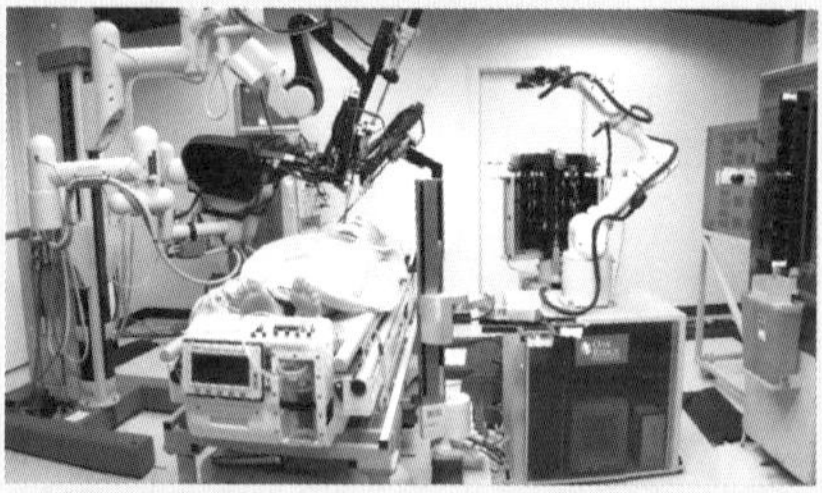

▲遠隔手術室のロボット群　by SRI International

第6章

半導体産業の今後と未来

グローバル経済の中で熾烈な競争を展開している半導体産業は、技術の進化に追随するだけでなく、「市場の要求にいかにスピーディーに対応し、シェアを獲得していくか」という生き残り競争になっています。国内の半導体産業が生き残るためにも、国家的な戦略が今こそ求められます。

Section

6-1 生き残りをかけた業界再編

世界的に熾烈な開発・販売競争が巻き起こっている半導体業界では、生き残りをかけた構造改革や企業の合併・統合が盛んです。その動きは日本国内においても変わるものではありません。

大型企業再編で競争力強化

2010年に、当時のルネサス テクノロジとNECエレクトロニクスが事業統合したのを皮切りに、国内においてもいよいよ本格的な企業再編が始まったと捉えられていました。

しかし、主役の一方であるルネサス テクノロジは、バブル崩壊後に**急激な不況と国際競争力の低下**に見舞われた日本半導体産業において、日立製作所と三菱電機の半導体部門を統合して設立された会社です。

当時は、NECと日立製作所のDRAM部門を統合したエルピーダメモリも誕生しており、今から振り返ればそのときが業界再編の第1幕だったとも考えられます。

事業再編や構造改革、企業再編、事業再構築などは、価格競争力や国際競争力の強化が目的となっています。

各企業は**生き残り策**として様々な方策を打ち出すことになり、統合や合併にとどまらず、吸収合併や事業売却、技術提携、委託生産など、再編策の形態は多岐にわたります。

ところがその後、統合や協業、合併などによる業界再編は続いたものの、結果として芳しくないという状態が長年続いています。

生き残りをかけて挑んだはずの再編でも、世界情勢にはあらがいきれず、海外企業との協業などで生き残っているのはいいほうで、経営破綻や企業倒産に追い込まれているところがほとんどといった状況です。

分社化と合併・提携で事業を改善

事業の再構築や業界再編が盛んに行われる中で、熾烈な国際競争についていけない日本の半導体産業の弱点が浮き彫りになってきます。

高度な技術力とものづくりに対する高いレベルを持ち続け、半導体製造装置やプロセス材料、そして技術力では世界有数の企業も育っていることを考え合わせると、いかにも残念なことです。

それだけグローバリゼーションの波は大きく、厳しいものだといえるでしょう。

過去の栄光や、経済的・技術的資産だけで生き残れるほど甘い世界ではないということです。

元来、日本の半導体産業は国内市場だけをターゲットにしていました。

海外市場としては、せいぜいアメリカ向けの輸出程度しか念頭になかったといえるでしょう。

その頼りのアメリカ市場でも、1985年の**日米半導体協定**（正式名称：日本政府と米国政府との間の半導体の貿易に関する取極）および国の弱腰外交のせいで憂き目を見ることになります。

今さらではありますが、アメリカ市場以外に目を向ける必要があったともいえるでしょう。

全世界をターゲットに、現在の状況を打開しようとするなら、黎明《れいめい》期の自動車産業のように、業界まかせから国主導の対策への変換も必要と考えられます。

国内半導体メーカーの再編構図（2010 年代）

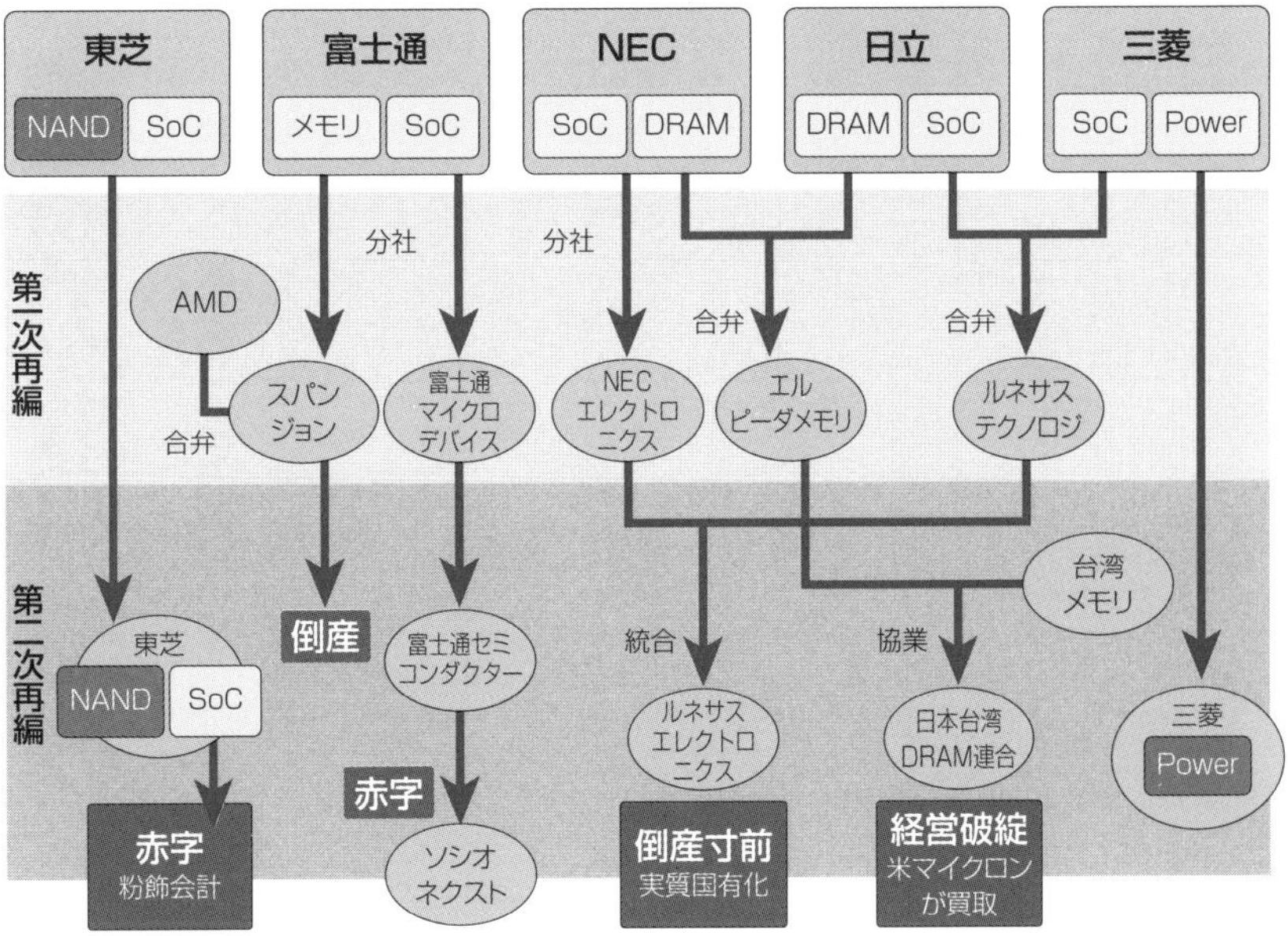

出所：微細加工研究所

Section

6-2 半導体産業への日本政府の取り組み

世界的な劣勢が伝えられる日本の半導体産業を立て直す目的で、産学官連携の国家的なプロジェクトが立ち上げられました。しかし、その実態は産学連係という民間主体の取り組みでした。

日本半導体の大型国家プロジェクト

1980年代に、日本の半導体産業が活躍していた背景に、当時の通商産業省が主導した「**超LSI技術研究組合**」の存在がありました。

しかし、その後約20年もの間、国策ともいえる産業において**産学官連携の大型プロジェクト**がまったく存在しなかったというのは、理解に苦しむところです。

半導体の大成功によって、次世代の開発を怠っていたといわれても仕方のないことでしょう。

その間、アメリカにおいては1987年に「インターナショナルSEMATECH」、ヨーロッパにおいては1988年から欧州企業連合による次世代半導体開発8か年計画として「JESSI」や後継の「MEDEA」など、国を挙げてのプロジェクトで次世代半導体の開発が進められました。

欧米だけではありません。韓国をはじめ、中国や台湾なども、国家による産業育成策を推進し、官民一体の共同プロジェクトで、現在までの急成長を実現しているのです。

世界中で激しい動きが起こっていた半導体産業に対して、日本政府も、遅まきながら1990年代後半になって共同プロジェクトをスタートさせることになります。

しかも当時、「あすか」「MIRAI*」「HALCA」「DIIN」「ASPLA」の5つの産学官共同プロジェクトを同時進行させるというものでした。

その後、役目を終えたものや、他のプロジェクトに発展的に継承したもの、また新たに立ち上げたものなどで、国家プロジェクトとして運営されていましたが、いずれも「産学官」は表向きで、実態は国や自治体などの「官」が抜けた「産学連携」という有様でした。

Column

MIRAI　Millennium Research for Advanced Information Technologyの略。この名をつけた「半導体MIRAIプロジェクト」は、半導体集積回路の一層の高機能化・低消費電力化に不可欠なデバイス・プロセス基盤技術を2010年度までに確立することを目的としていた。

産学連携プロジェクト

半導体関連の国家的なプロジェクトは、業界の生き残りをかけて産学官連携で始まったものの、すでにその役目を終えたものがほとんどです。

特に、「あすかプロジェクト」の終了によって、DFM*やSoC*製造の「STARC」も終了することになります。民間主体の半導体プロジェクトとして活動していた「あすかプロジェクト」は、当時の日本の半導体産業がDRAMに偏っていたことから、SoCの開発に必要な先端プロセスデバイス技術の確立を目指して立ち上げられたプロジェクトでした。

民間主体とはいえ国家プロジェクトとして5年計画で取り組みを開始した「あすかプロジェクト」でしたが、結果的にSoCで成功した企業は1社もありませんでした。

確かに、富士通やNEC、日立製作所など参画した企業もありましたが、最終的には手を引く形になり、成功すれば「官」の手柄、失敗すれば「民」の責任という、相変わらずの日本的構図があらわになりました。

21世紀初頭の半導体の国家プロジェクト

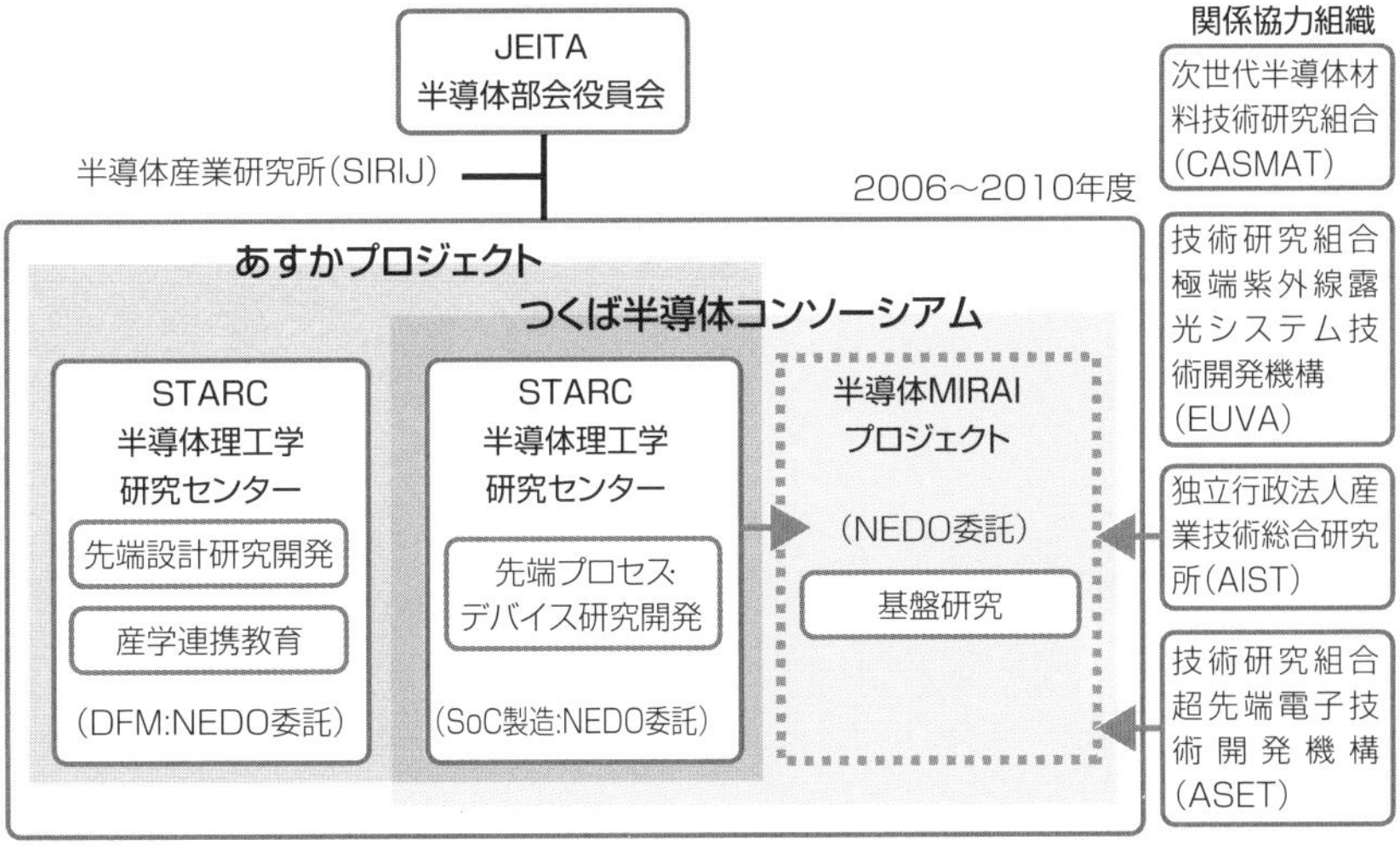

出所：JEITA（(社)電子情報技術産業協会）

Term
DFM　Design For Manufacturabilitiyの略。製造容易化設計。
SoC　System on a Chipの略。

Section

6-3 半導体と次世代機器

現在の日本の半導体に復活確実な妙策はなくても、搭載する電子機器の発展や新しいソリューションの誕生によって、再攻勢は期待できます。それには国家戦略としての取り組みが必要です。

■次世代アイテムも半導体が支える

デジタル革命以後、かつてのアナログ機器のほぼすべてがデジタル化されているといっても過言ではありません。

「デジタルカメラ」や「テレビのデジタル放送」「スマートフォン」と挙げていっても、私たちの身の回りの様々なアイテムがデジタル化されていることに気づきます。

デジタル機器は、アナログ機器に比べて生産・製造しやすいという特徴がある反面、低価格化が急速に進んで**利益確保が難しい**という問題をはらんでいます。

しかも、高機能化と低価格化の要因のほとんどを、搭載されているシステムLSIやその他の半導体が占めているため、半導体技術の発展がそのまま製品の機能・性能向上や低価格化に直結してくることになります。

この流れはしばらく続くと考えられ、今後、市場投入が予想される様々なデジタル機器が、半導体市場を支えていくという構造に変わりはなさそうです。

しかし、その時流に乗り遅れることなく市場を席巻しようとするのであれば、現在のデジタル家電が減速していったあとの**市場を牽引できる製品と、その製品が要求する仕様を満足させる半導体**をいち早く供給できる体勢を整えなければなりません。そのことこそが、市場のリーダーシップ奪還につながるといえるでしょう。

■国としての取り組み方が問われる

デジタル家電の活況とともに成長してきた日本の半導体は、システムLSIが中心となっていました。

一方、世界に目を向けると、次世代移動通信（6G／7G）やAI（人工知能）、量子コンピュータなどの、いわゆる**エマージングテクノロジー**という、次世代を見据えた大きな流れが存在します。

　１９９０年代以後の日本は、半導体デバイスの凋落によって世界から大きく水をあけられたのは事実ですが、スーパーコンピュータの「京」や「富岳」のように世界に誇る性能を達成した技術力があることも忘れてはいけません。

　さらに、世界的なうねりとして、「エネルギー問題」や「環境問題」「ＳＤＧｓ」などの取り組みがあります。

　これらの課題解決にも、半導体技術は大きく貢献することが期待されています。

　代表的なものが、「太陽電池」や「ＬＥＤ照明」でしょう。太陽電池モジュールにはシリコン半導体や化合物半導体が使われており、半導体産業と密接な関係にあります。また、ＬＥＤ照明用の電球にいたっては、もはや半導体そのものといっても過言ではありません。

　環境・エネルギー問題に貢献するこういった機器のほか、通信環境を改善する光通信用の**半導体レーザー***なども、将来的な半導体市場を支えるアイテムと考えられています。いずれも、日本が国の施策としてどのように取り組んでいくのかが強く問われることになります。

次世代のデジタル機器・キーアイテム

製品分類	製品	概要・特徴
ICT 関連機器	6G、7G 通信	5G の次の世代の通信規格として、6G（第 6 世代移動通信）が議論され、さらにその次の世代として 7G が提唱される。 半導体に対しても、線幅の超微細化だけではなく、ボンディング素材などの見直しも迫られることになると考えられる。
	次世代インタフェース	AR（拡張現実）、VR（仮想現実）、MR（複合現実）など、XR といわれる次世代インタフェースが、ゲーム分野にとどまらず、エンタメ分野やビジネスの場にまで広がりを見せる。
	電子ペーパー	有機 EL ディスプレイの実用化により、本格的な実用化に向けての製品化が望まれる。
家庭電化製品	介護用家電	障害者が目の動きや口の動きでコントロールできる家電品の開発と実用化。
	ゲーム機	3D にとどまらず、センサやアクチュエータを利用した体感型ゲーム機の出現。
自動車	完全自動運転	レベル 5 の自動運転車の実用化が視野に入る。全自動運転による安心・安全が前面に出ているが、不正アクセスによる操作の乗っ取りなどを防ぐため、セキュリティ強化などに課題も残す。
ロボット	家庭用介護ロボット	施設で利用されている介護ロボットが一般家庭用に開発されると予測される。機能安全をベースにした安全性の向上がキーポイント。MEMS を活用し、健康管理も同時に行う案もあるという。

Term

半導体レーザー　ダイオードレーザーとも呼ばれる。半導体の再結合発光を利用したレーザーで、半導体の構成元素によって発振するレーザー光の波長が変わってくる。光通信用に利用される以外に、他のレーザーより小型・低消費電力という特徴を生かし、CD や DVD、BD などの光ピックアップとして活用されている。

Section

6-4 次世代ICTと半導体

スマートフォンの進化が続くする中、移動通信システムも5G時代に突入です。しかし、通信速度のさらなる高速化は高消費電力化を招き、それに伴って半導体に対する要求も厳しくなります。

■モバイル端末はデバイスの宝庫

国内の普及率が95%を超えた**スマートフォン**は、電話というより、コンピューターに電話としての音声通話機能などを付加したモバイル端末といえるでしょう。

様々な機能が搭載されており、さながらICTを持ち歩く感覚になっています。

搭載されている機能も、基本の通話機能はもちろんのこと、メール、デジタルカメラ、音楽プレーヤ、ゲーム、GPS、リモコンなどと多彩です。

そこには、日常生活のあらゆるアイテムが搭載された**マルチメディア情報機器**の姿があります。

これだけの搭載機能を実現するためには、それぞれの機能に対応した半導体と、それを機能させるためのソフトウェアが必要になることはいうまでもありません。

デジタルカメラ機能の実現には、イメージセンサとDSP、画像処理用のLSIや表示デバイスなどが必要になり、メール機能では通信用のLSIやベースバンドLSIが必要になるといった具合です。

もちろんそれ以外のアプリケーションも同様で、音楽プレーヤなら、DSPやデジタル音源も搭載しなければなりません。

また、それらのデータを記憶しておくためのメモリや画面表示・操作用のタッチスクリーン、音源再生用のスピーカ、マイクそして電源などと、まるで半導体デバイスのデパートのような状態が、小さなボディの中に展開されているのです。

これらの多くはシステムLSIとして搭載され、多機能性や高性能はもちろんのこと、その信頼性も要求されることになります。

スマートライフのキーデバイス

スマートフォンは、形こそ電話のようですが、実際のカテゴリーはパソコンと同じです。

したがって、その機能は携帯電話をはるかにしのぎ、次世代のスマートオフィスやスマートホームには必要不可欠なアイテムと考えられています。

利用場面も大幅に広がり、エアコンや家電の遠隔コントロールだけでなく、健康管理やセキュリティ対策に使用することまでが、すでに実用段階になっています。

この広がりは今後さらに拡張されると見込まれ、ビジネスシーンでもプライベートシーンでも、利活用の幅はとどまるところを知りません。

さらに、現在のシリコン半導体から有機半導体に置き換わると、スマートフォン自体がウエアラブル端末になり、手での操作なしに通信機能を使えたり、測定されていることをまったく意識せずに日ごろの体調データを直接計測して取り込んだりできるようになります。

そして、ホストマシンのある自宅などに戻ったとき自動的にデータを吸い上げて管理する、といったことまで使用感なしにできるようになる日も、そう遠くないでしょう。

マルチメディア端末としてのスマートフォン

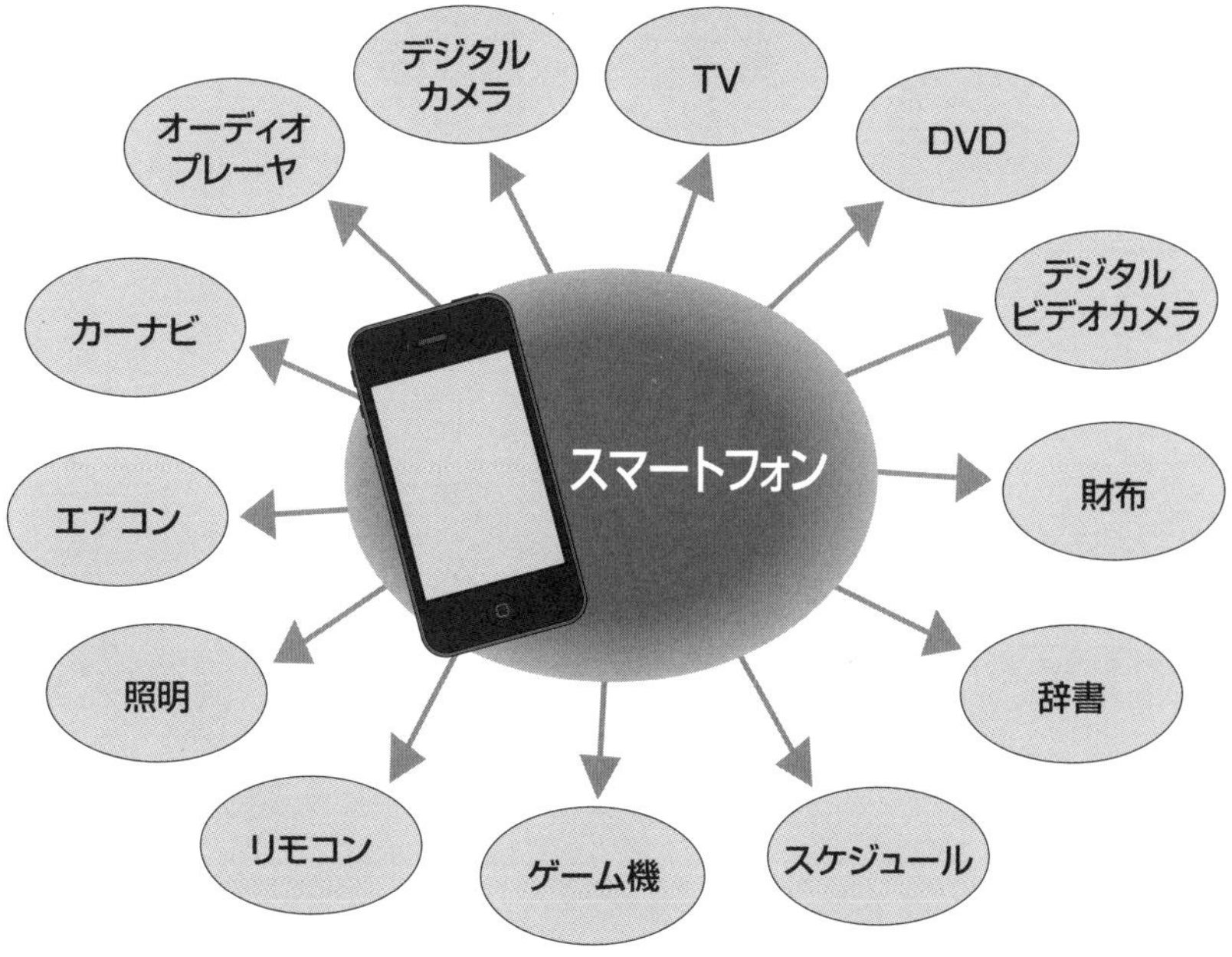

Section

6-5 ロボットの高度化を支える半導体

日本には世界レベルのロボット技術があります。産業用には以前から利用され、その優秀さは実証済みです。今では介護分野などでの利用も始まっており、その有用性が高まっています。

産業用ロボットと人型ロボット

ロボット産業は、**FA（ファクトリーオートメーション）**の分野でめざましい発展を遂げており、搬送ロボットや工作ロボット、動力ロボットなどが、すでに様々な工場で多数活躍しています。機械工学を得意とする日本は、この分野でも世界トップクラスの技術水準を誇っており、世界シェアもトップを走っています。**産業用ロボット**の市場は、世界的に見てもすでに確立されていると考えてよいでしょう。

現在、様々なメディアで注目されているのは人型ロボットですが、形状こそ違うものの考え方は基本的に同じで、自立した二足歩行などを除けば、同様の技術が多数搭載されています。しかも、その技術は半導体によって確立されており、半導体による技術でできあがった産業用ロボットが、工場のラインで半導体を生産しているということになります。

産業用ロボットが生産性向上や安全性向上のために働くとすれば、人型ロボットは現在のところエンターテインメント用の色合いが濃いといえます。

将来的には、介護用や医療用をはじめとする様々なシーンにおいて、**人助けをするロボット**として期待されており、さらなる進化が待ち望まれています。そこでは、単なる安全性はもとより、「**機能安全***」に対する考えが重要になってきます。

低消費電力のシステムＬＳＩが必須

産業用でも人型でも、ロボットにはたくさんの半導体が使用されています。

ロボットは、人の関節に相当する部分をアクチュエータが担当しますが、その動作指令はすべてＣＰＵやシステムＬＳＩから送られます。基本動作はプログラムとしてメモリ

Term

機能安全　監視装置や防護装置などの付加機能によるリスク低減策のこと。安全対策の１つで、人間に対しての危害はもとより、財産や環境などに対するリスクも、機能や装置の働きによって可能な限り低減する。

に収められており、視覚や触覚の役目を果たすセンサからの情報をもとに、状況に応じて動作することも可能になっています。そこでは、取得データによる判断と、取得情報をフィードバックして制御しながら動作させるといったことが行われています。

この状況判断に関わる動作は、人型ロボットでは大きな部分を占めていますが、産業用ロボットでも良否判断や形状区分などで利用されている機能です。

これらの機能を実現するためには、様々な半導体が必要になります。中でも、CPU、システムLSI、そしてメモリが代表的なもので、システム全体の根幹をなすものといえます。さらに、人間の五感に当たる部分をつかさどるセンサも多数使用されています。

このように多数の半導体が必要であるため、人型ロボットなどでは、小型化および薄型化とともに、**大幅な低消費電力化**が強く求められることになります。

日本の主なロボットメーカー

メーカー名	主なロボット製品と概要
ファナック	FA 商品、ロボット商品、ロボマシン商品の製造・販売・保守サービスを事業の柱とした、世界的なロボットメーカー
不二越	NACHI ブランドの産業用ロボットのほか、工作機械の代表的メーカー
安川電機	産業用ロボットから医療用ロボット、福祉ロボットまで、幅広い分野で活躍するロボットを提供
パナソニック	FA 用の産業ロボットだけでなく、高齢者用コミュニケーションロボットなど、用途に応じたロボットを開発
ダイヘン	メカトロニクスを生かし、溶接機やロボット、半導体機器を提供
デンソーウェーブ	持ち運びできるコンパクトサイトが特長。どこへでも自由に移動して、簡単に作業の自動化が可能
三菱重工	汎用ロボットのほか、家庭用ロボットを開発。特に、小型の 6 軸ロボットは教育現場でも実績がある
ソニー	AIBO に代表されるペットロボットが有名
本田技研工業	人型の二足歩行ロボット「ASIMO」が有名。自在歩行、スピーディでスムーズな動きなど、人間に最も近づいたロボットとして注目される
ヤマハ発動機	単軸ロボットから直交ロボット、画像処理機能付きロボットまで、工場・工程の自動化を効果的に実現するロボットを提供
川崎重工	ほぼすべての種類の産業用ロボットをラインアップ。半導体ウエハ搬送用では、数量ベースで世界 50%以上のシェアを誇る
オムロン	ビルトインビジョンを搭載し、短時間での立ち上げと段取り替えを可能にした、協調ロボットを提案
トヨタ	溶接工程や塗装工程で多数の自社製ロボットを導入し、組立工程や運搬作業などでもロボットを活用
ソフトバンクロボティクス	人型ロボット「Pepper」（ペッパー）をはじめ、AI（人工知能）清掃ロボット「Whiz」（ウィズ）や、配膳・運搬ロボット「Servi」（サービィ）などを展開
OKI	AI エッジコンピュータの技術を活用したサービスロボット「AI エッジロボット」の開発を推進
セイコーエプソン	産業用ロボットを長年手がけており、スカラロボット（水平多関節ロボット）では、世界トップシェアを誇る

Section 6-6

防災・防犯機器と半導体

電子機器の中で、短期間に性能や機能が著しく向上したのが、防災機器や防犯機器の分野でしょう。人命に関わるため関心も高く、高性能化・高機能化に果たす半導体の役割は大です。

■センサ技術で察知と救助

防災は、まず災害の察知が最も重要です。これは風水害でも地震でも、すべてに共通することです。

通常とは違う「異常」を感知するセンサには、海中に沈めて津波を察知するセンサ、ビルの側壁に埋め込んでおいてビルのゆがみや振動を計測するセンサ、微妙な地震動を察知するセンサ、雨量や風速、潮位などを計測するセンサなどがあり、いずれも半導体技術が活用されています。

このように多方面で使用されるセンサは、設置場所や収録するデータの種類に合わせて、最適な精度のものが選ばれるほか、厳しい環境下でも安定した性能を発揮するよう、強度や耐用年数などの必要条件が課せられます。

そのうえで、正確なデータを送り届けることで、災害の事前察知による適切な避難が可能になり、多くの人命を救うことにつながります。

また、万一の災害発生時に活躍する災害救援ロボットのような救助用の機器にも、センサ技術は活用されています。人感センサや触覚センサ、そして閉じ込められている場所の環境測定用のセンサなど、人の感覚器の代わりをする重要な機器として、半導体技術を応用したセンサが必要不可欠になるのです。

しかも、そのコントロールや救助支援などのコントローラには、電子デバイスのかたまりともいうべき装置が使用されることになり、ここでも半導体の用途は広がり続けることになります。

■高解像度で防犯対策を強化

防犯対策のためのキーアイテムは「**モニタリング**（監視）**カメラ**」でしょう。

一般的には「**防犯カメラ**」といわれていますが、諸外国の例と多少違うのは、日本の法的な規制により、撮像活用に一定の制限があることです。

監視カメラの性能向上はめざましく、従来のモノクロ画像に比べ、CCDやCMOSの技術向上によって、極めて鮮明なカラー画像として記録されるようになりました。

鮮明画像と、発展著しい画像解析システムによって、**顔認証**の精度も飛躍的に向上しています。

その認証機能を利用して、犯人追跡などの有効な手段として活用できるようになったほか、劇場やアミューズメント施設などの入場ゲートでも、事前に登録した**来場者の認識用**に使用されるまでになり、スピーディでスムーズな入退出に貢献しています。

カメラの遠隔操作や音声記録・音声発信などに対応したカメラも製品化されており、海外と同様に監視センターで情報収集し、犯罪を未然に防止する、本来の「防犯カメラ」としての運用の可能性も高まっています。

実際に、一部の繁華街などでは試験的な運用が開始されており、監視にとどまらない「防犯カメラ」として活躍し始めています。

防犯・防災センサの設置例

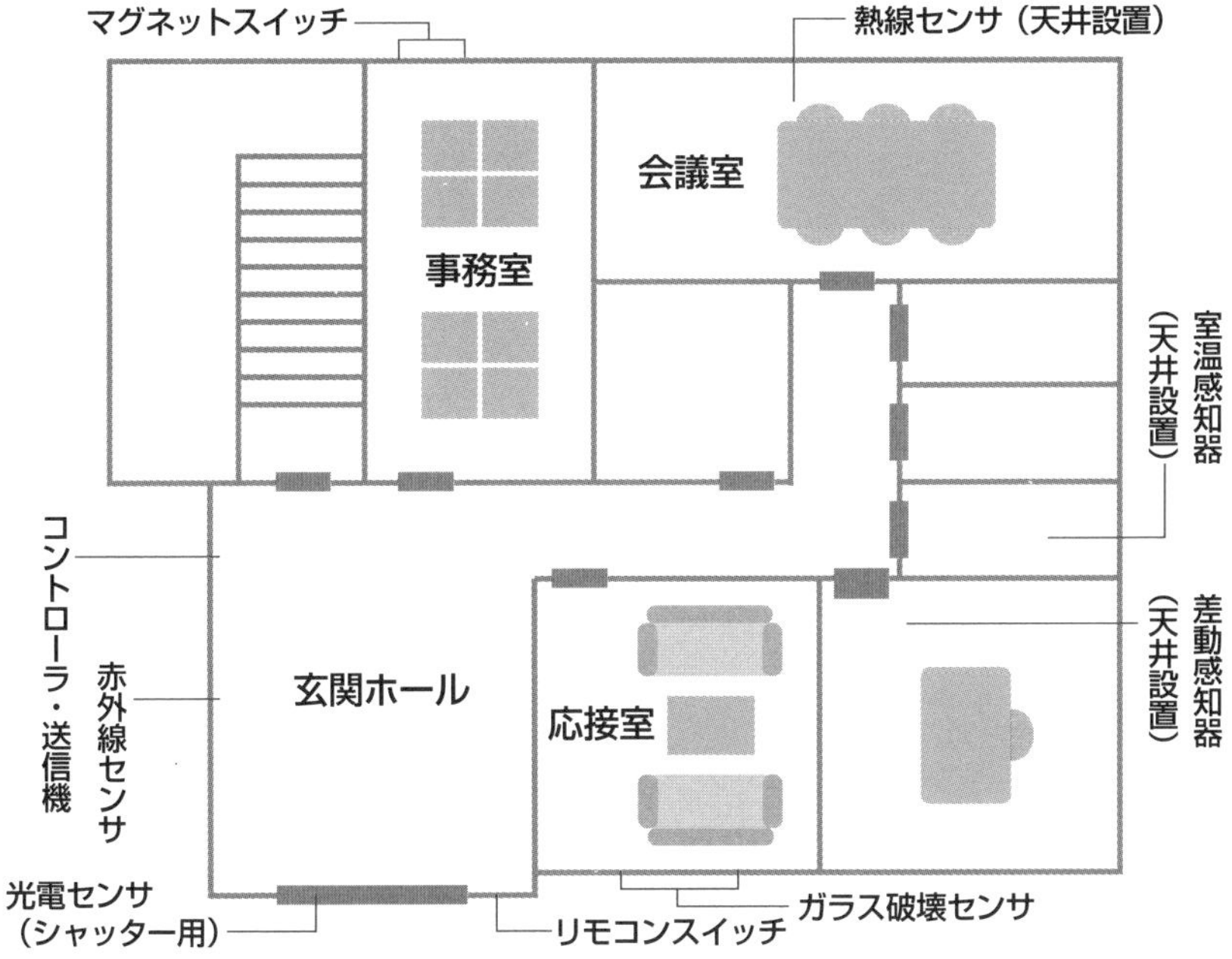

Section
6-7 期待が広がる新材料の出現

ナノテクノロジー*の進展は、微細化を実現する技術的要素と、それらを具現化する材料開発に支えられています。次世代の半導体産業を占う意味でも、期待される新材料に注目してみましょう。

■進む新材料の開発

半導体製造装置の標準化が進んでいる現在、このままの状態で半導体製造を続けていては、ローコストなインフラを持った国にかなうわけがありません。

また、基礎となる材料に関しても、地域的な価格差がなくなってしまったことでために、こちらでの巻き返しも難しそうです。

そんな中、各方面から注目されているのが、**ナノテクノロジー材料**をはじめとした新材料です。

世界でも一流といわれる基礎研究分野の技術や開発力・生産力などの技術力を持ちながら、産業構造的な問題や国家戦略のつまずきで苦戦を強いられている現在の日本でも、新材料によって現状を打破できるのではないか——と大きな期待が集まっています。

つまり、かつてDRAMによってつかみ取った半導体分野での勝ち組のポジションを、近い将来再び狙えるように、材料から変革を起こしていこうという考え方です。

ナノテクノロジーの中でも、とりわけ材料関連の分野が最も進んでおり、幸いにして日本は今のところこの分野では世界の先頭を走っています。

当然、アメリカを筆頭にして、中国や韓国の追随は必至で、これらの国では日本の数十倍ともいわれる大型の研究開発投資が行われています。

日本の場合は、ナノテク材料の中の**カーボンナノチューブ***の応用に向けた共同研究が加速しています。

特に、経済産業省の外郭団体であるファインセラミックスセンターと産業技術総合研究所が発表した共同研究は、世界規模での**量産技術の確立を目指す**ものとして注目を集めています。

ナノテクノロジー　1mの10億分の1の単位ナノメートル（nm）の世界で、物質などの研究開発をする技術。それが進化すると、モノを作るための材料開発技術が進歩することになる。

■代表格はカーボンナノチューブ

カーボンナノチューブは、半導体の動作速度向上や燃料電池の発電効率向上に大きく貢献すると考えられており、この分野で日本が量産に成功すれば、今後の半導体産業にとって大きな意味を持ってきます。

産業界としても、起死回生を狙って大いに注目しており、前出の共同研究プロジェクトには、半導体メーカーや材料メーカーのほか、大学も参加し、久々に産学官が大連携した大型プロジェクトが組まれています。

カーボンナノチューブは、直径が0・45nmで、平面のグラファイト（石墨）を丸めて円筒状にしたような構造をしています。

アルミニウムの半分という軽さ、鋼鉄の20倍の強度と極めてしなやかな弾性力を持つため、将来的に計画されている**軌道エレベータ**（**宇宙エレベータ**）を建造するときのロープ素材に使えるのではないかと期待されています。

また、小型集積回路や量子素子の配線材料として期待されている**ナノワイヤ**を利用することで、新しい形の半導体が開発できると注目されています。

次世代の半導体材料

新材料名	概要・特徴
カーボンナノチューブ	炭素の同素体で、同軸管状になった物質。単層をシングルウォールナノチューブ（SWNT）、多層をマルチウォールナノチューブ（MWNT）と呼ぶ。
フラーレン	多数の炭素原子で構成されるクラスタの総称。カーボンナノチューブもフラーレンの一種に分類されることがある。
銀ナノペースト	粒径が数十 nm の銀ナノ粒子をポリエステルなどのポリマーに分散したもの。低い温度での焼成を可能にし、しかもいかなる厚みにおいても安定した電気特性を発揮する。
窒化ハフニウムシリケート	High-k 素材で、標準的な CMOS 製造工程における熱および電気の適合、しきい値電圧の安定といった課題を克服できると見られている。
ハフニウムアルミネート	次世代の CMOS トランジスタに用いられる高誘電率ゲート絶縁膜において、低いリーク（漏れ）電流と高い熱的安定性を持つと期待されている。
ナノワイヤ	1nm ～ 1μm 程度の直径を持つ微細な柱状構造体。 長さは、500nm ～ 1mm 程度で、応用目的に合わせて適宜設定可能。
グラフェン	蜂の巣のような六角形格子構造の炭素原子シート。

Term **カーボンナノチューブ** Carbon Nanotubeを略してCNTとも表記される。炭素（カーボン）で作られる六員環ネットワーク（グラフェンシート）が単層あるいは多層の同軸管状になった物質。単層がシングルウォールナノチューブ（SWNT）、多層がマルチウォールナノチューブ（MWNT）。

Section
6-8 半導体産業の将来性

技術的なレベルでは、日本は海外と比べても決して見劣りしません。しかし、なかなか回復基調にならないのも事実です。そこには、産業の明日を考える国家戦略の大きさが関係しています。

■成長性のある基幹産業

バブル崩壊やリーマンショック、コロナ禍などによる不況の波はありましたが、それを乗り越えてこれほどまでに成長した産業は、半導体をおいて過去に類を見ません。

この成長は、アプリケーションの進展や新しい分野への広がりとともに、今後も間違いなく続くと考えてよいでしょう。

過去には、パソコンや産業機器などを中心に成長を続けてきましたが、将来的にはより**生活と密着した形での発展および成長**が続いていくと考えられます。

代表的なものとしては、ホームエレクトロニクスのほか、自動運転や空飛ぶクルマに代表される自動車関連、介護関連、防災関連などが挙げられるでしょう。

また、グローバルな視点では、インフラやエネルギー関連、SDGsに向けて取り組み中の環境関連なども大きく進展が見込まれる分野です。

これらも最終的には社会生活の変化という、私たちの生活に関わってくることになると思われます。

さらに、その技術は研究レベルにとどまらず、医療分野や介護、再生医療などにも浸透していくことが期待され、すでに取り組みが始まっています。

このように、新技術の開発や新材料の発展は、私たちの生活に様々な恩恵をもたらし続けることになるでしょう。

その中核をなす基幹産業として、半導体産業はとどまることなく成長を続けていくと見られています。

これらの**進化のカギ**を握っているのは、やはり「半導体」の力だといえるでしょう。

DRAMの失敗をバネに新展開を期待

過去に世界シェアの大半を占めていたDRAMからの撤退や企業の経営破綻が起こり、そして今、SoCが壊滅状態になっているのは業界にとっても悲しい事実ですが、そこから学んで今後に生かせる教訓も多いと感じます。

失敗の大きな要因として、海外企業とはかけ離れた「マーケティング」への考え方があると指摘する向きもあります。

確かに、絶頂期だったころを今になって振り返れば、まったく軽視していたといわれても仕方がないでしょう。

しかも、そのことに気づかないままでいたため、世界的なパラダイムシフトにも対応できず、現在の惨状を招いたとも考えられます。

しかし、高品質へのこだわりがもたらした過去の失敗も、技術力で勝る点を考えれば、的確なマーケティング手法の確立により挽回することが可能となるでしょう。

特に、世界から注目され、一部では世界を席巻しているとさえいわれている日本の半導体材料や半導体製造装置が、現在以上の存在感を示すことができれば、世界の半導体市場における日本の復活を大きく後押ししてくれることになり、〝失われた10年〟を取り戻せるかもしれません。

今後の半導体戦略の全体像

	ステップ1 足下の製造基盤の確保	ステップ2 次世代技術の確立	ステップ3 将来技術の研究開発
先端ロジック半導体	・国内製造拠点の整備・技術的進展	・2nm世代ロジック半導体の製造技術開発 →量産の実現 ・Beyond2nm実現に向けた研究開発（LSTC）	・Beyond2nm実現に向けた研究開発（LSTC） ・光電融合等ゲームチェンジとなる将来技術の開発
先端メモリ半導体	・日米連携による信頼できる国内設計・製造拠点の整備・技術的進展	・NAND・DRAMの高性能化 ・革新メモリの開発	・混載メモリの開発
産業用スペシャリティ半導体	・国内での連携・再編を通じたパワー半導体の生産基盤の強化 ・エッジデバイスの多様化・多機能化など産業需要の拡大に応じた用途別従来型半導体の安定供給体制の構築	・SiCパワー半導体等の性能向上・低コスト化	・GaN・Ga_2O_3パワー半導体の実用化に向けた開発
先端パッケージ	・先端パッケージ開発拠点の設立	・チップレット技術の確立	・光チップレット、アナデジ混載SoCの実現・実装
製造装置・部素材	・先端半導体等の製造に不可欠な製造装置・部素材の安定供給体制の構築	・Beyond2nmに必要な次世代材料の実用化に向けた技術開発	・将来材料の実用化に向けた技術開発

Column

パワー半導体に期待のダイヤモンド半導体

急速に普及が進む電気自動車や自動運転、そして次世代の乗り物として期待されている空飛ぶクルマなどの性能を左右する重要なパーツが半導体であり、中でも大電力を制御できる「**パワー半導体**」が注目されています。

パワー半導体は、電圧を変えたり、ACとDCを相互に変換するといった電力の制御を行う部品です。これからの時代には、従来以上に大きな電力を制御するパワー半導体が必要になると考えられています。

現在、多くの半導体はシリコンでできていますが、大きな電流を流すと熱を持って壊れてしまうため、制御できる電力の限界は10MW（メガワット）程度といわれています。つまり、シリコン半導体は大電力が苦手で、長持ちしないというのが弱点なのです。

そこで注目され始めたのが、大電力の制御に欠かせない次世代型の半導体素材としての「ダイヤモンド」です。

ダイヤモンドを半導体素材として利用する研究は20年以上前に始まり、以後、地道な努力が続けられてきました。

ダイヤモンドで半導体を作ることができれば、シリコンの5万倍の電力を制御する力があるとされており、実証もされているようです。

半導体に使用するのは人工ダイヤモンドですが、加工しなければ電気を通しません。といっても、シリコンと違って特定の物質を注入するのは困難ですが、1つだけある解決の糸口として、「ダイヤモンドの基板を空気にさらしておくと、電気を通すようになり、半導体になる」ことが発見されています。

人工ダイヤモンドの生成や安定した生産体制など、克服すべき課題はあるようですが、世界からも熱い視線が向けられているのは間違いありません。

大電力を扱える「**ダイヤモンド半導体**」が実用化されるようになると、新幹線や飛行機を半導体で動かせるようになるだけでなく、太陽光発電の送電で生じていた半導体によるエネルギーのロスも解決できることになります。

また、演算速度が格段に速くなる量子コンピュータの一部にダイヤモンド半導体を採用する案や、放射線が当たっても損傷が起きにくい特徴を生かして宇宙で利用する提案も多くなっているようで、大いに期待が持てます。

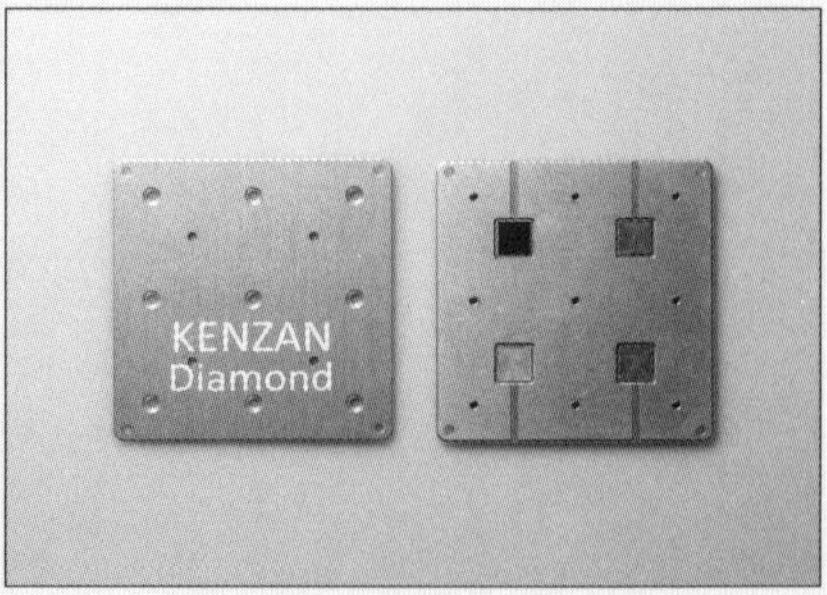

NASAの宇宙曝露実験に用いられた▶
ダイヤモンド基板

資料編

- ●半導体メーカーと関連企業
- ●垂直統合型と水平分業型
- ●半導体の分類
- ●世界の半導体メーカーの売上ランキング
- ●メモリシェア
- ●主要半導体業界団体一覧

半導体メーカーと関連企業

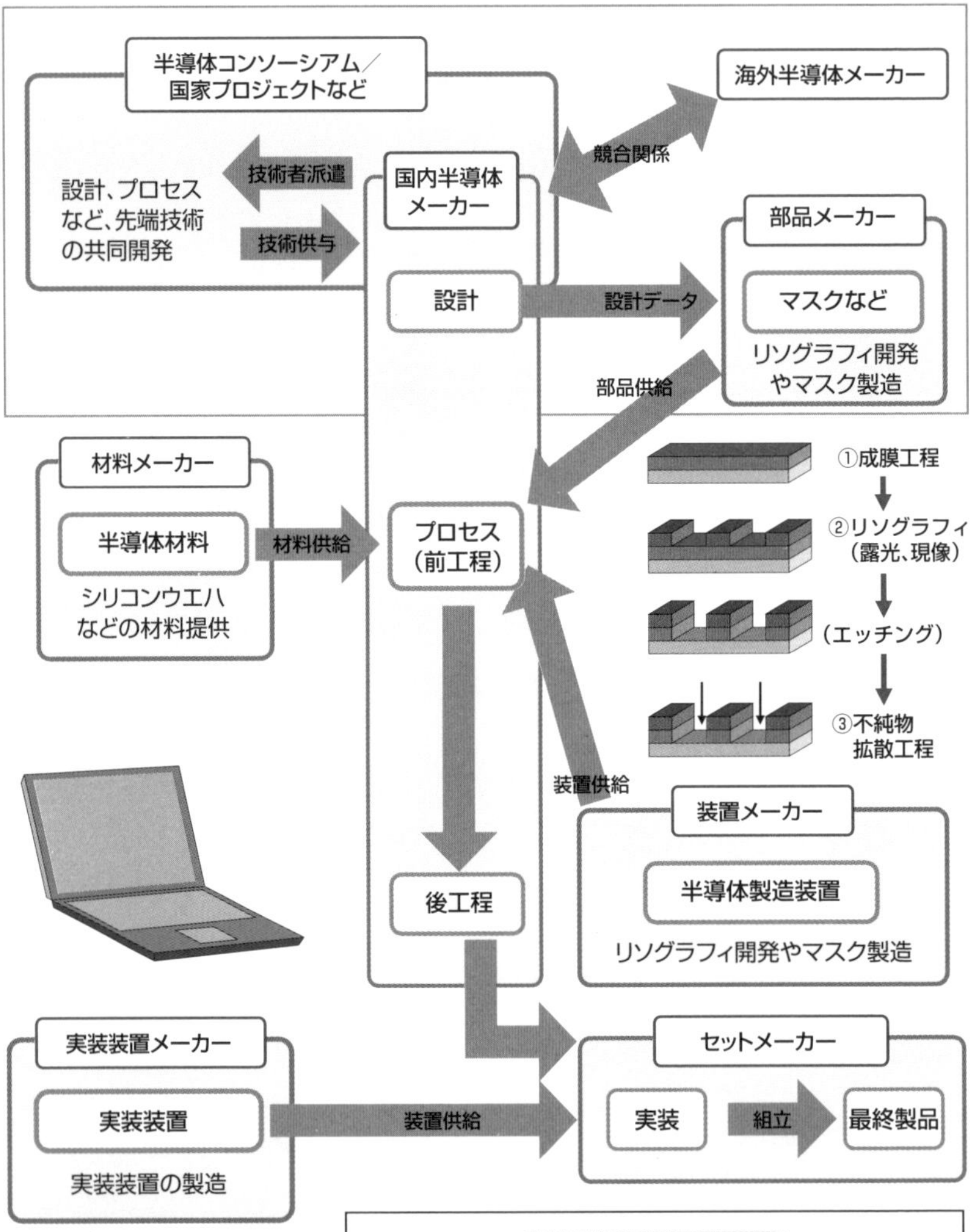
半導体コンソーシアム／国家プロジェクトなど
設計、プロセスなど、先端技術の共同開発
技術者派遣
技術供与
国内半導体メーカー
海外半導体メーカー
競合関係
部品メーカー
設計
設計データ
マスクなど
リソグラフィ開発やマスク製造
部品供給
材料メーカー
半導体材料
材料供給
シリコンウエハなどの材料提供
プロセス（前工程）
①成膜工程
②リソグラフィ（露光、現像）
（エッチング）
③不純物拡散工程
装置供給
装置メーカー
半導体製造装置
リソグラフィ開発やマスク製造
後工程
実装装置メーカー
実装装置
実装装置の製造
装置供給
セットメーカー
実装
組立
最終製品

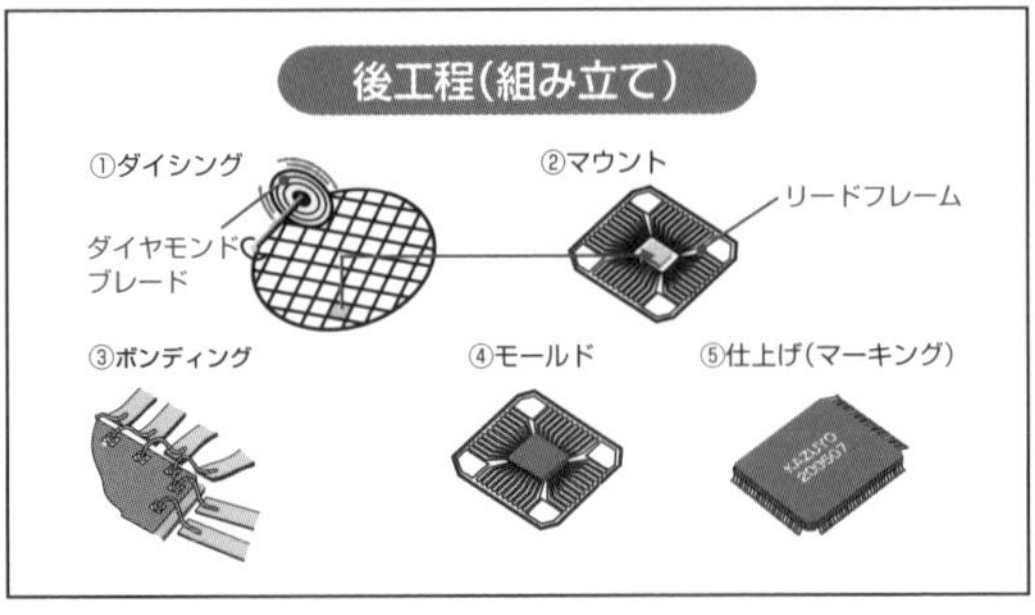
後工程（組み立て）
①ダイシング
ダイヤモンドブレード
②マウント
リードフレーム
③ボンディング
④モールド
⑤仕上げ（マーキング）

垂直統合型と水平分業型

垂直統合型

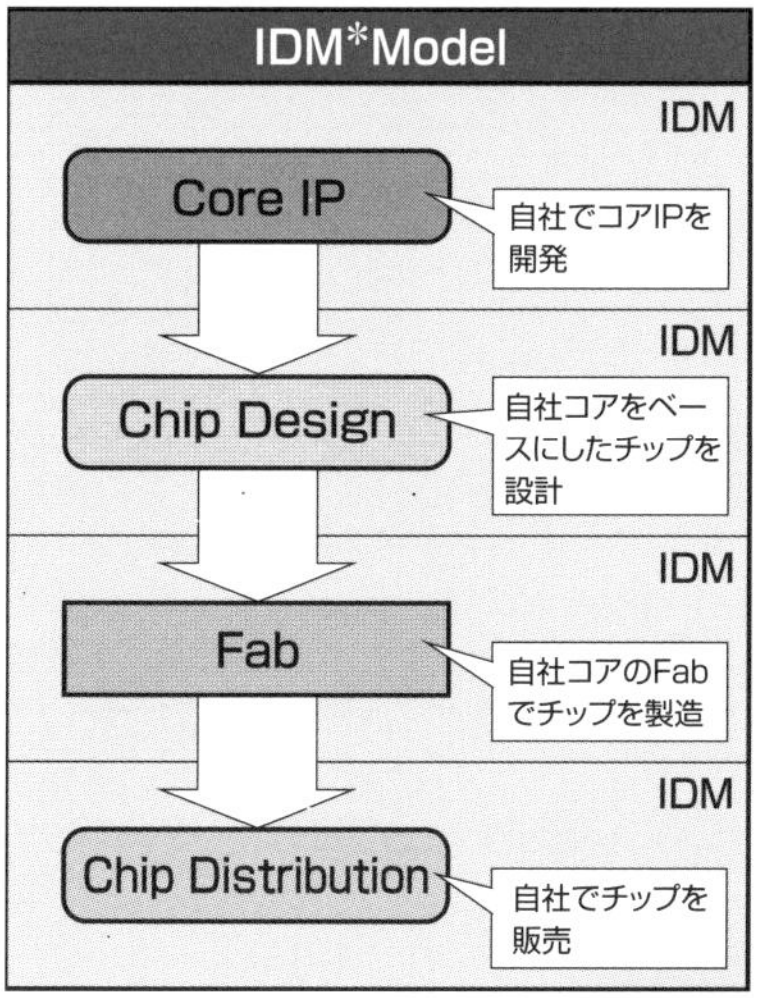

IDM　　　：設計、製造、販売をすべて自社にて行う
ファブレス：設計と販売のみ自社。製造はファウンドリ使用
ファウンドリ：半導体各社から製造のみ請け負う

水平分業型

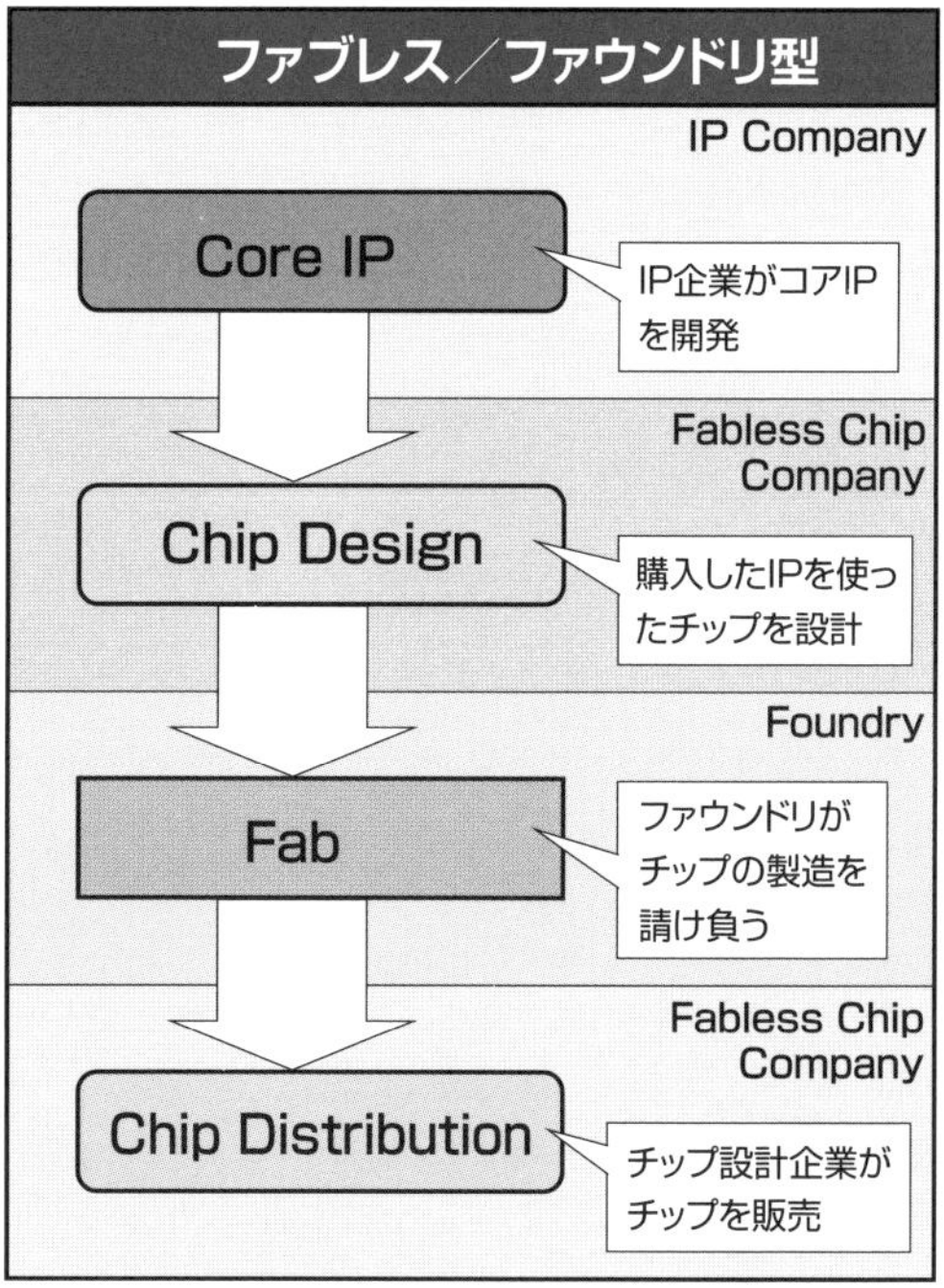

▲AMD RYZEN

▲INTEL Core i5

＊IDM　Integrated Device Manufacturerの略。設計、製造、組み立てから販売まで一貫して行うメーカー。

半導体の分類

半導体素子

- 個別半導体：トランジスタ、ダイオードなど
- 光半導体：LED(発光ダイオード)、フォトダイオード(受光素子)、レーザダイオードなど
- IC集積回路／LSI大規模集積回路
  - ロジックIC/LSI：マイクロプロセッサ(MPU)、マイコン(MCU)など
  - アナログIC/LSI：家電用、産業用、車載用、イメージセンサなど
  - メモリIC/LSI：DRAM、NAND/NOR型フラッシュメモリ、SRAM*など
  - ↓ ロジック、アナログ、メモリ機能を1チップに集積
  - SoC/システムLSI：デジタル家電用、携帯電話用、産業用、車載用など

全半導体

- ディスクリート(単機能)：ダイオード、小信号トランジスタ、パワートランジスタ、整流器、サイリスタ、他
- オプト(光学系)：表示器、ランプ(LED)、カプラー、イメージセンサ、レーザピックアップ、レーザトランスミッタ、赤外線、他
- センサ
- 全IC
  - アナログ：汎用アナログ:インターフェース、パワーマネジメント、データコンバータ、アンプ／コンパレータ専用アナログ:民生、コンピュータと周辺機器、通信、車、産業、他
  - MOSマイクロ：MPU, DSP, MCU-4bit, 8bit, 16bit, 32bit以上
  - ロジック：バイポーラ、汎用ロジック、ゲートアレイ、スタンダードセル/FPGA、ディスプレイドライバ、スペシャルバーパスロジックとマイクロペリフェラル(ASSP)
    - SoCは、スペシャルパーパスロジックとマイクロペリフェラルに含まれる
  - MOSメモリ：DRAM、NANDフラッシュ、SRAM、マスクROM&EPROM*、他

▲エッチングされたウエハ

＊SRAM　Static Random Access Memoryの略。
＊EPROM　Erasable Programmable Read Only Memoryの略。

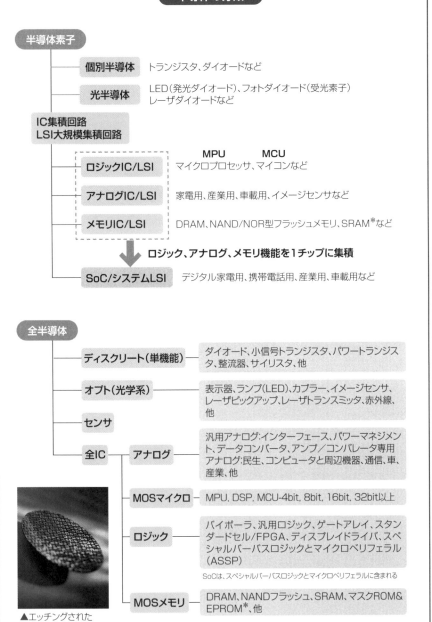

世界の半導体メーカーの売上ランキング

世界の半導体メーカー別売上ランキング トップ 10

順位	メーカー名	国名	売上高（百万米ドル）	市場シェア
1	インテル	アメリカ	72,759	15.6%
2	サムスン電子	韓国	57,729	12.4%
3	SK ハイニックス	韓国	25,854	5.5%
4	マイクロン・テクノロジー	アメリカ	22,037	4.7%
5	クアルコム	アメリカ	17,632	3.8%
6	ブロードコム	アメリカ	15,754	3.4%
7	テキサスインスツルメンツ	アメリカ	13,619	2.9%
8	メディアテック	台湾	10,988	2.4%
9	NVIDIA	アメリカ	10,643	2.3%
10	キオクシア	日本	10,374	2.2%
—	その他		208,848	44.8%
合計			466,237	100.0%

製品別半導体市場

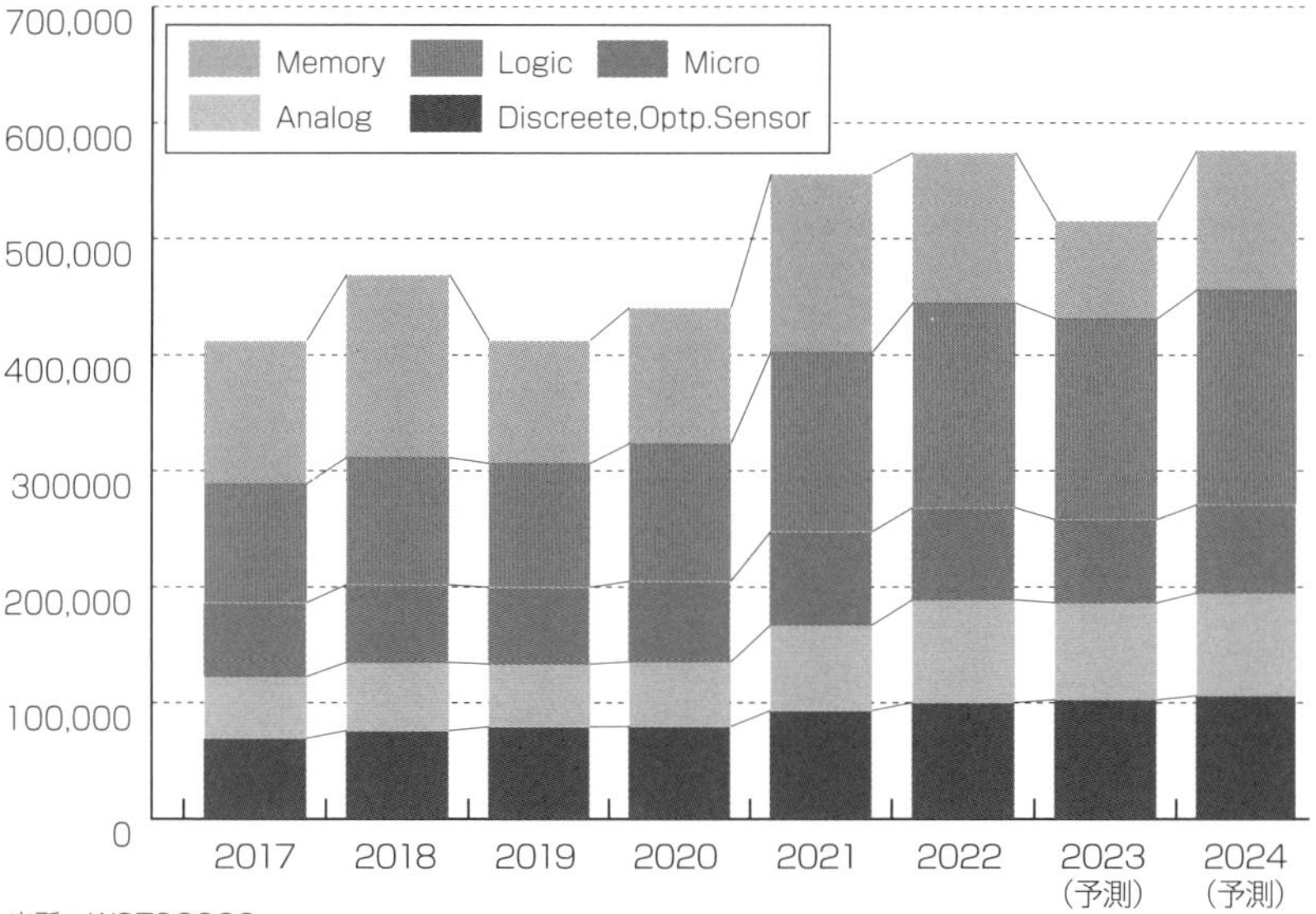

出所：WSTS2022

メモリシェア

DRAM金額シェア（2023年1Q）

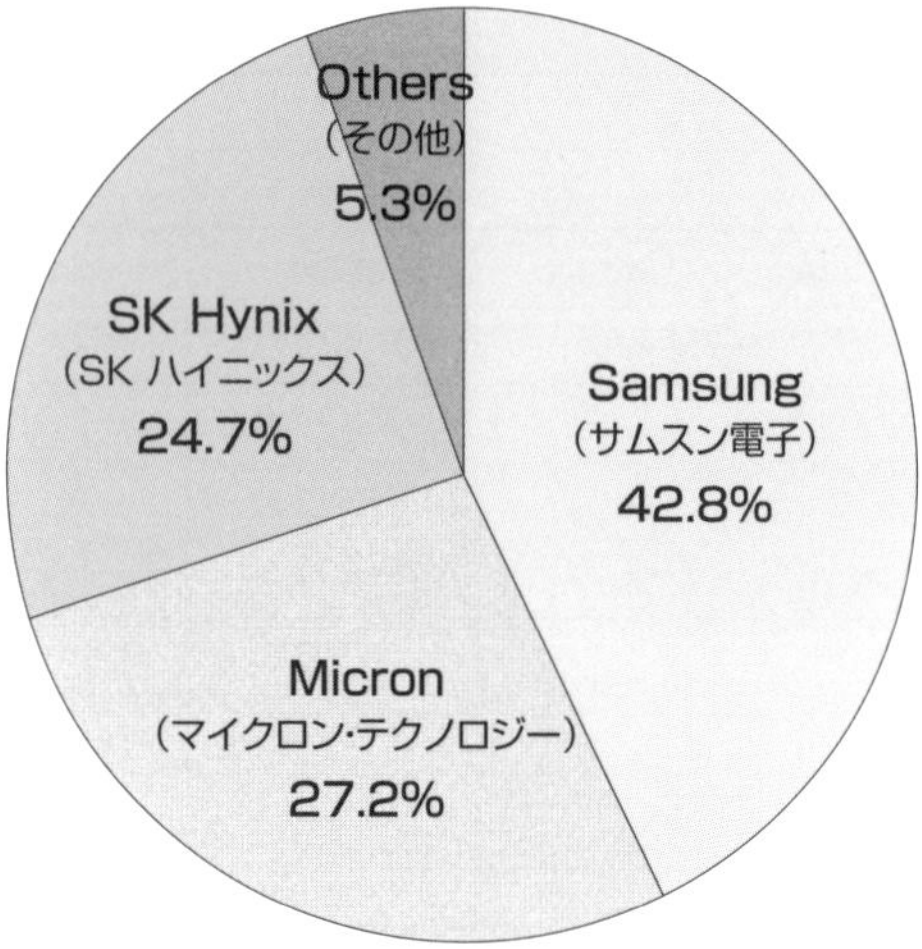

出所：市場調査機関オムディア

NAND金額シェア（2022年4Q）

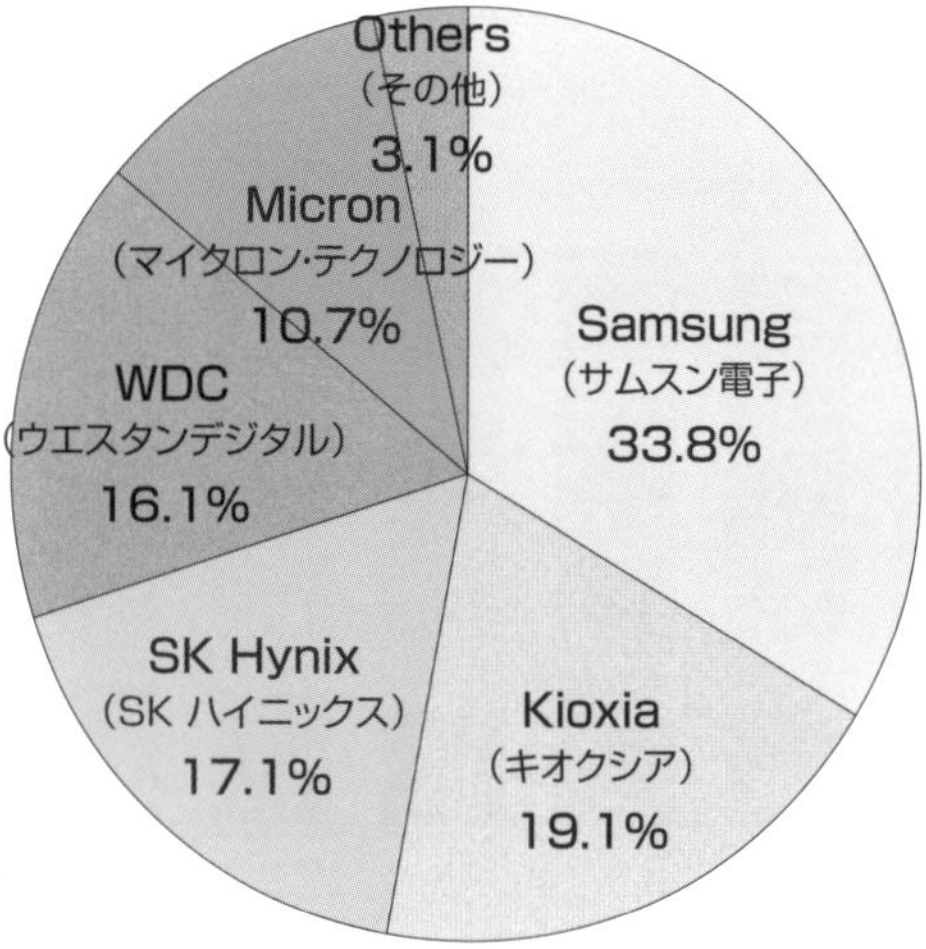

出所：TrendForce

主要半導体業界団体一覧

【国内 IC・半導体メーカー】

サンケン電気株式会社
〒 352-8666　埼玉県新座市北野 3-6-3
TEL：048-472-1111
URL：https://www.sanken-ele.co.jp/

株式会社三社電機製作所
〒 533-0031　大阪府大阪市東淀川区西淡路 3-1-56
TEL：06-6321-0321
URL：https://www.sansha.co.jp/

株式会社芝浦電子
〒 338-0001　埼玉県さいたま市中央区上落合 2-1-24
三殖ビル
TEL：048-615-4000
URL：https://www.shibaura-e.co.jp/

シャープ株式会社
〒 590-8522　大阪府堺市堺区匠町 1
TEL：072-282-1221
URL：https://corporate.jp.sharp/

新電元工業株式会社
〒 100-0004　東京都千代田区大手町 2-2-1
新大手町ビル
TEL：03-3279-4431
URL：https://www.shindengen.co.jp/

スタンレー電気株式会社
〒 153-8636　東京都目黒区中目黒 2-9-13
TEL：03-6866-2222
URL：https://www.stanley.co.jp/

住友電気工業株式会社
〒 541-0041　大阪府大阪市中央区北浜 4-5-33　住友ビル
TEL：06-6220-4141
URL：https://sumitomoelectric.com/

セイコーインスツル株式会社
〒 261-8507　千葉県千葉市美浜区中瀬 1-8
TEL：043-211-1111
URL：https://www.sii.co.jp/

セイコーエプソン株式会社
〒 392-8502　長野県諏訪市大和 3-3-5
TEL：0266-52-3131
URL：https://www.epson.jp/

星和電機株式会社
〒 610-0192　京都府城陽市寺田新池 36
TEL：0774-55-8181
URL：https://www.seiwa.co.jp/

旭化成エレクトロニクス株式会社
〒 100-0006　東京都千代田区有楽町 1-1-2
日比谷三井タワー
TEL：03-6699-3943
URL：https://www.akm.com/

株式会社大泉製作所
〒 103-0027　東京都中央区日本橋 2-3-4
日本橋プラザビル 4 階
TEL：03-5203-7811
URL：https://www.ohizumi-mfg.jp/

沖電気工業株式会社
〒 105-8460　東京都港区虎ノ門 1-7-12
TEL：03-3501-3111
URL：https://www.oki.com/

オムロン株式会社
〒 600-8530　京都府京都市下京区塩小路通堀川東入
オムロン京都センタービル
TEL：075-344-7000
URL：https://www.omron.com/

株式会社オリジン
〒 338-0823　埼玉県さいたま市桜区栄和 3-3-27
TEL：048-755-9011
URL：https://www.origin.co.jp/

キオクシア株式会社
〒 108-0023　東京都港区芝浦 3-1-21
田町ステーションタワー S
TEL：03-6478-2500
URL：https://kioxia.com/

京セラ株式会社
〒 612-8501　京都府京都市伏見区竹田鳥羽殿町 6
TEL：075-604-3500
URL：https://www.kyocera.co.jp/

株式会社 京都セミコンダクター
〒 553-0003　大阪府大阪市福島区福島 5-6-16
ラグザ大阪ノースオフィス 6F
TEL：06-6690-8660
URL：https://www.kyosemi.co.jp/

コーデンシ株式会社
〒 611-0041　京都府宇治市槇島町十一の 161
TEL：0774-23-7111
URL：https://www.kodenshi.co.jp/

フェニテックセミコンダクター株式会社
〒715-0004　岡山県井原市木之子町 6833
TEL：0866-62-4121
URL：https://www.phenitec.co.jp/

富士通株式会社
〒105-7123　東京都港区東新橋 1-5-2
汐留シティセンター
TEL：03-6252-2220
URL：https://www.fujitsu.com/

富士電機株式会社
〒141-0032　東京都品川区大崎 1-11-2
ゲートシティ大崎イーストタワー
TEL：03-5435-7111
URL：https://www.fujielectric.co.jp/

富士フイルム株式会社
〒107-0052　東京都港区赤坂 9-7-3
TEL：03-6271-3111
URL：https://fujifilm.com/

三菱電機株式会社
〒100-8310　東京都千代田区丸の内 2-7-3　東京ビル
TEL：03-3218-2111
URL：https://www.mitsubishielectric.co.jp/

三菱マテリアル株式会社
〒100-8117　東京都千代田区丸の内 3-2-3
丸の内二重橋ビル
TEL：03-5252-5200
URL：https://www.mmc.co.jp/

ミネベアミツミ株式会社
〒389-0293　長野県北佐久郡御代田町大字御代田
4106-73
TEL：0267-32-2200
URL：https://www.minebeamitsumi.com/

株式会社メガチップス
〒532-0003　大阪府大阪市淀川区宮原 1-1-1
新大阪阪急ビル
TEL：06-6399-2884
URL：https://www.megachips.co.jp/

ヤマハ株式会社
〒430-8650　静岡県浜松市中区中沢町 10-1
TEL：053-460-1111
URL：https://www.yamaha.com/

株式会社リコー
〒143-8555　東京都大田区中馬込 1-3-6
TEL：03-3777-8111
URL：https://www.ricoh.co.jp/

ルネサスエレクトロニクス株式会社
〒135-0061　東京都江東区豊洲 3-2-24　豊洲フォレシア
TEL：03-6773-3000
URL：https://japan.renesas.com/

ソニーセミコンダクタソリューションズ株式会社
〒243-0014　神奈川県厚木市旭町 4-14-1
TEL：—
URL：https://www.sony-semicon.com/

ソニーセミコンダクタマニュファクチャリング株式会社
〒869-1102　熊本県菊池郡菊陽町大字原水 4000-1
TEL：—
URL：https://www.sony-semicon.com/

株式会社デンソー
〒448-8661　愛知県刈谷市昭和町 1-1
TEL：0566-25-5511
URL：https://www.denso.com/

株式会社東海理化
〒480-0195　愛知県丹羽郡大口町豊田 3-260
TEL：0587-95-5211
URL：https://www.tokai-rika.co.jp/

東芝デバイス & ストレージ株式会社
〒105-0023　東京都港区芝浦 1-1-1
TEL：03-3457-3369
URL：https://toshiba.semicon-storage.com/

豊田合成株式会社
〒452-8564　愛知県清須市春日長畑 1
TEL：052-400-1055
URL：https://www.toyoda-gosei.co.jp/

トヨタ自動車株式会社
〒471-8571　愛知県豊田市トヨタ町 1
TEL：0565-28-2121
URL：https://www.toyota.jp/

株式会社豊田自動織機
〒448-8671　愛知県刈谷市豊田町 2-1
TEL：0566-22-2511
URL：https://www.toyota-shokki.co.jp/

日亜化学工業株式会社
〒774-8601　徳島県阿南市上中町岡 491
TEL：0884-22-2311
URL：https://www.nichia.co.jp/

日清紡マイクロデバイス株式会社
〒103-8456　東京都中央区日本橋横山町 3-10
TEL：03-5642-8222
URL：https://www.nisshinbo-microdevices.co.jp/

ヌヴォトン テクノロジージャパン株式会社
〒617-8520　京都府長岡京市神足焼町 1
TEL：075-951-8151
URL：https://www.nuvoton.co.jp/

株式会社日立製作所
〒100-8280　東京都千代田区丸の内 1-6-6
TEL：03-3258-1111
URL：https://www.hitachi.co.jp/

NTT イノベーティブデバイス株式会社
〒 221-0031　神奈川県横浜市神奈川区新浦島町 1-1-32
アクアリアタワー横浜
TEL：045-414-9700
URL：https://www.ntt-innovative-devices.com/

SEMITEC 株式会社
〒 130-8512　東京都墨田区錦糸 1-7-7
TEL：03-3621-1155
URL：https://www.semitec.co.jp/

株式会社レゾナック
〒 105-7325　東京都港区東新橋 1-9-1
東京汐留ビルディング
TEL：03-6263-8000
URL：https://www.resonac.com/

ローム株式会社
〒 615-8585　京都府京都市右京区西院溝崎町 21
TEL：075-311-2121
URL：https://www.rohm.co.jp/

【海外半導体メーカー（日本法人のみ）】

日本アイ・ビー・エム株式会社
〒 103-8510　東京都中央区日本橋箱崎町 19-21
TEL：03-6667-1111
URL：https://www.ibm.com/

日本 AMD 株式会社
〒 100-0005　東京都千代田区丸の内 1-8-3
丸の内トラストタワー本館 10F
TEL：03-6479-1550
URL：https://www.amd.com/

日本サイプレス合同会社
（2023 年 5 月 11 日、インフィニオンテクノロジーズイノベイツ合同会社に合併）
〒 105-0002　東京都渋谷区渋谷 3-25-18
NBF 渋谷ガーデンフロント
TEL：03-4595-7529
URL：https://www.infineon.com/

日本サムスン株式会社
〒 108-8240　東京都港区港南 2-16-4
品川グランドセントラルタワー 10F
TEL：03-6369-6000
URL：https://semiconductor.samsung.com/

日本テキサス・インスツルメンツ合同会社
〒 108-0075　東京都港区港南 1-2-70
品川シーズンテラス 1F
TEL：03-4331-2000
URL：https://tij.com/

株式会社日本マイクロニクス
〒 180-8508　東京都武蔵野市吉祥寺本町 2-6-8
TEL：0422-21-2665
URL：https://www.mjc.co.jp/

マイクロチップ・テクノロジー・ジャパン株式会社
〒 105-0013　東京都港区浜松町 1-10-14
住友東新橋ビル 3 号館 4F
TEL：03-6880-3770
URL：https://www.microchip.co.jp/

アナログ・デバイセズ株式会社
〒 105-0021　東京都港区東新橋 1-9-1
東京汐留ビルディング 23F
TEL：03-5402-8200
URL：https://www.analog.com/

インテル株式会社
〒 100-0005　東京都千代田区丸の内 3-1-1
国際ビル 5F
TEL：03-5223-9100
URL：https://www.intel.co.jp/

インフィニオンテクノロジーズジャパン株式会社
〒 105-0002　東京都渋谷区渋谷 3-25-18
NBF 渋谷ガーデンフロント
TEL：03-4595-7529
URL：https://www.infineon.com/

ウィンボンド・エレクトロニクス株式会社
〒 222-0033　神奈川県横浜市港北区新横浜 2-3-12
新横浜スクエアビル 9F
TEL：045-478-1881
URL：https://www.winbond.com/

エヌビディア合同会社
〒 107-0052　東京都港区赤坂 11-7　ATT 新館 13F
TEL：03-6631-2650
URL：https://www.nvidia.com/

クアルコムジャパン合同会社
〒 107-0062　東京都港区南青山 1-1-1
新青山ビル西館 18F
TEL：03-5412-8900
URL：https://www.qualcomm.com/

グローバルファウンドリーズ・ジャパン
〒 220-8138　神奈川県横浜市西区みなとみらい 2-2-1
横浜ランドマークタワー 38F
TEL：045-210-0701
URL：https://gf.com/

SMICジャパン株式会社
〒108-0075　東京都港区港南2-16-4
品川グランドセントラルタワー
TEL：03-6433-1411
URL：https://www.smics.com/

STマイクロエレクトロニクス株式会社
〒108-6017　東京都港区港南2-15-1
品川インターシティA棟17F
TEL：03-5783-8200
URL：https://www.st.com/

TSMCジャパン株式会社
〒220-6221　神奈川県横浜市西区みなとみらい2-3-5
クイーンズタワーC棟21F
TEL：045-682-0670
URL：https://www.tsmc.com/

マイクロンジャパン株式会社
〒108-0075　東京都港区港南1-2-70
品川シーズンテラス8F
TEL：050-3505-3200/3150
URL：https://jp.micron.com/

BROADCOM
〒153-0042　東京都目黒区青葉台4-7-7
青葉台ヒルズ7F
TEL：03-6407-2727
URL：https://jp.broadcom.com/

NXPジャパン
〒150-6024　東京都渋谷区恵比寿4-20-3
恵比寿ガーデンプレイスタワー24F
TEL：0120-950-032
URL：https://www.nxp.com/

SKハイニックスジャパン株式会社
〒105-6023　東京都港区虎ノ門4-3-1
城山トラストタワー23F
TEL：03-6403-5500
URL：https://www.skhynix.com/

【半導体製造装置メーカー（日本法人のみ）】

株式会社荏原製作所
〒144-8510　東京都大田区羽田旭町11-1
TEL：03-3743-6111
URL：https://www.ebara.co.jp/

株式会社エリオニクス
〒192-0063　東京都八王子市元横山町3-7-6
TEL：042-626-0611
URL：https://www.elionix.co.jp/

株式会社オーク製作所
〒194-0295　東京都町田市小山ヶ丘3-9-6
TEL：042-798-5130
URL：https://www.orc.co.jp/

大倉電気株式会社
〒350-0269　埼玉県坂戸市にっさい花みず木1-4-4
TEL：049-282-7755
URL：http://www.ohkura.co.jp/

大宮工業株式会社
〒721-0926　広島県福山市大門町5-6-45
TEL：084-941-2616
URL：https://www.okksg.co.jp/

株式会社カイジョー
〒205-8607　東京都羽村市栄町3-1-5
TEL：042-555-2244
URL：https://www.kaijo.co.jp/

株式会社アドバンテスト
〒100-0005　東京都千代田区丸の内1-6-2
新丸の内センタービルディング
TEL：03-3214-7500
URL：https://www.advantest.com/

アプライドマテリアルズジャパン株式会社
〒108-8444　東京都港区海岸3-20-20
ヨコソーレインボータワー
TEL：03-6812-6800
URL：https://www.appliedmaterials.com/

株式会社アルバック
〒253-8543　神奈川県茅ヶ崎市萩園2500
TEL：0467-89-2033
URL：https://www.ulvac.co.jp/

イリオス株式会社
〒225-0021　神奈川県横浜市青葉区すすき野2-7-6
TEL：045-482-9513
URL：https://www.ilius.jp/

ウシオ電機株式会社
〒100-8150　東京都千代田区丸の内1-6-5
丸の内北口ビルディング17F
TEL：03-5657-1000
URL：https://www.ushio.co.jp/

タカキ製作所株式会社
〒870-0941　大分県大分市下郡 3113-7
TEL：097-569-3115
URL：https://takaki.co.jp/

株式会社 高田工業所
〒806-8567　福岡県北九州市八幡西区築地町 1-1
TEL：093-632-2631
URL：https://www.takada.co.jp/

株式会社ダルトン
〒104-0045　東京都中央区築地 5-6-10
浜離宮パークサイドプレイス
TEL：03-3549-6800
URL：https://www.dalton.co.jp/

超音波工業株式会社
〒190-8522　東京都立川市柏町 1-6-1
TEL：042-536-1212
URL：https://www.cho-onpa.co.jp/

株式会社ディスコ
〒143-8580　東京都大田区大森北 2-13-11
TEL：03-4590-1000
URL：https://www.disco.co.jp/

テクノアルファ株式会社
〒141-0031　東京都品川区西五反田 2-27-4
明治安田生命五反田ビル 2F
TEL：03-3492-7421
URL：https://www.technoalpha.co.jp/

東京エレクトロン株式会社
〒107-6325　東京都港区赤坂 5-3-1 赤坂 Biz タワー 38F
TEL：03-5561-7000
URL：https://www.tel.co.jp/

株式会社東京精密
〒192-8515　東京都八王子市石川町 2968-2
TEL：042-642-1701
URL：https://www.accretech.com/

東レエンジニアリング株式会社
〒103-0028　東京都中央区八重洲 1-3-22
八重洲龍名館ビル 6F
TEL：03-3241-1541
URL：https://www.toray-eng.co.jp/

株式会社ニコン
〒108-6290　東京都港区港南 2-15-3
品川インターシティ C 棟
TEL：03-6433-3600
URL：https://www.nikon.com/

日新イオン機器株式会社
〒601-8438　京都府京都市南区西九条東比永城町 75
GRAND KYOTO 4F
TEL：075-632-9700
URL：https://www.nissin-ion.co.jp/

株式会社キーエンス
〒533-8555　大阪府大阪市東淀川区東中島 1-3-14
TEL：06-6379-1111
URL：https://www.keyence.co.jp/

キヤノンマシナリー株式会社
〒525-8511　滋賀県草津市南山田町 85
TEL：077-563-8511
URL：https://machinery.canon/

サムコ株式会社
〒612-8443　京都府京都市伏見区竹田藁屋町 36
TEL：075-621-7841
URL：https://www.samco.co.jp/

株式会社ジェイテクトサーモシステム
〒632-0084　奈良県天理市嘉幡町 229
TEL：0743-64-0981
URL：https://thermos.jtekt.co.jp/

芝浦メカトロニクス株式会社
〒247-8610　神奈川県横浜市栄区笠間 2-5-1
TEL：045-897-2421
URL：https://www.shibaura.co.jp/

ジャパンクリエイト株式会社
〒359-1167　埼玉県所沢市林 1-203-4
TEL：04-2938-3111
URL：https://japancreate.co.jp/

スピードファム株式会社
〒252-1104　神奈川県綾瀬市大上 4-2-37
TEL：0467-76-3131
URL：https://www.speedfam.com/

住友精密工業株式会社
〒660-0891　兵庫県尼崎市扶桑町 1-10
TEL：06-6482-8811
URL：https://www.spp.co.jp/

ダイキンファインテック株式会社
〒639-1031　奈良県大和郡山市今国府町 6-2
TEL：0743-59-2361
URL：https://daikin-finetech.co.jp/

大電株式会社
〒830-8511　福岡県久留米市南 2-15-1
TEL：0942-22-1111
URL：https://www.dyden.co.jp/

ダイトロン株式会社
〒532-0003　大阪府大阪市淀川区宮原 4-6-11
TEL：06-6399-5041
URL：https://www.daitron.co.jp/

株式会社ダイフク
〒555-0012　大阪府大阪市西淀川区御幣島 3-2-11
TEL：06-6472-1261
URL：https://www.daifuku.com/

レーザーテック株式会社
〒222-8552　神奈川県横浜市港北区新横浜 2-10-1
TEL：045-478-7111
URL：https://www.lasertec.co.jp/

株式会社レゾナック
〒105-7325　東京都港区東新橋 1-9-1
東京汐留ビルディング
TEL：03-6263-8000
URL：https://www.resonac.com/

CKD 株式会社
〒485-8551　愛知県小牧市応時 2-250
TEL：0568-77-1111
URL：https://www.ckd.co.jp/

株式会社 KOKUSAI ELECTRIC
〒101-0045　東京都千代田区神田鍛冶町 3-4
oak 神田鍛冶町 5F
TEL：03-5297-8530
URL：https://www.kokusai-electric.com/

株式会社 SCREEN ホールディングス
〒602-8585　京都府京都市上京区堀川通寺之内上る 4 丁目
天神北町 1-1
TEL：075-414-7111
URL：https://www.screen.co.jp/

SPP テクノロジーズ株式会社
〒100-0003　東京都千代田区一ツ橋 1-2-2
住友商事竹橋ビル 4F
TEL：03-3217-2819
URL：https://www.spp-technologies.co.jp/

TOWA 株式会社
〒601-8105　京都府京都市南区上鳥羽上調子町 5
TEL：075-692-0250
URL：https://www.towajapan.co.jp/

日新電機株式会社
〒615-8686　京都市右京区梅津高畝町 47
TEL：075-861-3151
URL：https://nissin.jp/

ニデックコンポーネンツ株式会社
〒160-0023　東京都新宿区西新宿 7-5-25
西新宿プライムスクエア
TEL：03-3364-7071
URL：https://www.nidec-components.com/

日本電子株式会社
〒196-8558　東京都昭島市武蔵野 3-1-2
TEL：042-543-1111
URL：https://www.jeol.co.jp/

株式会社ニューフレアテクノロジー
〒235-8522　神奈川県横浜市磯子区新杉田町 8-1
TEL：045-370-9127
URL：https://www.nuflare.co.jp/

株式会社日立ハイテク
〒105-6409　東京都港区虎ノ門 1-17-1
虎ノ門ヒルズ ビジネスタワー
TEL：03-3504-7111
URL：https://www.hitachi-hightech.com/

株式会社 日立パワーソリューションズ
〒317-0073　茨城県日立市幸町 3-2-2
TEL：0294-22-7111
URL：https://www.hitachi-power-solutions.com/

株式会社堀場エステック
〒601-8116　京都府京都市南区上鳥羽鉾立町 11- 5
TEL：075-693-2300
URL：https://www.horiba.com/

ヤマハファインテック株式会社
〒435-8568　静岡県浜松市南区青屋町 283
TEL：053-467-3600
URL：https://www.yamahafinetech.co.jp/

【半導体材料メーカー】

関東電化工業株式会社
〒100-0005　東京都千代田区丸の内 2-3-2
郵船ビルディング
TEL：03-4236-8801
URL：https://www.kantodenka.co.jp/

株式会社三宝化学研究所
〒590-0984　大阪府堺市堺区神南辺町 1-31
TEL：072-232-3845
URL：https://www.sanbo-chem.co.jp/

旭化成株式会社
〒100-0006　東京都千代田区有楽町 1-1-2
日比谷三井タワー
TEL：03-6699-3000
URL：https://www.asahi-kasei.com/

関東化学株式会社
〒103-0022　東京都中央区日本橋室町 2-2-1
室町東三井ビルディング
TEL：03-6214-1050
URL：https://www.kanto.co.jp/

東洋合成工業株式会社
〒111-0053　東京都台東区浅草橋 1-22-16
ヒューリック浅草橋ビル 8F
TEL：03 - 5822 - 6170
URL：https://www.toyogosei.co.jp/

東レ株式会社
〒103-8666　東京都中央区日本橋室町 2-1-1
日本橋三井タワー
TEL：03-3245-5111
URL：https://www.toray.co.jp/

TOPPAN ホールディングス株式会社
〒110-8560　東京都台東区台東 1-5-1
TEL：03-3835-5111
URL：https://www.holdings.toppan.com/

長瀬産業株式会社
〒100-8142　東京都千代田区大手町 2-6-4　常盤橋タワー
TEL：03-3665-3021
URL：https://www.nagase.co.jp/

日産化学株式会社
〒103-6119　東京都中央区日本橋 2-5-1
TEL：03-4463-8111
URL：https://www.nissanchem.co.jp/

日本化学工業株式会社
〒136-8515　東京都江東区亀戸 9-11-1
TEL：03-3636-8111
URL：https://www.nippon-chem.co.jp/

富士フイルム株式会社
〒107-0052　東京都港区赤坂 9-7-3
TEL：03-6271-3111
URL：https://www.fujifilm.com/

株式会社フジミインコーポレーテッド
〒452-8502　愛知県清須市西枇杷島町地領 2-1-1
TEL：052-503-8181
URL：https://www.fujimiinc.co.jp/

本州化学工業株式会社
〒103-0027　東京都中央区日本橋 3-3-9
メルクロスビル 4F
TEL：03-3272-1481
URL：https://www.honshuchemical.co.jp/

三菱ガス化学株式会社
〒100-8324　東京都千代田区丸の内 2-5-2　三菱ビル
TEL：03-3283-5000
URL：https://www.mgc.co.jp/

三菱ケミカル株式会社
〒100-8251　東京都千代田区丸の内 1-1-1　パレスビル
TEL：03-6748-7300
URL：https://www.m-chemical.co.jp/

信越化学工業株式会社
〒100-0005　東京都千代田区丸の内 1-4-1
丸の内永楽ビルディング 20F
TEL：03-6812-2300
URL：https://www.shinetsu.co.jp/

住友化学株式会社
〒103-6020　東京都中央区日本橋 2-7-1
東京日本橋タワー 7F
TEL：03-5201-0200
URL：https://www.sumitomo-chem.co.jp/

住友電気工業株式会社
〒541-0041　大阪府大阪市中央区北浜 4-5-33
住友ビル
TEL：06-6220-4141
URL：http://www.sei.co.jp/

住友ベークライト株式会社
〒140-0002　東京都品川区東品川 2-5-8
天王洲パークサイドビル
TEL：03-5462-4111
URL：https://www.sumibe.co.jp/

積水化学工業株式会社
〒530-8565　大阪府大阪市北区西天満 2-4-4
TEL：06-6365-4122
URL：https://www.sekisui.co.jp/

セントラル硝子株式会社
〒101-0054　東京都千代田区神田錦町 3-7-1
興和一橋ビル
TEL：03-3259-7111
URL：https://www.cgco.co.jp/

大日本印刷株式会社
〒162-8001　東京都新宿区市谷加賀町 1-1-1
TEL：03-3266-2111
URL：https://www.dnp.co.jp/

大陽日酸株式会社
〒142-8558　東京都品川区小山 1-3-26　東洋 Bldg
TEL：03-5788-8000
URL：https://www.tn-sanso.co.jp/

東京応化工業株式会社
〒211-0012　神奈川県川崎市中原区中丸子 150
TEL：044-435-3000
URL：https://www.tok.co.jp/

株式会社 同人産業
〒532-0004　大阪府大阪市淀川区西宮原 1-7-45-1201
TEL：06-6393-7770
URL：https://doujinsangyo.jp/

JSR 株式会社
〒 105-8640　東京都港区東新橋 1-9-2
汐留住友ビル 22F
TEL：03-6218-3500
URL：https://www.jsr.co.jp/

ＪＸ金属株式会社
〒 105-8417　東京都港区虎ノ門 2-10-4
オークラ プレステージタワー
TEL：03-6433-6000
URL：https://www.jx-nmm.com/

株式会社 SUMCO
〒 105-8634　東京都港区芝浦 1-2-1　シーバンス N 館
TEL：03-5444-0808
URL：https://www.sumcosi.com/

TECOM 株式会社
〒 541-0058　大阪府大阪市中央区南久宝寺町 2-1-2
竹田ビル 805
TEL：06-4400-9350
URL：https://te-com.jp/

三菱マテリアル株式会社
〒 100-8117　東京都千代田区大手町 3-2-3
丸の内二重橋ビル
TEL：03-5252-5200
URL：http://www.mmc.co.jp/

株式会社レゾナック
〒 105-7325　東京都港区東新橋 1-9-1
東京汐留ビルディング
TEL：03-6263-8000
URL：https://www.resonac.com/jp

株式会社 ADEKA
〒 116-8554　東京都荒川区東尾久 7-2-35
TEL：03-4455-2811
URL：https://www.adeka.co.jp/

AGC 株式会社
〒 100-8405　東京都千代田区有楽町 1-5-1
新丸の内ビルディング
TEL：03-3218-5741
URL：http://www.agc.com/

HOYA 株式会社
〒 160-8347　東京都新宿区西新宿 6-10-1
日土地西新宿ビル 20F
TEL：03-6911-4811
URL：https://www.hoya.com/

【ファブレスメーカー】

株式会社ソシオネクスト
〒 222-0033　神奈川県横浜市港北区新横浜 2-10-23
野村不動産新横浜ビル
TEL：045-568-1000
URL：https://www.socionext.com/

株式会社テクノマセマティカル
〒 141-0031　東京都品川区西五反田 2-12-19
五反田 NN ビル 7F
TEL：03-3492-3633
URL：https://www.tmath.co.jp/

株式会社トリプルワン
〒 104-6229　東京都中央区晴海 1-8-12
晴海アイランド トリトンスクエアオフィスタワー Z 29F
TEL：03-6910-1650
URL：https://www.tripleone.net/

トレックス・セミコンダクター株式会社
〒 104-0033　東京都中央区新川 1-24-1
DAIHO ANNEX 3F
TEL：03-6222-2851
URL：https://www.torex.co.jp/

株式会社アクセル
〒 101-8973　東京都千代田区外神田 4-14-1
秋葉原 UDX　南ウイング 10F
TEL：03-5298-1670
URL：http://www.axell.co.jp/

株式会社アプリックス
〒 169-0051　東京都新宿区西早稲田 2-20-9
TEL：050-3786-1715
URL：https://www.aplix.co.jp/

ザインエレクトロニクス株式会社
〒 101-0053　東京都千代田区神田美土代町 9-1
JRE 神田小川町ビル 3F
TEL：03-5217-6660
URL：http://www.thine.co.jp/

株式会社シキノハイテック
〒 937-0041　富山県魚津市吉島 829
TEL：0765-22-3477
URL：https://www.shikino.co.jp/

ヤマハ株式会社
〒430-8650　静岡県浜松市中区中沢町 10-1
TEL：053-460-1111
URL：https://device.yamaha.com/

株式会社 QD レーザ
〒210-0855　神奈川県川崎市川崎区南渡田町 1-1
京浜ビル 1F
TEL：044-333-3338
URL：https://www.qdlaser.com/

株式会社ピクセラ
〒550-0012　大阪府大阪市西区立売堀 1-4-12
立売堀スクエア 5F
TEL：06-6633-3500
URL：https://www.pixela.co.jp/

古野電気株式会社
〒662-8580　兵庫県西宮市芦原町 9-52
TEL：0798-65-2111
URL：https://www.furuno.co.jp/

株式会社メガチップス
〒532-0003　大阪府大阪市淀川区宮原 1-1-1
新大阪東急ビル
TEL：06-6399-2884
URL：http://www.megachips.co.jp/

【EDA ツール・IP ベンダ】

株式会社スピナカー・システムズ
〒141-0022　東京都 品川区 東五反田 1-10-7
アイオス五反田ビル 404 号
TEL：03-6277-4985
URL：http://www.spinnaker.co.jp

株式会社ソリトンシステムズ
〒160-0022　東京都新宿区新宿 2-4-3
TEL：03-5360-3811
URL：https://www.soliton.co.jp/

日本ケイデンス・デザイン・システムズ社
〒222-0033　神奈川県横浜市港北区新横浜 2-100-45
新横浜中央ビル 16F
TEL：045-475-2221
URL：http://www.cadence.co.jp/

日本シノプシス合同会社
〒158-0094　東京都世田谷区玉川 2-21-1
二子玉川ライズオフィス 15F
TEL：03-6746-3500
URL：https://www.synopsys.com/

プロトタイピング・ジャパン株式会社
〒212-0005　神奈川県川崎市幸区戸手 4-12-1-206
TEL：050-3704-6279
URL：http://prototyping-japan.com/

アーム株式会社
〒222-0033　神奈川県横浜市港北区新横浜 2-3-12
新横浜スクエアビル 17F
TEL：045-477-5260
URL：https://www.arm.com/ja/

イマジネーションテクノロジーズ株式会社
〒141-0022　東京都品川区東五反田 1-7-11
アイオス五反田アネックスビル 3F
TEL：03-5795-4648
URL：https://www.imaginationtech.com/

ザイリンクス株式会社
〒141-0032　東京都品川区大崎 1-2-2
アートヴィレッジ大崎セントラルタワー 4F
TEL：03-6744-7777

株式会社ジーダット
〒104-0043　東京都中央区湊 1-1-12　HSB 鐵砲洲
TEL：03-6262-8400
URL：http://www.jedat.co.jp

シーメンス EDA ジャパン株式会社
〒140-0001　東京都品川区北品川 4-7-35
御殿山トラストタワー
TEL：03-5488-3001
URL：https://www.mentorg.co.jp/

株式会社 図研
〒224-8585　神奈川県横浜市都筑区荏田東 2-25-1
TEL：045-942-1511
URL：https://www.zuken.co.jp/company/

【半導体商社】

三信電気株式会社
〒108-0014　東京都港区芝 4-3-6
TEL：03-3453-5111
URL：http://www.sanshin.co.jp/

サンワテクノス株式会社
〒104-0031　東京都中央区京橋 3-1-1
東京スクエアガーデン 18F
TEL：03-5202-4011
URL：https://www.sunwa.co.jp/

新光商事株式会社
〒141-8540　東京都品川区大崎 1-2-2
アートヴィレッジ大崎セントラルタワー 13F
TEL：03-6361-8111
URL：https://www.shinko-sj.co.jp/

高千穂交易株式会社
〒160-0004　東京都新宿区四谷 1-6-1
YOTSUYA TOWER 7F
TEL：03-3355-1111
URL：https://www.takachiho-kk.co.jp/

株式会社たけびし
〒615-8501　京都府京都市右京区西京極豆田町 29
TEL：075-325-2111
URL：https://www.takebishi.co.jp/

株式会社立花エレテック
〒550-8555　大阪府大阪市西区西本町 1-13-25
TEL：06-6539-8800
URL：http://www.tachibana.co.jp/

株式会社チップワンストップ
〒222-8525　神奈川県横浜市港北区新横浜 3-19-1
LIVMO ライジングビル 10F
TEL：045-470-8750
URL：https://www.chip1stop.com/

東京エレクトロンデバイス株式会社
〒221-0056　神奈川県横浜市神奈川区金港町 1-4
横浜イーストスクエア
TEL：045-443-4000
URL：https://www.teldevice.co.jp/

株式会社トーメンデバイス
〒104-6230　東京都中央区晴海 1-8-12
トリトンスクエア オフィスタワー Z 棟 30F
TEL：03-3536-9150
URL：http://www.tomendevices.co.jp/

株式会社ネクスティ エレクトロニクス
〒108-8510　東京都港区港南 2-3-13 品川フロントビル
TEL：03-5462-9611
URL：https://www.nexty-ele.com/

株式会社 PALTEK
〒108-0075　東京都港区港南 2-10-9
レスタービルディング
TEL：03-5479-7020
URL：https://www.paltek.co.jp/

株式会社 RYODEN
〒170-8448　東京都豊島区東池袋 3-15-15
TEL：03-5396-6176
URL：http://www.ryoden.co.jp/

イノテック株式会社
〒222-8580　神奈川県横浜市港北区新横浜 3-17-6
イノテック本社ビル
TEL：045-474-9000
URL：https://www.innotech.co.jp/

エレマテック株式会社
〒108-0073　東京都港区三田 3-5-19
住友不動産東京三田ガーデンタワー 26F
TEL：03-3454-3526
URL：http://www.elematec.com/

加賀 FEI 株式会社
〒222-8508　神奈川県横浜市港北区新横浜 2-100-45
新横浜中央ビル
TEL：045-473-8030
URL：https://www.kagafei.com/jp/

株式会社カナデン
〒104-6215　東京都中央区晴海 1-8-12
トリトンスクエア Z 棟
TEL：03-6747-8800
URL：https://www.kanaden.co.jp/

兼松株式会社
〒100-7017　東京都千代田区丸の内 2-7-2 JP タワー
TEL：03-6747-5000
URL：https://www.kanematsu.co.jp/

協栄産業株式会社
〒140-0002　東京都品川区東品川 4-12-6
品川シーサイドキャナルタワー
TEL：03-4241-5511
URL：https://www.kyoei.co.jp/

株式会社グローセル
〒101-0048　東京都千代田区神田司町 2-1
TEL：03-6275-0600
URL：https://www.glosel.co.jp/

佐鳥電機株式会社
〒105-0014　東京都港区芝 1-14-10
TEL：03-3452-7171
URL：https://www.satori.co.jp/

丸文株式会社
〒 103-8577　東京都中央区日本橋大伝馬町 8-1
TEL：03-3639-9801
URL：http://www.marubun.co.jp/

ミタチ産業株式会社
〒 460-0026　愛知県名古屋市中区伊勢山 2-11-28
ミタチビル
TEL：052-332-2512
URL：https://www.mitachi.co.jp/

株式会社リョーサン
〒 101-0031　東京都千代田区東神田 2-3-5
TEL：03-3862-2591
URL：http://www.ryosan.co.jp/

菱洋エレクトロ株式会社
〒 104-8408　東京都中央区築地 1-12-22
コンワビル
TEL：03-3543-7711
URL：https://www.ryoyo.co.jp/

株式会社レスターホールディングス
〒 108-0075　東京都港区港南 2-10-9
レスタービルディング
TEL：03-3458-4618
URL：https://www.restargp.com/

萩原電機ホールディングス株式会社
〒 461-8520　愛知県名古屋市東区東桜 2-2-1
高岳パークビル
TEL：052-931-3511
URL：https://www.hagiwara.co.jp/

伯東株式会社
〒 160-8910　東京都新宿区新宿 1-1-13
TEL：03-3225-8910
URL：https://www.hakuto.co.jp/

株式会社日立ハイテク
〒 105-6409　東京都港区虎ノ門 1-17-1
虎ノ門ヒルズ ビジネスタワー
TEL：03-3504-7111
URL：https://www.hitachi-hightech.com/

株式会社フィギュアネット
〒 221-0854　神奈川県横浜市神奈川区三ツ沢南町 7-45
TEL：045-440-5545
URL：http://www.figurenet.com/

株式会社マクニカ
〒 222-8561　横浜市港北区新横浜 1-6-3
マクニカ第 1 ビル
TEL：045-470-9870
URL：http://www.macnica.co.jp/

索引

INDEX

か行

あ行

■さ行

■た行

■な行

■は行

■や行

■ら行

■ま行

■わ行

■アルファベット

■数字

●口絵、資料編　使用画像クレジット

xavierarnau／Nik01ay／SweetBunFactory／emma／grimgram／chdwh／petovarga：iStock
ふみ／Poznyakov／mirai4192／パーシー：PIXTA

著者略歴

[センス・アンド・フォース]
御厨 恵寿（みくりや　しげとし）
音響機器、計測制御機器、コンピュータ周辺機器などを製造販売する電気機器メーカーにライターとして勤務し、原稿制作に携わる。独立後も、IT関連と産業機器関連のライターとして、半導体メーカーや半導体商社の取材記事執筆を続ける。特に自動車用半導体については、メーカーへの取材や機関誌の執筆も行っており、近年は半導体の関連から、めっき関連の記事制作を行っている。また、セキュリティ分野では、ネットワークセキュリティと防犯のいずれにも携わっている。「防犯設備士」と「防災士」の資格も持つ。

編集協力　株式会社エディポック

本文イラスト　タナカ　ヒデノリ

図解《ず》入門業界研究《かいにゅうもんぎょうかいけんきゅう》
最新《さいしん》半導体業界《はんどうたいぎょうかい》の動向《どうこう》とカラクリが
よ～くわかる本《ほん》 [第《だい》４版《はん》]

発行日　2024年 2月 1日　　　第1版第1刷

著　者　センス・アンド・フォース

発行者　斉藤　和邦
発行所　株式会社　秀和システム
〒135-0016
東京都江東区東陽2-4-2　新宮ビル2F
Tel 03-6264-3105（販売）Fax 03-6264-3094
印刷所　三松堂印刷株式会社　　Printed in Japan

ISBN978-4-7980-7108-4 C0033